普通高等教育系列规划教材
材料科学与工程系列

新兴材料制备技术

黄友庭　主编

黄河水利出版社
·郑州·

内容提要

本书旨在介绍新兴材料制备的原理、方法、技术和应用，着重讲述了定向凝固技术、快速凝固技术、机械合金化技术、薄膜的制备、单晶材料的制备等。

本书是高等学校材料科学与工程专业本科生教材、研究生教学参考书，也可供工程技术人员在实际工作中参考。

图书在版编目(CIP)数据

新兴材料制备技术/黄友庭主编. —郑州：黄河水利出版社，2022. 8

ISBN 978-7-5509-3372-9

Ⅰ. ①新…　Ⅱ. ①黄…　Ⅲ. ①材料制备-基本知识　Ⅳ. ①TB3

中国版本图书馆 CIP 数据核字(2022)第 158705 号

审稿编辑：席红兵　　13592608739

出 版 社：黄河水利出版社　　网址：www. yrcp. com

地址：河南省郑州市顺河路黄委会综合楼 14 层　　邮政编码：450003

发行单位：黄河水利出版社

发行部电话：0371-66026940、66020550、66028024、66022620(传真)

E-mail：hhslcbs@ 126. com

承印单位：河南新华印刷集团有限公司

开本：787 mm×1 092 mm　1/16

印张：10. 25

字数：237 千字　　印数：1—1 000

版次：2022 年 8 月第 1 版　　印次：2022 年 8 月第 1 次印刷

定价：56. 00 元

前　言

加强学科基础,培养出适合经济快速发展需要的人才,专业强调“厚基础、宽口径”,以拓宽专业面,但是由于各院校专业定位、培养目标不同,在人才培养模式上存在较大差异。一些研究型大学担负着培养科学研究型和科学研究与工程技术相结合的复合型人才的任务,学生毕业以后大部分攻读研究生,继续深造,因此是以通识教育为主。而大多数应用技术型大学担负着培养工程技术型、应用复合型人才的任务,学生毕业以后大部分走向工作岗位,因此大多数是进行通识与专业并重的教育。

材料科学是研究材料的组成、结构、性能及变化规律的一门基础学科,是多学科交叉与结合的结晶,与工程技术密不可分。研究与发展材料的目的在于应用,材料制备技术则是材料应用的基础。科学技术迅猛发展,材料制备与合成技术正在发生着深刻的变化,新设计思路、新材料、新技术、新工艺相互结合开拓了许多新的高新技术前沿领域。许多性能优异、有发展前途的材料,如功能材料、高温超导材料、单晶材料、薄膜材料等逐步应用到工程领域,推动着人类社会的发展。

本书根据高等学校材料科学与工程及相关专业的教学需要而编写。在已经学习了材料科学基础、材料性能学等课程的基础上可以进行本书的学习。本书不仅可以作为高等学校材料科学与工程及相关专业的教学用书,也可以作为工厂、科研院所科技人员的参考书。

本书共 5 章,第 1 章介绍定向凝固技术,包括定向凝固的发展历史、定向凝固基本原理、定向凝固工艺、定向凝固技术应用;第 2 章介绍快速凝固技术,包括快速凝固概述、快速凝固的物理冶金基础、实现快速凝固的途径、快速凝固制备工艺、快速凝固组织演变规律、快速凝固技术在金属材料中的应用、快速凝固其他新型合金材料;第 3 章介绍机械合金化技术,包括机械合金化概述、金属粉末的球磨过程、机械合金化的球磨机制、机械合金化原理、机械合金化技术应用;第 4 章介绍薄膜的制备,包括物理气相沉积——真空蒸镀、溅射成膜、化学气相沉积(CVD)、三束技术与薄膜制备、溶胶-凝胶法(Sol-Gel 法);第 5 章介绍单晶材料的制备,包括固相-固相平衡的晶体生长,液相-固相平衡的晶体生长,气相-固相平衡的晶体生长。

本书由福建工程学院黄友庭编写。

本书在编写过程中参考并引用了部分图书和文献的有关内容,并得到了相关院校的大力支持和协作,在此一并表示致谢。

由于编者水平有限,书中难免有不足之处,恳请同行和读者批评指正。

编　者

2022 年 3 月

目　录

第 1 章 定向凝固技术

应用定向凝固方法可以得到定向组织甚至单晶,可明显地提高材料的性能。本章将对定向凝固技术的基本原理及几种新近发展起来的新型定向凝固技术进行简单的介绍。

1.1 定向凝固的发展历史

定向凝固是指在凝固过程中应用技术手段,在液固界面处建立起特定方向的温度梯度,从而使熔体沿着与热流相反的方向凝固, 最终得到定向组织甚至单晶。定向凝固是在高温合金的研制中建立和完善起来的。该技术最初用来消除结晶过程中生成的横向晶界, 因为晶界处原子排列不规则,杂质较多,扩散较快。晶界在高温受力条件下是较薄弱的地方,消除横向晶界,可以提高高温合金的力学性能。定向凝固技术的最主要应用是生产具有均匀柱状晶组织的铸件, 特别是在航空领域生产高温合金的发动机叶片, 与普通铸造方法获得的铸件相比,它使叶片的高温强度、抗蠕变性能、持久性能、热疲劳性能得到大幅度提高。对于磁性材料,应用定向凝固技术, 可使柱状晶排列方向与磁化方向一致,大大改善材料的磁性能。定向凝固技术也是制备单晶的有效方法。定向凝固技术还广泛用于自生复合材料的生产制造, 用定向凝固方法得到的自生复合材料消除了其他复合材料制备过程中增强相与基体间界面的影响, 使复合材料的性能大大提高。定向凝固技术作为功能晶体的生长和材料强化的重要手段, 具有重要的理论意义和实际应用价值。

关于定向凝固过程的理论研究出现在 1953 年,Charlmers 及其同事在用定向凝固方法考察固液界面形态演绎的基础上提出了被人们称为定量凝固科学里程碑的成分过冷理论。定向凝固过程的理论研究也就伴随着定量凝固科学的萌生、成长与发展而深化。

1.2 定向凝固基本原理

1.2.1 定向凝固技术的基本定义

定向凝固是在凝固过程中采用强制手段,在凝固金属和凝固熔体中建立起特定方向的温度梯度,从而使熔体沿着与热流相反的方向凝固,获得具有特定取向柱状晶的技术。定向凝固技术的工艺参数包括凝固过程中液固界面前沿液相中的温度梯度 G_L 和液固界面向前推进的速度 R, G_L/R 值是控制晶体长大形态的重要判据。

1.2.2 定向凝固理论

定向凝固科学的基础理论研究, 主要涉及定向凝固中液固界面形态及其稳定性,液固界面处相变热力学、动力学,定向凝固过程晶体生长行为以及微观组织的演绎等, 其中包括成分过冷理论、MS 界面稳定性、线性扰动理论、非线性扰动理论等。

从 Charlmers 等的成分过冷到 Mullins 等的界面稳定动力学理论（MS 理论），人们对凝固过程有了更深刻的认识。合金在凝固过程中，其液固界面形态取决于两个参数：G_L/v 和 $G_L \cdot v$，分别为界面前沿液相温度梯度与凝固速度的商与积。前者决定了界面的形态，而后者决定了晶体的显微组织（枝晶间距或晶粒大小）。MS 理论成功地预言了：随着生长速度的加快，液固界面形态将经历平界面→胞晶→树枝晶→胞晶→带状组织→绝对稳定平界面的转变。近年来对 MS 理论界面稳定性条件所做的进一步分析表明，MS 理论还隐含着另一种绝对性现象，即当温度梯度 G 超过一临界值时，温度梯度的稳定化效应会完全克服溶质扩散的不稳定化效应，这时无论凝固速度如何，界面总是稳定的，这种绝对稳定性称为高梯度绝对稳定性。

定向凝固技术的应用基础研究，主要涉及定向凝固过程的热场、流动场及溶质场的动态分析、定向组织及其控制以及组织与性能关系等。多年来通过生产实践与定向凝固应用基础研究，总结出得到优质定向组织的四个基本要素为：①热流的单向性或发散度；②热流密度或温度梯度；③冷却速度或晶体生长速度；④结晶前沿液态金属中的形核控制。人们围绕上述四个基本要素的控制做了大量的研究工作，随着热流控制技术的发展，凝固技术也不断发展。

1.2.2.1　成分过冷理论

在纯金属的凝固过程中，在正的温度梯度下，液固界面前沿液体几乎没有过冷，液固界面以平面方式向前推进，即晶体以平面方式向前生长。在负的温度梯度下，界面前方的液体强烈过冷，晶体以树枝晶方式生长。

成分过冷理论能成功地判定低速生长条件下无偏析特征的平面凝固，避免胞晶或枝晶的生长。20 世纪 50 年代，Charlmers、Tiller 等首次提出单晶二元合金成分理论。液固界面液相区内形成成分过冷的条件主要有两方面：一是由于溶质在固相和液相中的固溶度不同，即溶质原子在液相中固溶度大，在固相中固溶度小，当单向合金冷却凝固时，溶质原子被排挤到液相中去，在液固界面液相一侧堆积着溶质原子，形成溶质原子的富集层，随着离开液固界面距离增大，溶质质量分数逐渐降低；二是在凝固过程中，由于外界冷却作用，在液固界面固相一侧不同位置上的实际温度不同，外界冷却能力强，实际温度低，相反，则实际温度高。如果在液固界面液相一侧，溶液中的实际温度低于平衡时液相线温度，出现过冷现象。在此基础上，Charlmers、Tiller 等首次提出了著名的“成分过冷”判据，即

$$\frac{G_L}{v} = \frac{m_L C_0 (k_0 - 1)}{k_0 D_L} = \frac{\Delta T_0}{D_L} \tag{1-1}$$

式中：G_L 为液固界面前沿液相温度梯度，K/mm；v 为界面生长速度，mm/s；m_L 为液相线斜率；C_0 为合金平均成分；k_0 为平衡溶质分配系数；D_L 为液相中溶质扩散系数；ΔT_0 为平衡结晶温度间隔。

据此，可以得到平衡界面生长的临界速度，即

$$v_{cs} = \frac{G_L D_L}{\Delta T_0} \tag{1-2}$$

式中：$\Delta T_0 = m_L C_0(k_0 - 1)$，$\Delta T_0$ 是合金平衡结晶温度间隔。

在晶体生长过程中，当不存在成分过冷时，如果不稳定因素扰动在平直的液固界面上产生凸起，过热的环境会将其熔化而继续保持平面界面；而当界面前沿存在成分过冷时，界面前沿由于不稳定因素而形成凸起，这些凸起会因为处于过冷区而发展，平面界面失稳，导致树枝晶的形成。

成分过冷理论提供了判断液固界面稳定性的第一个简明而适用的判据，对平面界面稳定性，甚至胞晶和枝晶形态稳定性都能够很好地做出定性的解释。但是这一判据本身还有一些矛盾，如成分过冷理论把平衡热力学应用到非平衡热力学过程中，必然带有很大的近似性；在液固界面上引入局部的曲率变化要增加系统的自由能，这一点在成分过冷理论中被忽略了；成分过冷理论没有说明界面形态的改变机制。随着快速凝固新领域的出现，上述理论已不能适用。

1.2.2.2　绝对稳定性理论

Mullins 和 Skeerka 鉴于成分过冷理论存在不足，提出一个考虑了溶质浓度场和温度场、液固界面能以及界面动力学的绝对稳定理论（MS 理论）。对于平界面生长，MS 理论可表示为

$$\sigma = \frac{-\dfrac{K_L C_L}{2\overline{K\alpha}}\left[\alpha_L - \dfrac{v}{\alpha_L} - \dfrac{K_S G_S}{2\overline{K\alpha}}\left(\alpha_S - \dfrac{v}{\alpha_S}\right)\right] - \Gamma\omega^2 + m_0 G_C \dfrac{\alpha - v/D_L}{\alpha - pv/D_L}}{\dfrac{L_V}{2\overline{K\alpha}} + \dfrac{m_0 G_C}{v(\alpha - pv/D_L)}} \tag{1-3}$$

其中

$$\alpha = \frac{v}{2D_L} + \left[\left(\frac{v}{2D_L}\right)^2 + \omega^2 + \frac{\sigma}{D_L}\right]^{1/2}$$

$$\alpha_L = \frac{v}{2D_L} + \left[\left(\frac{v}{2\alpha_L}\right)^2 + \omega^2 + \frac{\sigma}{\alpha_L}\right]^{1/2}$$

$$\alpha_S = \frac{v}{2D_S} + \left[\left(\frac{v}{2D_S}\right)^2 + \omega^2 + \frac{\sigma}{D_S}\right]^{1/2}$$

$$\overline{\sigma} = \frac{K_L\alpha_L + K_S\alpha_S}{2\overline{K}}$$

$$\overline{K} = \frac{K_S + K_L}{2}$$

$$p = 1 - k_0, \sigma = \frac{\delta\varepsilon}{\varepsilon} = \frac{\mathrm{d}\varepsilon/\mathrm{d}t}{\varepsilon}$$

式中：α_L、α_S 分别为液固相的热扩散系数；K_L、K_S 分别为液固相的导热系数；G_L、G_S 是液固相温度梯度；Γ 为 Gibbs-Thompson 系数；L_V 为凝固潜热；ω 为几何干扰频率；ε 为扰动振幅。

σ 的符号就决定了平面界面是否稳定，在式(1-3)中，右端的分母恒为正值，因而临界稳定性条件实际上取决于分子的符号。

由于通常凝固条件下,金属中的热扩散长度远大于空间扰动波长, $v/2\alpha_L \gg \omega$ 和 $v/2\alpha_S \gg \omega$,式(1-3)中的分子可简化为

$$S(\omega^2) = -\overline{G_r} - \Gamma\omega^2 + m_0 G_C \frac{\alpha - v/D_L}{\alpha - pv/D_L} \tag{1-4}$$

其中

$$\overline{G_r} = \frac{(K_L G_L + K_S G_S)}{2\overline{K}}$$

若对所有的 ω ,均有 $S(\omega^2) \leqslant 0$,则界面稳定,否则界面将失稳。式(1-4)中三个项分别代表了温度梯度、界面能、溶质边界层这三方面的因素对界面稳定性的贡献,其中界面能的作用总是使界面趋于稳定,溶质边界层的存在总是使界面趋于失稳,而温度梯度对稳定性的作用则取决于梯度的方向。由此可见,MS 理论实际上扩展了“成分过冷”理论对界面稳定性的分析。在低速端,如果忽略界面张力效应,液固相热物性差异,溶质沿界面扩散效应及结晶潜热等因素,MS 理论就回到了“成分过冷”理论。而在高速端,MS 理论则预言了高速绝对稳定性这一全新的现象,并可以给出产生这种绝对稳定性的临界条件,即

$$V_\alpha \approx \frac{D_L \Delta T_0^V}{k_V \Gamma} \tag{1-5}$$

式中: ΔT_0^V 为非平衡液固相线温差; k_V 为非平衡修正后的溶质分配系数。

此外,黄卫东等通过对 MS 理论的进一步分析,发现还存在高梯度绝对性现象,并给出了高梯度绝对稳定性实现的临界条件,即

$$G_\alpha \cong \frac{\Delta T_0^2}{k\Gamma}(-0.020\,3k^3 + 0.048\,7k^2 - 0.054\,1k + 0.062\,4) \qquad 0 < k < 1 \tag{1-6}$$

MS 理论是一个线性理论,而凝固过程是一个复杂的非线性问题,因此严格的稳定性判据应由非线性动力学分析给出。但由于非线性问题非常复杂,目前,还只能进行弱非线性动力学分析。

1970 年,Wollkind 和 Segel 首先对凝固界面稳定性进行了弱非线性动力学分析,提出了一个弱非线性动力学模型,即

$$\frac{dA_k}{dt} = a_0 A_k - a_1 A_k^3 + o(A_k^5) \tag{1-7}$$

式中: A_k 为 k 阶扰动振幅; a_0 为线性稳定性参数,其表达式由 MS 理论给出。

按照 MS 理论, $a_0 = 0$ 为平胞转变分叉点,即当 $a_0 < 0$ 时,界面是稳定的;而当 $a_0 > 0$ 时,平界面失稳成为胞状结构。但由式(1-7)可知,界面形态的稳定性还取决于 a_1 的性质,当 $a_1 < 0$ 时,平胞转变具有亚临界分叉性质,这时,即使 $a_0 < 0$,当存在足够大振幅的扰动时,即当 $A_k \geqslant \sqrt{a_0/a_1}$ 时,平界面将会失去稳定;而且对于 $a_0 > 0$,不存在从平界面到无限小振幅的连续转变。当 $a_1 > 0$ 时,平胞转变具有超临界分叉性质,这时,只有当 $a_0 > 0$ 时才能发生平面界面的失稳,并且出现从平界面到无限小振幅的连续转变。定向凝固基本原理如图 1-1 所示,即利用晶体的生长方向与热流方向平行且相反的自然规律,

在铸型中建立特定方向的温度梯度,使熔融合金沿着与热流方向相反的方向,按照要求的结晶取向进行凝固的铸造工艺。其实现定向凝固的总原则是:金属熔体中的热量严格地按单一方向导出,并垂直于生长中的液固界面,使金属或合金按柱状晶或单晶的方式生长。

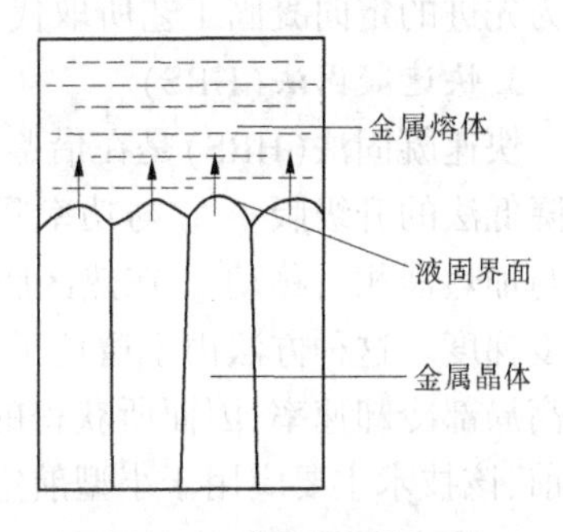

图 1-1　定向凝固原理

1.3　定向凝固工艺

近年来,国内外冶金、铸造工作者为了获得只有棒状晶的凝固组织,往往使用定向凝固工艺,抑制等轴晶的形成。为此,应保证做到使液态合金在铸型中定向散热以达到定向凝固,设法消除液相中向液态中推进的柱状晶前沿可能出现的成分过冷,以防止在生长过程中的晶体产生颈缩从而熔断形成等轴晶;保证在熔体的表面绝对不能产生晶体,以防止其沉淀堆积而形成等轴晶。另外,在凝固过程中最好通过移动加热体的方法来达到定向凝固的目的。

1.3.1　定向凝固技术

用定向凝固方法制备材料时,及时导出各种热流是定向凝固过程得以实现的关键,也是凝固过程成败的关键。伴随着热流控制(不同的加热、冷却方式)技术的发展,定向快凝固经历了由传统定向凝固向新型定向凝固技术的转变。

1.3.1.1　传统定向凝固技术

传统定向凝固技术经历了发热剂法、功率降低法、快速凝固法、液态金属冷却法、流态床冷却法等多种方法的发展过程。

1. 发热剂法(EP)

发热剂法(EP)又称炉外结晶法,是最原始的一种定向凝固技术。将铸型加热到一定温度后迅速放到激冷板上,立即进行浇注,发热剂覆盖在冒口上方,对激冷板下方进行喷水冷却,从而在半固态金属中形成温度梯度,实现定向凝固。该方法经过改进,采用发热铸型,铸型不预热,而是将发热材料填充在铸型壁四周,底部采用喷水冷却。发热剂法(EP)由于获得的温度梯度较小,不易控制,所得到的材料组织粗大,铸造性能差,因此不适用于大型优质铸件的生产。

2. 功率降低法(PD)

功率降低法(PD)是将铸型加热感应圈分成两段,铸件在凝固过程中不移动,其底部采用水冷激冷板。当模壳内建立起所要求的温度场时,铸入过热的合金液,切断下部电源,上部继续加热,通过调节上部感应圈的功率,使之产生一个轴向的温度梯度,从而在铸件中实现定向凝固。

该方法通过选择合适的加热器件,根据设定的冷却工艺来调节凝固速率,冷却速率较理想。但是在凝固过程中温度梯度是逐渐减小的,因此获得的柱状晶组织不理想,区域也较小,且该法所需设备相对复杂,能耗大 、效率低,严重限制了其实际应用,目前已被其他更为先进的定向凝固工艺所取代。

3. 快速凝固法(HRS)

快速凝固法(HRS)是在借鉴 Bridgman 晶体生长技术特点的基础上发展起来的,是功率降低法的升级版 。它与功率降低法的主要区别是:铸型加热器始终被加热,凝固时铸件与加热器相对移动 。在热区底部采用辐射挡板和水冷套,因而在挡板附近产生更高的温度梯度。这种方法由于避免了炉膛的影响且利用空气冷却,可以缩小凝固前沿两相区,提高局部冷却速率,因而所获得的柱状间距变小,组织均匀,力学性能也得到了较大提高。目前,该技术主要应用于小型航空叶片的生产。

4. 液态金属冷却法(LMC)

为了获得更高的温度梯度和冷却速率,在 HRS 法的基础上发明了液态金属冷却法,该方法是将合金液浇入铸型后,按设定的速度将铸件拉出炉体浸入金属浴。液态金属冷却剂要求熔点低、沸点高、热容量大和导热性能好。该方法可大大提高冷却速率和温度梯度,而且界面前沿的温度梯度稳定性好,得到的柱状晶较长。常用的液态金属有 Sn、Ga-In 合金以及 Ga-In-Sn 合金,Ga-In 合金和 Ga-In-Sn 合金熔点低,但价格昂贵,因此只适合实验室使用。Sn 熔点稍高(232 ℃),但价格较便宜,而且冷却效果很好,比较适合工业应用。该方法已被美国 、俄罗斯等用于航空发动机叶片的生产。西北工业大学凝固技术国家重点实验室张胜霞采用液态金属冷却法,对含 4%(质量分数)Re 的单晶高温合金进行高温度梯度定向凝固试验,研究了固溶处理温度和时间对枝晶偏析的影响,发现适当提高固溶热处理温度,可以明显降低枝晶偏析。

5. 流态床冷却法(FBQ)

液态金属冷却法采用的低熔点合金含有有害元素, 且成本高,铸件可能产生低熔点金属脆性。为此,Nakagawa 等发明了流态床冷却定向凝固法,该法以悬浮在惰性气体(通常为氩气)中的稳定陶瓷粉末为冷却介质,如 ZrO_2 粉末,温度保持在 100~120 ℃,氩气流量大于 4 000 cm^3/min 。在相同条件下,液态金属冷却法所获得的温度梯度为 100~300 ℃/cm,流态床冷却法的温度梯度为 100~200 ℃/cm,流态床冷却法基本可以得到与液态金属冷却法相当的温度梯度 。西北工业大学张丰收等通过对流化床传热特性的研究,提出了一种适用于特种合金在真空下定向凝固的新工艺,实现了高温合金的软接触电磁成形,获得了高温合金近叶片状样件及一次枝晶距平均为 60 μm 的定向凝固组织。表 1-1 总结了传统定向凝固法的优缺点及使用范围。

表 1-1　传统定向凝固法的优缺点及使用范围

方法	优点	缺点	使用范围
发热剂法	工艺简单,成本低	温度梯度不大且很难控制,不适合大型优质件的生产	小型的定向凝固试验与生产,主要用于磁钢生产
功率降低法	温度梯度易控制	设备较复杂,能耗消耗比较大,温度梯度小	高度在 120 mm 以下的凝固铸件

续表 1-1

方法	优点	缺点	使用范围
快速凝固法	局部冷却速度较大,可获得均匀柱状晶	铸件易出现斑点、等轴晶等铸造缺陷,铸件偏析严重,热处理困难	国内小型航空叶片工业生产
液态金属冷却法	冷却介质为低熔点液态金属,散热较好	设备复杂,操作麻烦,低熔点合金成本高,含有有害元素	用于实验室定向凝固研究和工业生产
流态床冷却法	冷却介质为 ZrO_2 粉,成本低,无有害元素	与液态金属冷却法相比激冷能力下降,温度梯度较小	用于实验室定向凝固研究和工业生产

1.3.1.2　新型定向凝固技术

由于常规的定向凝固技术存在着温度梯度低和冷却速率小等缺点,因此凝固过程中组织粗化,枝晶偏析严重,阻碍了材料性能的提高。随着定向凝固技术的迅速发展,研究者在吸收融合常规凝固技术优点的基础上,开发出了许多新型定向凝固技术。

1. 区域熔化液态金属冷却法(ZMLMC)

西北工业大学李建国等通过改变 LMC 法的加热方式,将区域熔化与 LMC 法相结合,开发出区域熔化液态金属冷却定向凝固法,即 ZMLMC 法。该方法与 LMC 方法冷却方式相同,利用电子束或高频感应电场集中对凝固界面前液相进行加热,进一步提高了温度梯度。他们自制的 ZMLMC 装置,其温度梯度最高可达 1 300 K/cm,冷却速度最大可达 50 K/s,凝固速率可在 6~1 000 μm/s 内调节。采用 ZMLMC 法,可显著细化高温合金定向凝固一次枝晶和二次枝晶的间距。但是,该方法单纯地采用强制加热方法,通过提高温度梯度来提高凝固速度,未能获得较大的冷却速度,却需要散发掉较多的热量,冷却速度的提高受限,一般很难达到快速凝固。目前这方面的研究还处于试验阶段。

2. 电磁约束成形定向凝固(DSEMS)

电磁约束成形定向凝固技术是西北工业大学傅恒志等综合电磁铸造与电磁悬浮等无坩埚熔炼和无模成形各自的优点,并结合液态金属冷却定向凝固技术而提出的新型材料制备技术。该技术的最大特点是集加热、融化、无接触成形及组织定向凝固于一体,特别适合高熔点、易氧化、高活性特种合金的无污染近终成形制备。卢百平等利用自制的真空电磁约束成形定向凝固试验设备,研究了真空下耐热不锈钢的双频电磁约束成形过程。研究表明,当两感应器的间距为 25 mm 时,预热感应器对成形感应器中的磁场分布影响较小,但能独立调整熔体的温度分布,调节电磁成形系统的有效热力比,可扩大工艺参数的匹配范围。采用 DSEMS 法可制备出组织定向优良、表面质量较好的耐热不锈钢件。但目前为止,关于凝固组织控制的研究较少。

3. 深过冷定向凝固(SDS)

深过冷定向凝固技术就是将熔体的深过冷度与定向凝固技术相结合,使熔体在液固界面前沿液相中温度梯度 $G_L<0$ 的条件下晶体定向生长的方法，简称 SDS 技术。20 世纪 80 年代初，Lux 等首先提出了过冷熔体中的定向凝固的思想，并研究了超合金的动力学过冷凝固，发现在通过改进冷却条件获得近 100 K 的动力学过冷度和施加很小的温度梯度下，得到的高温合金定向凝固试样的拉伸强度和蠕变性能相似或优于传统定向凝固的试样。西北工业大学陈豫增等通过采用熔融玻璃净化结合循环过热来获得合金熔体的热力学深过冷的方法，研究了深过冷快速凝固 $Fe_{82.5}Ni_{17.5}$ 合金的组织演化，使 $Fe_{82.5}Ni_{17.5}$ 合金获得 330 K 的最大初始过冷度。由于深过冷熔体凝固速度很快，凝固时间很短，因此可大幅度提高生产效率，同时可获得改善的组织和性能，但目前深过冷的研究还局限于纯金属或简单的二元合金，对复杂合金的深过冷的获得还存在着不少需要解决的问题。

4. 激光超高温度梯度快速定向凝固(LRM)

激光能量具有高度集中特性，使其作为定向凝固的热源不仅可以达到极高的温度，而且可获得比常规定向凝固技术更高的温度梯度。清华大学杨森等通过对激光表面快速熔凝过程中的熔凝组织生长方向研究，开发出了激光超高温度梯度快速定向凝固技术，简称 LRM 技术。该技术与 Bridgman 超高温度梯度定向凝固法类似，其温度梯度可高达 10^6 K/m，冷却速度可高达 4 mm/s。西北工业大学苏海军等采用 LRM 技术制备出 Al_2O_3/$Y_3Al_5O_{12}$(YAG)共晶自生复合陶瓷，研究发现，激光扫描速度和功率密度对凝固组织有显著的影响，当二者匹配时，Al_2O_3 相和 $Y_3Al_5O_{12}$(YAG)相呈现均匀一致、连续分布的层状耦合共晶结构，共晶间距细小，且随扫描速度的增大逐渐减小；所制备的 Al_2O_3/$Y_3Al_5O_{12}$(YAG)共晶陶瓷硬度、断裂韧性均得到显著提高。目前，激光快速熔凝技术在医疗、航空航天、军事国防、汽车制造、模具制造等应用领域取得了较大的进展。但是，这项技术同时也存在着可制造性、过程缺陷、表面质量以及零件尺寸的限制，需要大量的研究去克服，以扩大应用范围。

5. 电子束悬浮区熔定向凝固技术(EBFZM)

电子束悬浮区熔定向凝固技术就是以高能电子枪为加热源，在试棒上形成狭窄的熔区，熔区在表面张力的作用下保持在试棒与已凝固棒料之间，而在电子枪沿试棒长度方向移动的反方向开始定向凝固，从而使整个棒料沿其长度方向生长的方法，简称 EBFZM 技术。该方法具有能量密度高、控制简单且精度高等优点，既能去除气体和夹杂以提纯难熔金属，又能生长出具有理想组织结构的晶体，是目前制备高纯难熔金属的最重要的方法。西北有色金属研究院的张清等采用电子束悬浮区熔定向凝固技术成功制备出目前国内最大尺寸的定向生长的铝-铌合金单晶。崔春娟等采用电子束悬浮区熔定向凝固技术制备了 Si-$TaSi_2$ 共晶自生复合场发射材料。电子束悬浮区熔定向凝固技术的最大的局限性就是凝固过程是辐射散热，冷却速率小。

6. 连续定向凝固技术(OCC)

20 世纪 60 年代末，日本的大野笃美首次将布里奇曼定向凝固法的思想应用在连续铸造技术上，开发出热型连铸法(简称 OCC 法)，即连续定向凝固技术。该技术的基本思想是通过加热结晶器模型到金属熔点温以上，使金属液不在模型上形核，并将冷却系统和结晶器分离，使铸件在型外冷却，以此获得单向高温度梯度，熔体脱离结晶器的瞬间凝固，铸件离开结晶器的同时，晶体沿与热流相反的方向生长凝固，得到定向结晶组织，甚至单晶组织。

该技术最大的特点是将传统的连续凝固中冷却结晶器变为加热结晶器，熔体的凝固不在结晶器内部进行。此外，OCC法连铸过程中固相与铸型不接触，液固界面处于自由状态，固相与铸型之间是靠金属液的表面张力来联系，因此固相与铸型之间不存在摩擦力，可以连续拉延铸坯，并且所需的拉力较小，铸坯的表面质量很好。OCC法综合了先进的定向凝固技术与高效的连铸技术的优点，是一种新型的近成品形状加工技术。目前，该技术生产效率低，主要是由于所使用的冷却剂基本都是水，冷却能力有限，应开发冷却能力强的冷却剂，例如研究如何利用液氮作为冷却剂等来提高温度梯度，以加大生产效率。另外，还应组织有限力量，集中优势兵力，加大国内外交流，加快新型近终金属成形技术在国内工程化和实用化。

7. 二维定向凝固技术（BDS）

20世纪末，湘潭大学廖世杰教授及团队研究并利用二维定向凝固技术成功制备出铝合金和高温镍基合金的样件。与一维定向凝固相比，二维定向凝固技术具有更为复杂的工艺条件。BDS技术主要用于制备高性能叶片和圆盘件。二维定向凝固的基本原理是控制热流的方向，使得金属由边缘向中心定向生长，最后获得具有径向柱状晶（宏观）和枝晶轴（微观）组织的材料。图1-2为二维定向凝固技术原理图。二维定向凝固合金由于柱状晶轴沿径向排列，故其径向强度、塑性和冲击韧度得到大幅度提高，具有十分广阔的前景。

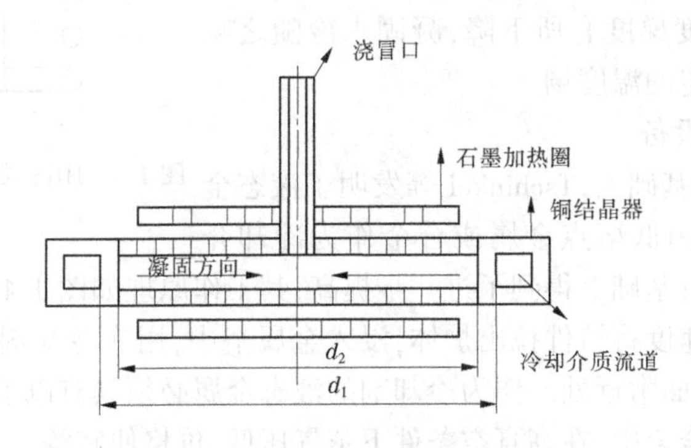

图1-2　二维定向凝固技术原理

8. 辅助场定向凝固技术

近年来，借助电场、磁场等外场来优化金属基材料定向凝固方法引起了研究者的关注。北京科技大学郭发军等研究了交流电场对定向凝固及界面溶质分配系数的影响，发现交流电场对定向凝固组织有细化作用，且随电流的增大，其效果越明显，同时交流电场使凝固界面的溶质含量减小。上海大学玄伟东等研究了纵向磁场对DZ417G合金的定向凝固组织的影响，发现磁场在液固界面前沿合金熔体中诱发热电磁对流，致使高温合金DZ417G一次枝晶间距减小，且一次枝晶间距减小的程度随外加磁场的强度增大而增大。董建文等研究了横向磁场对镍基高温合金定向凝固组织的影响，发现在生长速率较低条件下，外加磁场明显影响了合金的枝晶生长和宏观偏析，一次枝晶间距减小，试样在沿磁场方向的左侧出现了“斑状”偏析，随着生长速率的增加，磁场的影响减弱。Verhoeven等研究了磁场对 Sn-Cd 和 Sn-Pb 合金定向凝固组织的影响。研究表明辅助场对凝固组织细化、偏析减小都有重要的影响。目前,该技术还处于试验研究阶段。

1.3.2 定向凝固过程的生产设备

1.3.2.1 HRS 生产设备

定向凝固技术是对金属材料进行凝固过程研究的重要手段之一,可用于研究凝固界面形态、凝固组织、定向自生复合材料和单晶,同时也是制备高质量航空发动机定向和单晶叶片、磁性材料以及某些功能材料的一种十分有效的工艺方法。

快速凝固法(HRS 法)是在最初的功率降低法的基础上吸取了 Bridgman-Stockbarger 晶体生长技术发展而来的,其设备原理图如图 1-3 所示。将整个模壳置于加热炉中,底部放在冷却器上,在凝固时铸型加热器始终加热,铸件的冷却凝固是通过铸件液加热器之间的相对位移实现的;另外,在热区底部使用辐射挡板和水冷套,因此在挡板附近具有较大的温度梯度 $G_L G_S$。与功率降低法相比,HRS 法大大缩小了凝固前沿两相区,G_L 高出 4~5 倍,温度梯度的提高,增大了局部冷却速率,有利于细化组织。但是,随着铸型的下降,凝固部分在辐射散热器主要作用下,温度梯度有所下降,凝固水冷随之减小,因此不能形成稳定的温度场。

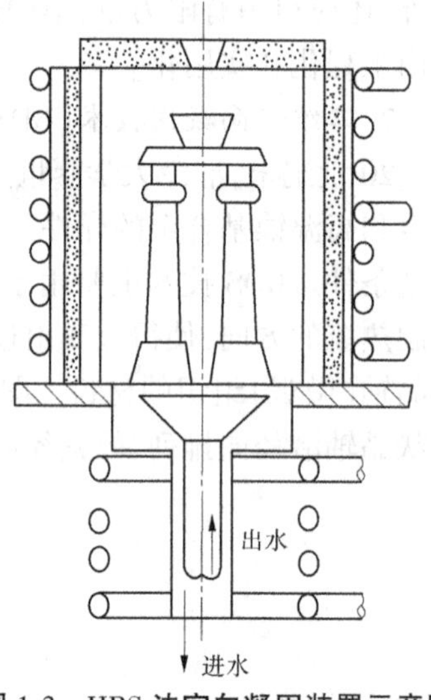

图 1-3　HRS 法定向凝固装置示意图

1.3.2.2 LMC 工艺设备

在快速凝固法的基础上,Tschinkel 等发明了液态金属冷却法,该方法采用低熔点金属或合金作为冷却介质,使温度梯度在原有基础上得到了进一步提高,其工作原理如图 1-4 所示。当合金液浇入型壳时,以一定的速度将铸件拉出炉体,浸入金属浴中,用作冷却剂的液态金属水平面摆放在凝固的固液界面附近处。作为冷却剂的液态金属必须具有以下特点:熔点低、良好的热学性能、不溶于合金中、在高真空条件下蒸气压低、价格便宜等。

1. ZMLMC 定向凝固装置

定向凝固技术从功率降低法(PD)到快速凝固法(HRS)再到液态金属冷却法(LMC),温度梯度都有不同程度的提高;但是,这几种方法在温度梯度的改善上都没有产生质的飞跃,难以满足现代工业发展的需要,特别是现代航空工业的发展需要。

傅恒志等经过十多年的研究,在 LMC 技术基础上,采用高频电磁场加热固态金属,将电磁区熔与液态金属冷却相结合,发展了超高温度梯度定向凝固技术,又称区域熔化液态金属冷却法(Zone Melting & Liquid Metal Cooling, ZMLMC)。该方法在实验室实现了 1 300 K/cm 的温度梯度,因此利用该方法可在较快的生长速率下进行定向凝固,获得一种偏析少、侧向分枝生长受到限制、一次枝晶间距超细化的定向凝固组织,即超细柱晶组织。由于利用这种方法获得的凝固组织具有超细微观组织特征,因此定向结晶合金和单晶合金的性能都有明显提高,以 K10 钴基合金为例,持久寿命提高了 3 倍,对定向 DZ22

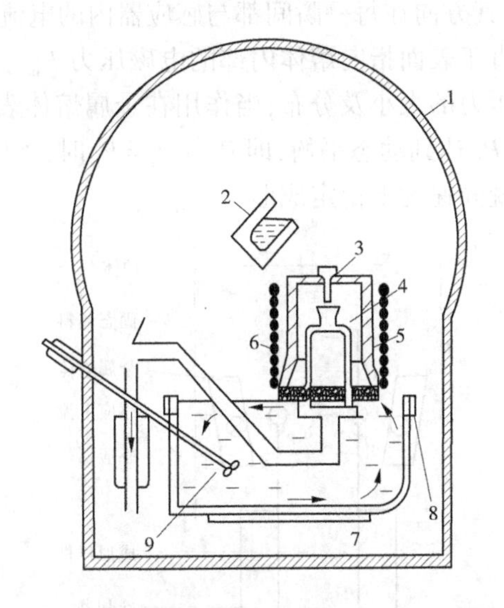

1—真空室；2—烧杯；3—熔炼坩埚；4—热区；5—挡板；
6—模壳；7—加热器；8—冷热罩；9—搅拌器。

图 1-4　LMC 法定向凝固装置示意图

镍合金也能明显提高持久强度性能。

定向凝固技术经过30多年的研究和发展，应用越来越广。但是，还应看到仍然存在着不足：一是工业上广泛应用的快速凝固法，其温度梯度只能达到100 K/cm左右，凝固速率很低，导致凝固组织粗大，偏析严重，致使材料的性能没有得到充分发挥；二是ZMLMC法虽然可以得到较高的温度梯度，使组织细化，性能显著提高，但只能适用于实验室研究，无法实现工业生产；三是目前凝固工艺都是利用熔模精铸型壳室合金成形的，粗厚、具有导热性能的陶瓷模壳一方面严重降低合金熔体中的温度梯度及凝固速率，另一方面，模壳材料在高温条件下对合金产生污染，降低材料性能。因此，开发新的定向凝固工艺成为目前定向凝固技术发展的迫切需求。

2. 电磁约束成形定向凝固装置

西北工业大学凝固技术国家重点实验室傅恒志等在研究超高温度梯度定向凝固技术的基础上，吸收电磁悬浮熔炼技术和电磁铸造技术的研究成果，在国际上首次提出旨在通过提高定向凝固过程的温度梯度，实现合金组织超细化并满足高熔点、高活性材料定向凝固要求的电池约束成形技术，包括无接触电磁约束和软接触电磁约束两种方案。与电磁铸造技术不同，其主要特点是固态合金坯料的加热熔化与金属熔体成形同步进行，是对定向凝固技术和电磁铸造技术的继承和发展，具有重要的理论研究价值和广泛的工程应用前景。

无接触电磁约束成形时利用交变电磁场在金属中产生的涡流和电磁力使金属熔化并约束成特定形状，因此具有无坩埚熔炼、无铸型成形的特点，同时还有超强加热和冷却的能力，可以对凝固组织进行控制。图1-5是其原理图，当感应器中通入交变电流时，在构成闭合回路的金属坯料内产生电流 J，加热溶化固态棒料。由于集肤效应，感应电流主要集中在金属坯料的表面,其方向在每一瞬间都与感应器内的电流方向相反,因此在金属熔体的侧面就产生一个垂直于表面指向熔体内部的电磁压力 P_m。通过控制感应器内的感应强度就可以控制电磁压力的大小及分布,当作用在金属熔体表面的电磁压力 P_m、熔体的表面张力 P_r 和静压力 P_h 达到动态平衡,即 $P_m + P_r = P_h$ 时,熔体就可以保持侧表面基本垂直的形状并在一定的凝固速度下稳定成形。

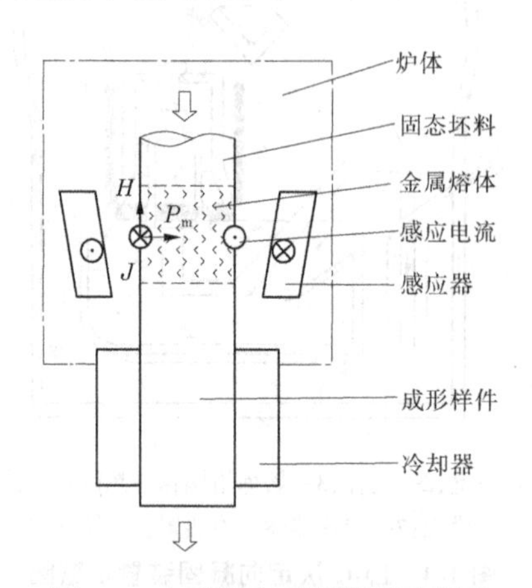

图 1-5　电磁约束成形原理示意图

3. 连续凝固装置原理

OCC 技术的发展虽然只有 30 多年的时间,但发展速度很快,在日本已经投入小批量的工业生产。在加拿大、美国和韩国等国家都开展了这一技术的开发与应用研究。近年来,随着定向凝固连铸工艺的成熟,人们的研究逐步转向研制在电子行业具有广泛应用前景的 Cu 及 Cu 合金单晶材料,并取得了一定成效。同时,更高熔点的材料如 Mo、Co、不锈钢、耐磨合金、Ni 基高温合金的定向凝固工艺研究也在展开。

目前,国内外应用连续定向凝固法已成功拉制出了具有各种圆形截面及异形截面形状,如圆棒、圆管、椭圆管、多边形棒、异形棒等的单晶型材;另外,也可生产出有芯材料或同轴异质等复合材料。

最初的 OCC 技术采用简单下引式,如图 1-6(a)所示,仅拉出长 50 mm 左右形状不规整的镜面铸锭,直到 1980 年,才发现另外三种方法,即虹吸管下引法、上引法和水平法,如图 1-6(b)~(d)所示。下引法排气、排渣容易,冷却措施也容易实现,只要控制下引法的合金液不发生泄漏,这种方法所得的铸坯质量是最好的;将供液管设计成虹吸管式,如图 1-6(b)所示,可解决拉漏问题,但虹吸式方法的设备制作及操作非常困难,所以没能发展起来;上引法如图 1-6(c)所示,不会产生拉漏现象,有利于成形,但排气、排渣与冷却水的密封困难,此法在实际试验中仍有采用。水平法如图 1-6(d)所示,其优点介于前二者之间,其设备简单,容易实现连续单向凝固,但是凝固时排气、排渣较困难,它适于生产细线、棒材、直径较小的管材及薄壁板类型材,该法是目前应用最多、最为成功的技术,日本和加拿大铸造界大部分是在水平连续定向凝固设备上开展 OCC 的研究。

北京科技大学常国威等研制了一种不同于其他定向凝固连铸方法的技术——电渣感应连续定向凝固技术,其装置原理如图 1-7 所示。该方法引入电渣重熔技术以提高铸型

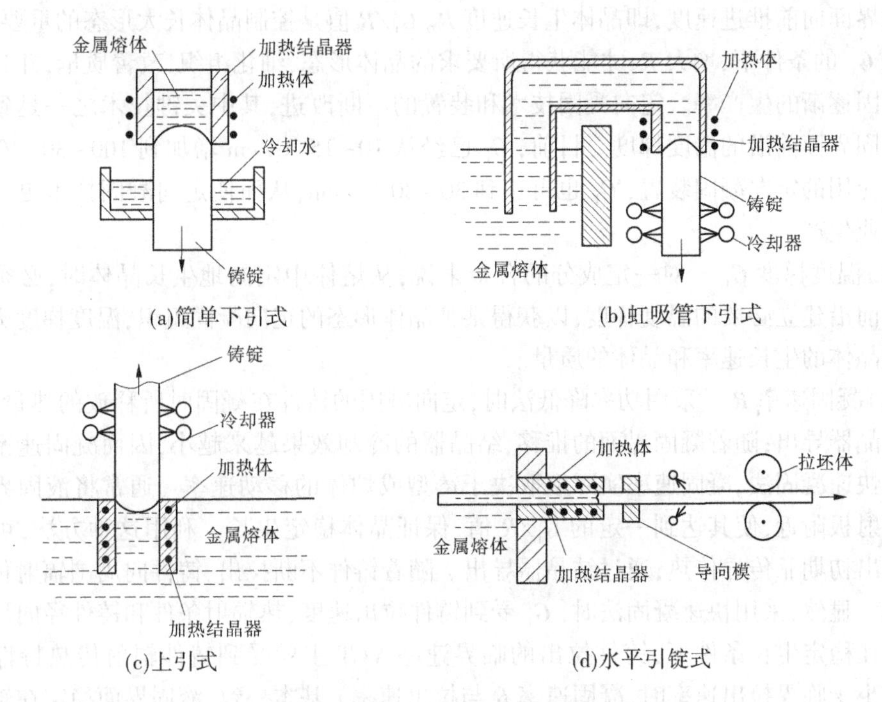

图 1-6　几种 OCC 连铸方法的基本原理

的加热温度和熔体的净化能力。金属液最高温度可达 1 700 ℃，并研究了 QA19-4 合金及近共晶铸铁的定向凝固连铸工艺，同时，对黑色金属的连续铸造也进行了大量探索，已可以成形具有连续单向柱状晶组织的不锈钢和铸铁制品。

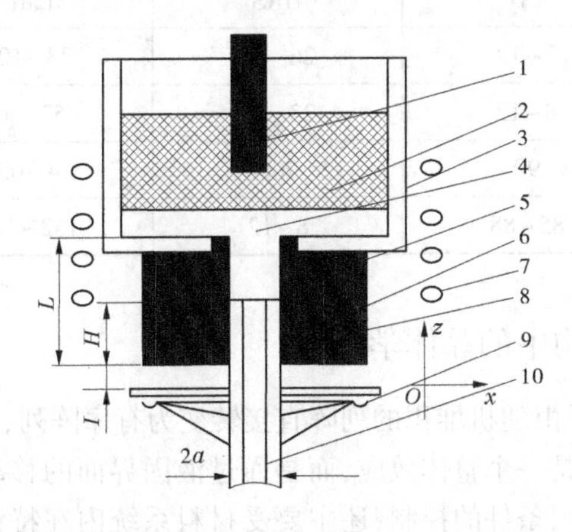

1—自耗电极；2—熔渣；3—坩埚；4—金属熔体；5—固液界面；6—铸型；
7—高频感应线圈；8—加热铸型石墨；9—喷水装置；10—铸锭。

图 1-7　电渣感应连续定向凝固方法原理图

1.3.3　定向凝固过程的参数

定向凝固技术的重要工艺参数如下：凝固过程中液固界面前沿液相中的温度梯度 G_L

和固相界面向前推进速度，即晶体生长速度 R。G_L/R 值是控制晶体长大形态的重要判据。在提高 G_L 的条件下，增大 R，才能获得所要求的晶体形态，细化组织，改善质量，并且提高定向凝固逐渐的生产率。定向凝固技术和装置的不断改进，其中关键技术之一是致力于提高液固界面前沿的温度梯度。目前，G_L 已经从 10～15 ℃/cm 增加到 100～300 ℃/cm；工业上应用的定向凝固装置，G_L 也可达到 30～80 ℃/cm，从而使定向凝固技术更加广泛用于工业生产。

（1）温度梯度 G_L 。对一定成分的合金来说，从熔体中定向地生长晶体时，必须在液固界面前沿建立必要的温度梯度，以获得某种晶体形态的定向凝固组织，温度梯度大小直接影响晶体的生长速率和晶体的质量。

（2）凝固速率 R 。采用功率降低法时，定向凝固的铸件在凝固时所释放的热量，只靠水冷结晶器导出；随着凝固界面的推移，结晶器的冷却效果越来越小，因而凝固速率不断减缓。快速凝固法，凝固速率实际上取决于铸型或炉体的移动速率。通常将液固界面稳定在辐射板附近，使其达到一定的 G_L/R 值，保证晶体稳定生长。利用这种方法，可使铸件在拉出初期靠传导传热，通过结晶器导出。随着铸件不断拉出，铸件向周围辐射传热逐渐增加。显然，采用快速凝固法时，G_L 受到铸件拉出速度、热辐射条件和铸件径向尺寸的影响。在稳定生长条件下，铸件拉出的临界速率 VCT 主要受到铸件辐射传热特性的影响。在小于临界拉出速率时，凝固速率 R 与拉出速率 v 基本一致，液固界面稳定在轴射挡板附近。

不同的定向凝固方法的主要工艺参数的比较如表 1-2 所示。

表 1-2 不同定向凝固方法的主要工艺参数

项目	PD	HRS	LMC	ZMLMC
温度梯度/(K/cm)	7～12	26～30	73～103	～1 270
生长速度/(cm/h)	8～12	23～27	53～61	～
冷却速度/(K/h)	90	700	4 700	～
局域凝固时间/min	85～88	8～12	1.2～1.8	～

1.3.4 定向凝固织构中的晶体学条件

在凝固过程中，原子由随机堆积的列阵直接转变为有序阵列，这种从无对称性结构到有对称性结构的转变不是一个整体效应，而是通过液固界面的移动而逐渐完成的。凝固组织的形成除了受到凝固条件的控制，还主要受材料系统内在特性的影响。在多数情况下，这种系统内在特性对组织形成过程的影响程度还同时受外加的凝固条件的控制。系统内在特性的一个重要表现即为液固界面（多层原子）结晶学的各向异性。值得一提的是，传统的观点认为粗糙界面（Jackson 因子 $\alpha<2$）为各向同性，光滑界面（Jackson 因子 $\alpha>5$）为各向异性，而在具有粗糙界面合金定向凝固过程中的大量试验已经表明，界面结晶学具有明显的各向异性。

定向凝固中的晶体生长属于强制生长系统，即通过强制的温度场使晶体不再自由生长,而是沿着温度梯度向高温区定向生长,那么,温度梯度就成了控制晶体生长的主要外部因素。

从宏观角度来研究定向凝固液固界面的迁移,廖世杰教授已经从温度场的角度提出了精确的理论模型,建立了温度梯度 G、冷却速度 v 和凝固速率 R 之间的数学关系,可以很好地解释一系列凝固现象。

从微观角度看,界面结晶学的各向异性使原子面的堆垛速率(晶面生长速率)各异,而生长快的晶面最终消失,生长慢的晶面保留下来。根据能量最低的 Wullf 定理,当高温熔体的凝固趋于平衡态时,晶体所显露的面尽可能是界面能较低的面,该晶面成为奇异面。在面心立方体中,奇异面是{111}面,其次是{100}面;在体心立方体中,奇异面是{110}面,其次是{112}面。显然,奇异面总为密排面,但密排面由于原子面密度大,所以是凝固时单位面积释放潜热较大的面,即高能面;另一方面,具有确定方向的温度梯度则保证在凝固过程中对热传输方向和效率始终具有要求,从而保证上述已取得优先生长的面能持续地保持下去。在晶体生长习性和凝固潜热的高效释放两方面因素的作用下,最终那些符合界面结晶学规律又满足单位面积凝固潜热较小要求的密排面,取得优先生长的机会。

Walton 和 Chalmers 曾对金属界面晶核的生长各向异性做过大量的系统研究,结果表明,Fe-Si、β 黄铜、Na、Al、Cu、Ag、Pb 等立方系金属快速生长的晶体学方向均是{100}方向,其织构表现为{100}晶面平行于散热表面的纤维织构。

Henry 等在较高温度梯度和冷却速率的定向凝固条件下的 Al-Cu-Mg 合金中,观察到了直接的竞争生长形成的沿<110>和<112>晶向生长的枝晶,原因是该铝合金的界面能各向异性的差异程度相对较低,因此在竞争生长时表现出更多的自由。

Ding 等以 Pb-2.2%(质量百分比)Sb 沿[001]、[110]及[111]晶体学方向的单晶为试验对象,通过温度梯度为 140 K/cm、凝固速率为 10 μm/s 的定向凝固获取了试样,观察其显微组织得出的结论是:无论潜热释放的方向如何,只有面心立方结构的金属及合金枝晶臂总是沿<001>晶向生长。熔体过热所引起的熔体状态变化将影响晶体生长的取向。刘勇等通过对 Ag-Cu 合金的过热处理,研究了不同生长速率的平界面的结晶位向。在经过 1 610 ℃(接近沸点温度)过热温度阶段后,稳态平界面结晶组织的晶体取向不但有通常的[111]取向,还包含了[110]和[100]取向,甚至还出现了[311]高指数晶体取向。

Jung 等发现 Ti-Al 合金中的 β 相(BCC 结构)在 Ridgeman 定向凝固设备上生成两种层状<001>柱晶,一种平行于温度梯度方向,另一种与温度梯度方向成 45°角,当增大温度梯度时,平行于温度梯度的晶柱贯穿试样。

综上所述,结晶体本身的界面晶体学各向异性的差异程度决定了初始的晶体学取向;通过控制凝固参数,生长出较好的组织形态,就能获得比较理想的定向凝固织构。但是定向凝固生成的织构是一种很强的面织构,不仅某一晶向沿特定宏观方向排列,还有某一晶面也会平行某一特定的宏观方向,所以在研究枝晶沿定向凝固方向生长的同时,还必须考虑到相关晶面的生长。除此之外,对于体心立方晶系的定向凝固织构,尚缺乏系统的研究。

1.3.5 相变中的织构演变

从液态的纯铁到室温的固态 α - Fe，铁发生了一系列的相变。其中包括三次一级相变（L→δ、δ→γ、γ→α），一次二级相变（磁性转变）。相变中的原子位移必然导致微观晶体取向相对于宏观坐标的变化，从而改变织构指数。在材料相变的前提下，材料有两种织构，一是由液固转变过程形成的织构，称为初始织构，而材料在初始织构的基础上，通过材料的相变所变异的织构称为相变织构。显然，探讨定向凝固条件下的熔体凝固过程中形成的织构，应该把注意力集中于 $L_{液}$→δ 的液固相转变。然而，即便是高温织构测量设备也无法测量到存在于 1 394 ℃以上的 δ 相晶粒取向，同时 δ 相不能保存到室温（对于纯度较高的铁尤甚）。因此，对于纯铁定向凝固织构，只能通过对 α - Fe 相变织构的探测，推演到 δ - Fe 初始织构。

在金属材料的许多固态相变中，尽管晶体结构及晶胞大小相变前后发生变化（如 BCC 结构的 δ - Fe 点阵常数为 0.293 2 nm；FCC 结构的 γ - Fe 的点阵常数为 0.356 4 nm；BCC 结构的 α -Fe 点阵常数为 0.286 0 nm），但相变前后的两相往往存在着固有的取向关系，如 Bain 关系、K-S 关系等。如果相变前多晶体内有某种织构，则这种织构会在相变后以特定的形式（取向上）被继承下来，这就是通常所说的相变织构的特征。由于织构研究关心的是大量晶体是如何摆放的，而不是原子的坐标，因此只要掌握了相变取向继承的规律，就为推测高温相的织构乃至初始织构提供了一条可行的途径。

值得注意的是，上面提到的各种取向关系的晶体对称性，各自都可获得多种晶体学上发生概率等同的变体。以 K-S 关系为例，$\{111\}_{\gamma}//\{011\}_{\alpha}$、$<011>_{\gamma}//<111>_{\alpha}$，有 24 个变体。但是如果加上实际材料发生相变的某些边界条件，如材料的塑性变形经历、温度梯度、转变后的应力状态等就可以根据相变前的织构并选定具体的取向关系变体，从而推测出相变前的织构。

Liu 等研究了具有立方织构的 Fe-30%Ni 合金在奥氏体区在不同方向轧制后急冷至 -196 ℃获得马氏体，马氏体相变织构的 12 个西山关系变体和 24 个惯习面选择过程对轧制方向比较敏感。Hutchinson 等利用 TRIP（Transformation Induceo Plasticity）钢中的奥氏体与铁素体之间的取向关系服从 K-S 关系，发现相变的变体选择取决于实际的物理过程。此微合金化钢在奥氏体非再结晶区轧制时，相变后形成 {332} < 113 > 及 {311} < 011 > 织构，这是形变奥氏体 {110} < 111 > 、{112} < 111 > 织构按 K-S 关系形成的，这些择优取向的铁素体在奥氏体内部形成。

1.4 定向凝固技术应用

应用定向凝固方法，得到单方向生长的柱状晶，甚至单晶，不产生横向晶界，较大提高了材料的单向力学性能，热强性能也有了进一步提高。因此，定向凝固技术已成为富有生命力的工业生产手段，应用也日益广泛。

定向凝固是研究凝固理论和金属凝固的重要手段，也是制备单晶材料和微米材料、超导体材料、复合材料等的重要方法。

1.4.1 单晶生长

晶体生长的研究内容之一是制备成分准确,尽可能无杂质、无缺陷(包括晶体缺陷)的单晶体。晶体是人们认识固体的基础,定向凝固是制备单晶最有效的方法。为了得到高质量的单晶体,首先要在金属熔体中形成一个单晶核,可引入粒晶或自发形核,进而在晶核和熔体界面不断生长出单晶体,单晶在生长过程中绝对要避免液固界面不稳定而生出晶胞或柱晶。因而,液固界面前沿不允许有温度过冷或成分过冷。液固界面前沿的熔体应处于过热状态,结晶过程的潜热只能通过生长着的晶体导出。定向凝固可以满足上述热传输的要求,只要恰当地控制液固界面前沿熔体的温度和速率,是可以得到高质量的单晶体的。

1.4.2 柱状晶生长

柱状晶包括柱状树枝晶和胞状柱晶。通常采用定向凝固工艺,控制晶体向与热流方向相反的方向生长。共晶体取向为特定位向,并且大部分柱晶贯穿整个铸件。这种柱晶组织大量用于高温合金和磁性合金的铸件上。定向凝固柱状晶铸件与用普通方法得到的铸件相比,前者可以减少偏析、疏松等,而且形成了取向平行于主应力轴的晶粒,基本上消除了垂直应力轴的横向晶界,使航空发动机叶片的力学性能有了新的飞跃。另外,对面心立方晶体的磁性材料,如铁等,当铸态柱晶沿晶向取向时,因与磁化方向一致而大大改善其磁性。

获得定向凝固柱状晶的基本条件是:合金凝固时热流方向必须是定向的。在液固界面应有足够高的温度梯度,避免在凝固界面的前沿出现成分过冷或外来核心,使径向横向生长受到限制。另外,还应该保证定向散热,绝对避免侧面型壁生核长大,长出横向新晶体。因此,要尽量抑制液态合金的形核能力。提高液态金属的纯洁度,减少氧化、吸气形成的杂质污染是用来抑制形核能力的有效措施。但是,对于某些合金系,常规化学组成中含有很多杂质,以致即使采用很高的 G_L/R 比值,都不足以使液体合金的形核得到抑制。除净化合金液外,还可采用添加适当的合金元素或添加物的方法,使形核剂失效。晶体长大的速度与晶向有关。在具有一定拉出速度的铸型中形成的温度梯度场内,取向晶体竞相生长,在生长过程中抑制了大部分其他取向晶体的生长,保留了与热流方向大体平行的单一取向的柱晶继续生长,有的直至铸件顶部。

在柱状晶生长过程中,只有在高的 G_L/R 比值条件下,柱晶的实际生长方向和柱晶的理论生长方向才越接近,否则,晶体生长会偏离轴向排列方向。当晶体生长速度与铸型拉出速度一致时,铸型中横向热辐射造成的热损失不致形成大的横向温度梯度,该条件下形成的柱晶取向偏离度最小。采用高速凝固法定向凝固可以保证柱晶的取向分散度较小。柱晶材料使用于特定的受力条件,当主应力方向与柱晶生长方向一致时,才能最大限度地显示柱晶力学性能上的优越性。衡量柱晶组织的标志,除取向分散度外,还有枝晶臂间距和晶粒的大小。随着晶粒和枝晶臂间距变小,力学性能不断提高。G_L/R 值决定着合金凝固时组织的形貌,G_L/R 值又影响着各组成部分的尺寸大小。由于在很大程度上受到设备条件的限制,因此凝固速度 R 就成为控制柱晶组织的主要参数。

1.4.3 高温合金制备

图 1-8 为 Sekido N 等采用光悬浮区熔定向凝固法制备的 Nb-17.5Si-10Ti 合金的微观组织形貌。由横截面组织[图 1-8(a)]可见，Nb-17.5Si-10Ti 三元合金由不连续的 Nbss 颗粒散乱地分布在 Nb_3Si 基体上的胞状共晶组织组成。由纵截面组织[图 1-8(b)]可见，合金组织沿定向凝固抽拉方向定向生长的趋势明显，但是 Nbss 较短且连续性较差。在 2.78～27.8 μm/s 的抽拉速率范围内，共晶两相并未形成耦合生长。这是由于在 Nb-17.5Si-10Ti 三元合金的凝固过程中，在凝固界面前存在一个范围较宽的液固两相共存的糊状区，液固界面很难维持平面状，因此共晶两相较难形成耦合生长。只有提高液相中的温度梯度或者降低凝固速率才能实现合金共晶两相的耦合生长，而对于光悬浮区熔定向凝固法而言，这两个条件都较难实现。

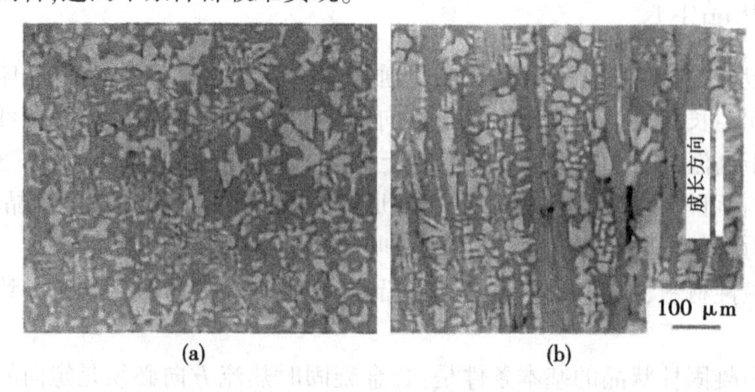

图 1-8　光悬浮区熔定向凝固法制备的 Nb-17.5Si-10Ti 合金的微观组织

Cheng G M 等对 Nb-16Si-22Ti-3Ta-2Hf-7Cr-3Al-0.2Ho 进行了光悬浮区熔定向凝固试验，生长速度分别为 6 mm/h、10 mm/h、16 mm/h。其定向凝固合金组织由 Nbss、α-Nb_5Si_3、hex-Nb_5Si_3 和少量的 Hf 的氧化物组成，其典型的纵截面组织形貌为沿着定向凝固生长方向较为规则的板条状 Nbss/Nb_5Si_3 共晶组织排列。经过光悬浮区熔定向凝固后，合金的室温断裂韧性得到了较为明显的提高，当生长速度为 10 mm/h 时，其室温断裂韧性 K_Q 值超过了 14 MPa · $m^{1/2}$，相对于铸态合金提高了 46.1%。

贾丽娜等对 Nb-14Si-22Ti-2Hf-2Al-4Cr 合金进行了光悬浮区熔定向凝固，定向凝固合金 Nbss 呈枝晶状，硅化物呈板条状沿着生长方向分布。通过光悬浮定向凝固法制备的该合金具有优良的高低温力学性能，与电弧熔炼态相比，定向凝固速度为 15 mm/h、10 mm/h 的合金在 1 250 ℃的抗压缩强度从电弧熔炼态的 290 MPa 分别提高到约 442 MPa、493 MPa；15 mm/h 的定向凝固后，合金的室温断裂韧性从电弧熔炼态的 12 MPa · $m^{1/2}$ 增加到 15 MPa · $m^{1/2}$，断裂韧性提高了 25%。贾丽娜等认为定向凝固后合金断裂韧性提高的原因有：

(1)定向凝固改变了 Nbss 枝晶的分布方式，Nbss 枝晶沿定向凝固方向的规则分布与裂纹扩展的方向垂直，对裂纹扩展的阻碍作用显著，从而提高合金的韧性。

(2)定向凝固后 Nbss 枝晶的粗化对裂纹扩展阻碍增强。

(3)相对于电弧熔炼合金的组织，定向凝固组织更为致密且微观缺陷较小，对合金的韧性的提高也更为有利。

西北工业大学的 Guo X P 等采用电子束区熔定向凝固法制备了 Nb-14.5Si-24.6Ti-4.2Hf-5.3Cr-2.8Al-1.0B-0.05Y 合金，抽拉速度为 40 μm/s 的定向凝固微观组织形貌如图 1-9 所示。由横截面组织[图 1-9(a)]可见，Nbss+$(Nb,X)_5Si_3$ 共晶组织呈规则花瓣状形貌，部分共晶组织中 Nbss 与$(Nb,X)_5Si_3$ 形成了耦合生长。由纵截面组织[图 1-9(b)]可见，Nbss 枝晶以及层片状或棒状 Nbss+$(Nb,X)_5Si_3$ 共晶均沿着平行于试样定向生长的方向规则分布，Nbss 枝晶的侧枝生长较弱，甚至消失。电子束区熔定向凝固使合金在 1 250 ℃的拉伸强度及室温断裂韧性均显著提高。在 40~120 μm/s 的抽拉速度范围内，在 R=40 μm/s 试棒的抗拉强度最高，达到了 85.0 MPa，是电弧熔炼合金的 2.6 倍；同时其室温断裂韧性 K_Q 值也达到 19.4 MPa · $m^{1/2}$，较电弧熔炼合金提高了 60.3%。

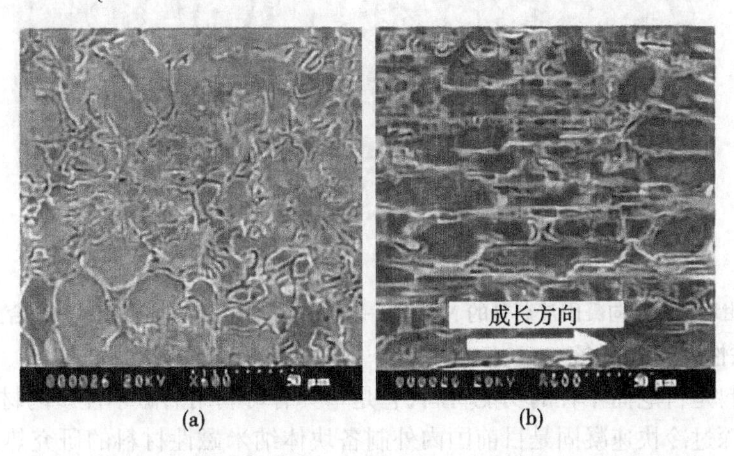

(a)　　(b)

图 1-9　电子束区熔定向凝固法制备的 Nb-Si 基高温合金微观组织

Hirai H 等通过电子束区熔定向凝固法制备了 Nb-xMo-22Ti-18Si(x=10,20,30)合金，Nbss 和$(Nb,Mo,W,Ti)_5Si_3$ 均基本沿着定向凝固方向生长，合金连续性和定向特征较为明显。Hirai H 等的试验结果表明，经过电子束区熔定向凝固，合金成分发生了较大的变化。Nb-xMo-22Ti-18Si(x=10,20,30)合金的实测成分分别为 Nb-10.4Mo-16.3Ti-19.8Si、Nb-21.0Mo-14.1Ti-21.2Si 和 Nb-31.6Mo-15.7Ti-20.4Si，与合金的名义成分不同，这主要是电子束区熔定向凝固过程中 Ti 的挥发造成的。

Hirai H 等通过无坩埚感应悬浮区熔定向凝固法制备了 Nb-10Mo-yW-10Ti-18Si(y=0,5,10,15)合金，并对合金在 1 397 ℃的抗压性能和压缩蠕变性能进行了测试。结果表明，感应悬浮区熔定向凝固合金组织连续性和定向特征较为明显；当 W 含量为 15%时，合金在 1 397 ℃的压缩屈服和断裂强度分别达到了 890 MPa、920 MPa，其在 1 397 ℃/200 MPa 的试验条件下的蠕变速率为 $1.4\times10^{-7}\ s^{-1}$。

图 1-10 为 Guo H S 等采用有坩埚整体定向凝固法在 2 000 ℃的熔体温度制备的 Nb-16Si-22Ti-6Cr-4Hf-3Al-1.5B-0.06Y 合金的微观组织形貌。由横截面组织[图 1-10(a)]可见，合金组织十分规则，共晶组织为近圆形胞状形貌，共晶胞内两相的耦合生长特征明显，呈规则层片状由共晶胞中心向共晶胞边缘发散生长。由纵截面组织[图 1-10(b)]可见，合金定向凝固组织主要由沿着抽拉方向规则排列的横截面为六边形的初生

$(Nb,X)_5Si_3$ 棒和耦合生长的层片状 Nbss+$(Nb,X)_5Si_3$ 共晶组成。定向凝固组织分布均匀,组织连续性以及取向一致性好,定向生长效果显著。由于在开始抽拉前,合金熔体已在2 000 ℃的高温下保温了10 min,合金液内部扩散较充分,合金成分分布更加均匀,因而定向凝固合金的组织分布也较电弧熔炼合金的更加均匀。Guo H S等的研究结果表明有坩埚整体定向凝固技术明显提高了合金的室温断裂韧性。当抽拉速率为100 μm/s时,该定向凝固合金的室温断裂韧性 K_Q 平均值达到了23.8 MPa · $m^{1/2}$,比电弧熔炼合金的 K_Q 平均值提高了74.4%。室温断裂韧性提高的原因为定向凝固后组织的定向、规则排列,有效阻止了裂纹扩展。定向凝固后合金室温断裂机制由电弧熔炼试样的脆性解理断裂转变为准解理断裂。

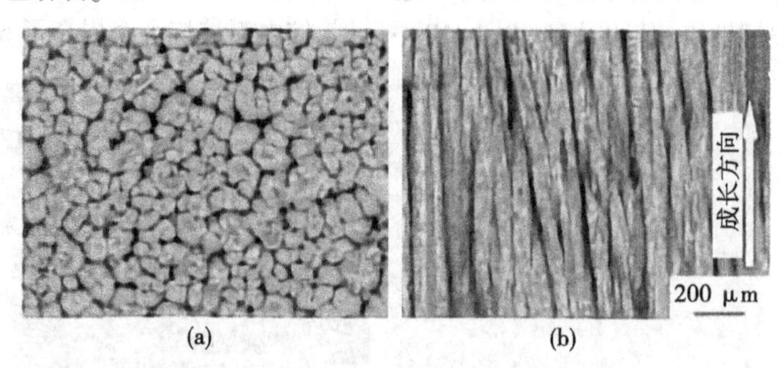

图1-10　有坩埚整体定向凝固法制备的Nb-16Si-22Ti-6Cr-4Hf-3Al-1.5B-0.06Y合金的微观组织

1.4.3.1　磁性材料的制备

磁性材料是古老而年轻的功能材料,它是指具有可利用的磁学性质的材料,具有优异的磁性能。深过冷快速凝固是目前国内外制备块体纳米磁性材料的研究热点之一,采用该工艺可先制备出大块磁性非晶,再将其进行退火热处理而获得纳米磁性材料,也可以直接将整块金属进行晶粒细化至纳米级而获得纳米磁性材料。深过冷快速凝固方法所制备的块体纳米材料的厚度及平均晶粒尺寸在很大程度上是由合金成分以及液态金属获得的过冷度决定的。张振忠等采用深过冷水淬方法直接制备出了试样直径为16 mm、平均晶粒尺寸小于120 nm的 $Fe_{76}B_{12}Si_{12}$ 合金块体纳米软磁材料,其磁耗损 P_{FF}^{400} 和 P_{FF}^{1000} 仅为普通硅钢片的45.3%和69%。蒋成保等采用JSL-500区域熔化真空定向凝固装置,对TbDyFe超磁致伸缩合金定向凝固的磁致伸缩性能的研究表明,胞枝晶组织是制备高性能TbDyFe合金样本的关键,因为胞枝晶方式生长的样品轴向选优取向为<112>时,磁致伸缩性能优越。

1.4.3.2　高温超导体材料的制备

高温超导体材料 $YBa_2Cu_3O_{7-\delta}$(简称YBCO)为层状的钙钛矿晶体结构,由于具有高临界的电流密度 J_c 和低的电导率,是制造引线的潜在材料。为了能够在SMES等领域得到广泛应用,就需要超长尺寸的单畴YBCO材料,以减少热损失,使其在磁场中具有高临界电流密度。

日本Seiki等利用定向凝固技术制备了长为150 mm的大尺寸单畴YBCO/Pt/Ag超导棒条体,并研究了其在不同体积分数下的 J_c-B特性和沿长度方向Y211相的晶粒组织。他们发现在YBCO超导棒条体试样中间段具有最优的 J_c-B特性,并以此部位的材料做成引线,处于与 ab 面平行的磁场方向处,温度为 77 K、磁场强度为 3 T 时,其临界电流为 380 A。日本 Hayashi 等在此基础上利用定向凝固技术制备出 SmBCO 超导棒体,在 77 K、1 T 时,其临界电流密度达 3.5×10^4 A/cm^2。

1.4.3.3　功能材料的制备

压电陶瓷(PZT)和超磁致伸缩材料(GMM)已被广泛应用在制作传感器、换能器和电子器件等方面。应用定向凝固技术制备这两种功能材料引起了学者的关注。王领航等采用垂直 Bridgman 法成功生长出大直径 $Hg_2In_3Te_6$(ϕ=30 mm)的半导体材料。中国科学院上海硅酸盐研究所高性能陶瓷和超微结构国家重点实验室采用定向凝固技术制备出择优方向为[111]、晶粒为柱状晶的 PMN-0.35PT 定向电压陶瓷和择优方向为[001]、[011]的定向陶瓷。在此基础上该实验室的王评初等用定向凝固技术制备了择优方向为[112]的 PMN-0.30PT 高性能定向压电陶瓷,该实验室研究者认为,定向凝固技术在制备高性能 PMN-PT 定向压电陶瓷方面有广阔的前景。

1.4.3.4　自生复合材料的制备

采用定向凝固的方法,通过合理地控制工艺参数,可以制备基体和增强相均匀其间,定向整齐排列的自生复合材料。自生复合材料在定向凝固过程中基体与第二相从熔体中同时共生复合,消除了传统的复合材料中基体与第二相之间人为的界面,因而具有工艺简单、组元热力学稳定性高、相界面结合牢固、材料性能各向异性强等特点。自 1963 年采用定向凝固的方法,首次成功制备出具有良好的高温强度和组织稳定性的铝基共晶复合材料,应用定向凝固技术成为制备复合材料的一种重要手段。西安建筑科技大学崔春娟采用 Bridgman 定向凝固技术制备出 Ni-Ni_3Si 共晶复合材料。西北工业大学郭喜平等采用 EBFZM 法制备出 Nb-Ti-Si 基共晶自生复合材料,研究发现,在 1 250 ℃,复合材料的拉伸强度和室温断裂韧性得到显著提高。当抽拉速度 R=40 μm/s 时,试棒抗拉强度最高可达 85.0 MPa,室温断裂韧性 K_Q 值可达到 19.4 MPa · m$^{1/2}$。

1.4.3.5　多孔材料的制备

乌克兰科学家 Shapovalov 在 1993 年的一项专利中首次提出了金属-气体共晶定向凝固法(Gasar)制备藕状多孔材料的新工艺。该技术克服了传统方法中存在应力集中严重、力学性能差、孔型及排布较难控制等缺点。昆明理工大学的梁娟等利用金属-气体共晶定向凝固法新工艺,用自行研制的 Gasar 模铸装置制备了藕状多孔金属 Ag,并研究了氧气压力对气孔率、平均气孔直径的影响。西安理工大学的陈文革等利用定向凝固技术制备出了空隙率大于 15%的多孔铜基材料。研究发现,高压力下的共晶反应才能制备出沿凝固方向生长的细长孔隙和沿垂直于凝固方向呈规则圆形分布的多孔材料,其抗拉强度明显高于其他方法。研究者们认为多孔材料在许多新的领域有广阔的应用前景。

1.4.3.6　单晶连铸坯的制备

OCC 技术制备的金属单晶材料表面异常光洁,又没有晶界和各种铸造缺陷,具有优异的变形加工性能,可拉制成极细的丝和压延成极薄的箔。利用定向凝固过程中多晶粒竞争生长的特点制备连续的单晶是定向凝固技术中的一项重要内容。西北工业大学凝固技术国家重点实验室在 OCC 技术基础上将定向凝固与连续铸造相结合,制备出准无限长的铜单晶,为高频或超高频信号的高清晰、高保真传输提供了关键的技术。连铸单晶样件与多晶样件相比,其塑性有了大幅度的提高,电阻率下降了38%。特别是该实验室用纯度99.9%铜所制备的单晶,其相对导电率优于日本用纯度99.999 9%铜所制产品。

1.4.3.7　多晶硅的制备

1. 定向凝固提纯多晶硅

合金在凝固过程中,由于溶质元素在固态、液态中溶解度不同,形成新的溶质分布,新的溶质分布程度由分凝系数 $k_0=C_S/C_L$ 决定,其中,C_S 表示固态中溶解度;C_L 表示液态中溶解度,定向凝固的原理如图 1-11 所示。

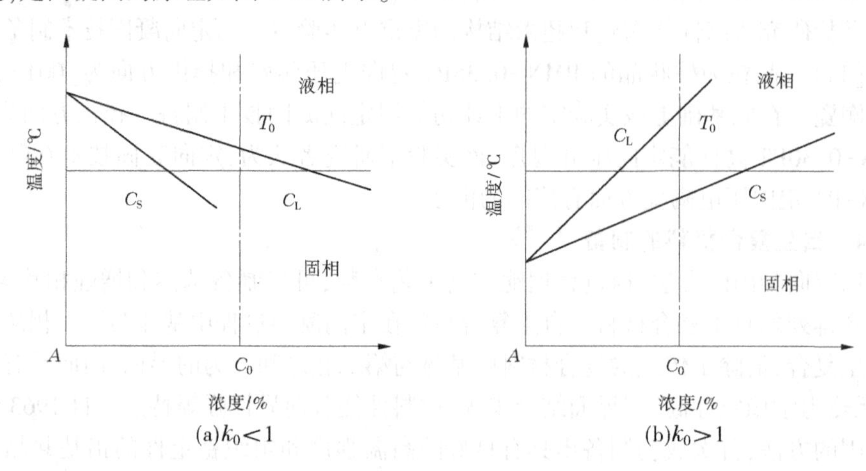

注:C_0 表示原始杂质浓度,T_0 表示该浓度值时的液相线温度

图 1-11　定向凝固的原理图

由图 1-11 可知,当 $k_0<1$ 时,在硅熔体凝固过程中,杂质在固相中的含量比原含量要低,杂质向液相富集,冷凝过程中使固相中的杂质含量不断减少,达到提纯的目的。当 $k_0>1$ 时,在硅熔体凝固过程中,杂质在固相中的含量比原含量要高,冷凝过程中硅中杂质向固相富集,不利于杂质的去除。硅中的主要杂质分凝系数如表 1-3 所示。

表 1-3　硅中的主要杂质分凝系数

杂质元素	分凝系数 k_0	杂质元素	分凝系数 k_0
Fe	6.4×10^{-6}	B	0.800
Ca	8.0×10^{-3}	P	0.350
Al	2.8×10^{-3}	O	1.000
Cu	8.0×10^{-4}	Sb	0.023
Ti	2×10^{-6}	Sn	0.016
Ni	1.3×10^{-4}	Li	0.010

由表 1-3 可以看出,硅中大部分金属杂质的分凝系数远远小于 1,通过定向凝固技术将其富集在铸锭顶端,通过硅锭"切头"的方式去除;硅中非金属杂质的分凝系数接近于 1,利用定向凝固技术很难将其在硅中富集,因此非金属杂质的去除效果不佳。K Morita 的研究表明,对硅中杂质而言,除 B、P、O、C 等杂质元素外,通过两次定向凝固都可以将剩

余的其他杂质元素去除到太阳能级多晶硅限制的浓度范围内。图1-12给出了在理想情况下,采用定向凝固手段去除多晶硅中各类杂质的效果。针对定向凝固提纯多晶硅,国内外研究人员进行了很多的研究。昆明理工大学郑达敏等采用纯度为99.98%、Al含量为1.54×10^{-6}的硅为原料进行定向凝固提纯,结果表明,杂质Al的去除效果明显,去除率达98.2%。魏奎先等采用定向凝固法去除工业硅中的杂质Al,结果表明铝的去除效率可达98%;将工业硅中杂质钙的含量从8.5×10^{-5}降低到3.8×10^{-5},去除率为55.3%。张慧星等采用工业硅为试验原料,通过真空感应熔炼和定向凝固提纯的方法,获得的多晶硅纯度能够达到99.99%,其中Fe、Cu、Ni等金属杂质去除率达90%以上。Schmid等对工业硅进行提纯试验,发现硅锭中杂质Fe、Al、Ca等含量随硅锭高度不断增加。Wei K X等通过真空精炼将冶金级硅中的元素Al含量从1.12×10^{-3}降低到4.27×10^{-4},去除率达到61.9%。Liu等采用定向凝固技术提纯工业硅,提纯后的铸锭中,金属杂质元素Al、Fe、Ca、Ti和Cu的去除率基本达到95%上。Martorano等对定向凝固提纯工业硅的过程进行了研究发现,除杂质Al元素以外,其他金属杂质Fe、Ti、Cu、Mn和Ni等含量均达到了太阳能级硅的要求。昆明理工大学蒋咏等研究了不同下拉速率对超冶金级硅中Fe杂质的去除效果,试验结果表明,杂质Fe在较低的下拉速率下去除效果最好,而且杂质Fe在硅锭底部的去除率高达99.45%。Wei K X等采用$CaO-SiO_2$渣系精炼冶金级硅,研究表明,随着精炼时间的增加,硅中硼含量逐渐降低,最小值降到4.73×10^{-6}。国内外关于定向凝固技术提纯多晶硅的大量研究表明,定向凝固提纯技术可以有效去除硅中大量的金属杂质,且去除效果非常理想,但是关于提纯之后的多晶硅各项电学性能的描述仍然比较少,因此对多晶硅提纯后铸锭电学性能的相关研究还有待深入探讨。

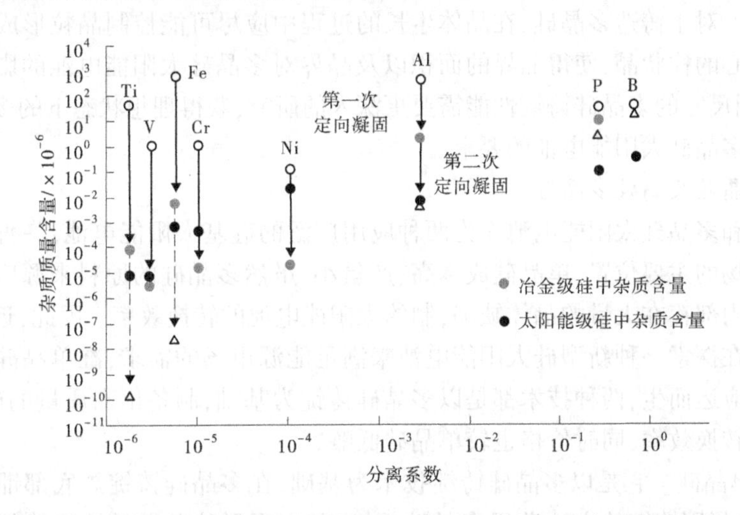

图1-12 定向凝固过程杂质的去除情况及太阳能级硅中杂质含量要求

2. 定向凝固铸锭多晶硅

定向凝固技术也可以通过控制铸锭过程中的工艺条件,获得取向及晶体质量都较好的柱状多晶硅锭。晶体缺陷的形成、晶体生长取向以及液固界面等是影响多晶硅晶体生长的重要因素,也会对多晶硅太阳能电池的效率产生重要影响。铸锭过程中,多晶硅铸锭中的位错生长速度同晶体的缺陷密度和铸锭过程中产生的热应力都存在相应的比例关系，而热场和坩埚壁又会影响整个铸锭过程中的热应力分布，同时，多晶硅的晶体取向又取决于系统的下拉速率，因此通过控制定向凝固过程中的工艺条件等对铸造多晶硅晶体质量具有重要影响。

Schmid 等进行了不同的晶体生长速度对多晶硅微观结构影响的研究，结果表明，不同的晶体生长速度会影响多晶硅铸锭中位错的分布，较低生长速度可以获得较低位错密度的铸锭。Nakajima 等通过控制树枝晶同向生长，降低了铸锭初期的缺陷密度，杂乱的晶界数量也随之减少。Zhou 等的研究通过改进传统多晶硅锭生产的冷却过程，使多晶硅铸锭中的位错密度降低，改进后的多晶硅铸锭中的位错密度降低到改进前的1/5。Sabatino 等的研究表明，在多晶硅铸锭的初期采用高的冷却速度，生长的树枝状晶体更有利于大晶粒的生长。Brynjulfsen 等的研究认为，铸锭过程中晶体的生长速度和冷却速度决定了晶体的微观结构，低的凝固速度可以获得更好的晶体相。Fujiwara 等通过控制多晶硅铸锭初期的冷却速度，最终实现了具有 Σ3 晶界生长的大晶粒。梅向阳等以埚底料为原料进行定向凝固试验，分析得出，底部定向生长的效果明显，晶体生长的主要方向为<111>。谭毅等以不同拉速制备多晶硅铸锭，由少子寿命分布图看出，拉锭速率的降低使液固界面的曲率也随之减小，胞状的液固界面也造成了杂质 Fe 的有效分凝系数升高。张剑等在精炼和定向凝固过程中加入电磁场，通过改变液固界面形状，生长出均匀粗大的柱状晶组织。Lan 等通过对液固界面形状的控制，生长出大尺寸的柱状晶。Rodriguez H 等通过控制不同的工艺条件，实现了多晶硅铸锭是大尺寸柱状晶生长。在铸造多晶硅进行晶体生长的过程中，需要解决的主要问题包括：均匀的液固界面温度、小的热应力、大的晶粒、少的坩埚污染。对于铸造多晶硅，在晶体生长的过程中应尽可能控制晶粒形成大尺寸且平行于铸锭中心的柱状晶，使得晶界的面积以及晶界对多晶硅太阳能电池的影响减小。同样，针对不同尺寸的多晶硅铸锭性能需要更深入的研究，获得理想状态下的多晶硅铸锭以满足高性能多晶硅太阳能电池的要求。

3. 准单晶硅及高效多晶硅

单晶硅和多晶硅太阳能电池作为两种应用广泛的硅基太阳能电池，一直都占据着太阳能电池市场的主要位置，单晶硅成本高、产量小，虽然多晶硅的原料来源广、价格较低，但多晶硅的内部存在大量的晶体缺陷，制约太阳能电池的转换效率。因此，近年来大量的研究人员也在探索一种新型硅太阳能电池来满足能源市场的需求，准单晶硅和高效多晶硅制备技术应运而生，两种技术都是以多晶硅铸锭为基础，制备出高质量的硅锭，提高太阳能电池的转换效率，同时价格也较单晶硅低廉。

(1)准单晶硅。它是以多晶硅铸锭技术为基础，在多晶硅铸锭炉底部铺一层单晶籽晶，通过定向凝固铸锭的方法获得多晶硅铸锭，其宏观形貌及电学性能等都与单晶硅类似。准单晶是由 BP Solar 公司在2006年研究成功的，其产品的转换效率能够达到18%，接近于单晶硅的转换效率。准单晶硅的成本远低于直拉单晶硅，晶体质量较多晶硅而言更具优势，且准单晶硅的优点在于晶界更少，能大幅度地降低硅锭的位错密度，提高少子寿命及电池的转换效率。准单晶的生产工艺主要包括无籽晶铸锭和有籽晶铸锭两种方式，无籽晶铸锭工艺主要是通过在定向凝固过程中精确的控制温度梯度和晶体生长速度等工艺条件,提高多晶硅的晶粒尺寸,制备出准单晶硅锭;有籽晶的铸锭工艺主要是通过引入籽晶而制备出准单晶硅锭,该方法的关键点在于保证熔料过程中籽晶不完全被熔化,同时要控制温度梯度的分布以确保制备出的铸锭能够满足晶体尺寸和晶体质量都达到准单晶硅锭的要求。针对准单晶硅铸锭的制备,研究人员进行了很多研究工作。高文秀等自主研发了一种准单晶硅锭的生长方法,通过将硅料融化然后通过籽晶拉升形成准单晶硅锭,具体流程如图 1-13 所示。

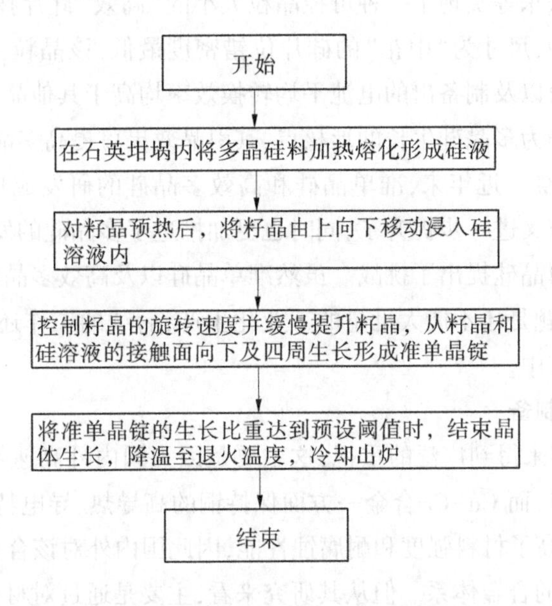

图 1-13　准单晶硅锭生长流程图

吕铁铮等自主研发了一种制备准单晶硅的铸锭炉,同时还提供了一种准单晶硅的制备方法,即在准单晶铸锭炉中完成准单晶硅的生长,采用热交换装置,利用气体换热,控制温度、调节液固界面,生长准单晶。雷琦等发明了一种籽晶的铺设方法、准单晶硅片的制备方法及准单晶硅片,其发明的铺设籽晶的方法降低了晶界的能量,减少籽晶生长过程中产生的位错,减少位错源的发生,籽晶铺设示意图如图 1-14 所示。

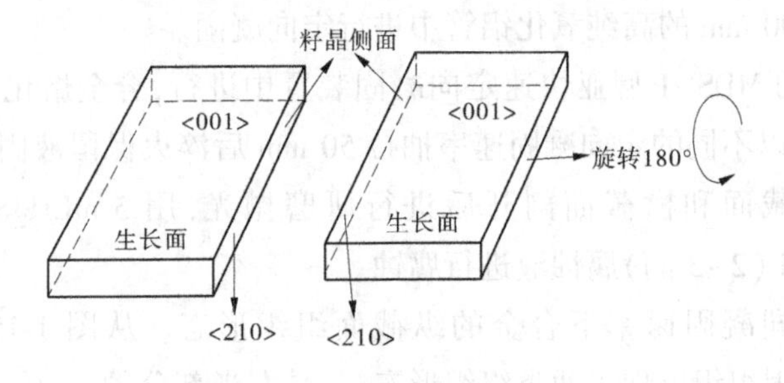

图 1-14　籽晶铺设示意图

侯炜强在自主研发的多晶硅铸锭的基础上,介绍了如何通过设备改进和工艺改进,生长出晶体结构优于多晶硅的准单晶，用其制作的电池片转换效率明显高于多晶硅。

（2）高效多晶硅。高效多晶硅是指利用高效多晶硅锭技术制备出的多晶硅片，用其制成太阳能电池，其光电转换效率比普通多晶硅片制成的太阳能电池高0.5%左右。近年来，国内高效多晶硅的主要产品有赛维LDK高效多晶硅片、保利协鑫鑫多晶、新日光的A+++硅片、镇江环太硅科技有限公司的高效多晶硅片及我国台湾中美晶研发出A4+整锭高效多晶硅片等。张东等实现了一种可控晶粒大小的“高效”硅片技术，其中制备出的不同晶粒大小的硅片中，尺寸为“中花”的硅片位错密度最低，该晶粒大小下的原始硅片和扩散后硅片少子寿命以及制备出的电池平均转换效率均高于其他晶粒大小的硅片。尹长浩等采用异质颗粒作为多晶硅生长的形核点，其引晶效果可提高多晶硅电池的转换效率，硅锭平均可达17.47%。近年来，准单晶硅和高效多晶硅的研发成功将冶金法多晶硅在硅太阳能电池的地位又进一步提升了，同时也更加推进了多晶硅的发展，硅片质量以及转换效率的提高都对单晶硅提出了挑战。虽然准单晶硅以及高效多晶硅在试验阶段效果较好，但目前面对的问题是还不能大批量的工业化生产，后续的工作还是要将新技术优化，广泛应用到实际生产中。

1.4.3.8　铜合金的制备

Cu-Cr合金近年来得到广泛的重视，这主要是因为国内外高速铁路的发展需要高强高导新型铜合金材料，而Cu-Cr合金一方面保持铜的高导热、导电特性，另一方面由于加入Cr元素相应地提高了材料强度和耐腐蚀性能，因此国内外对该合金体系进行了大量的研究，并形成了相应的合金体系。但从其研究来看，主要是通过对材料的塑性变形来进行强化，对合金最终组织和性能有重要影响的凝固过程却没有得到充分重视。因此，李晓历、李金山等通过试验研究凝固速率、生长温度等对合金的影响。

将纯度为99.195%Cu的电解铜和Cu-50%Cr中间合金按Cu-1.0%Cr在真空感应熔炼炉熔配成铸锭（质量的百分数），根据Cu-Cr合金相图，Cu-1.0%Cr合金属于亚共晶合金（共晶点成分在1.28%Cr），用等离子耦合光谱分析仪（ICP）测量铸锭中心部分的成分为0.98%Cr，与所配成分基本相符。然后线切割成ϕ3.9 mm×100 mm的圆棒，将其放入内径为ϕ4 mm×100 mm的高纯氧化铝管中进行定向凝固。

试验在自制的MDS-1型亚快速定向凝固装置中进行，合金熔化后静止保温30 min使成分均匀，然后以不同的定向凝固速率抽拉50 mm后淬火保留液固界面形态。定向凝固后的试样沿纵截面和横截面剖开后进行研磨抛光，用5 mLH_2SO_4 + 80mLH_2O + 10g$K_2Cr_2O_4$ + HCl（2~3滴）腐蚀液进行腐蚀。

图1-15为不同凝固速率下合金的纵截面组织形态。从图1-15(a)中可以看出，5 μm/s下合金凝固组织出现了两类组织形态，一是左半部分的α-Cu胞状组织和胞状组织之间生长的共晶；二是右半部分的平界面组织，说明定向凝固速率5 μm/s是合金凝固组织转变的临界速率或处于其附近，在该速率中两种凝固组织形态可以并存。当凝固速率增加到10 μm/s时，合金凝固组织中也存在不同的组织形态，一种如图1-15(b)右上所

示的较长的短胞状组织;另一种是更小的胞状组织(鱼鲮状组织形态),其与较长的胞状组织形态的差别是两种胞状组织生长方向存在差别,即它们处于不同生长方向的晶粒中。

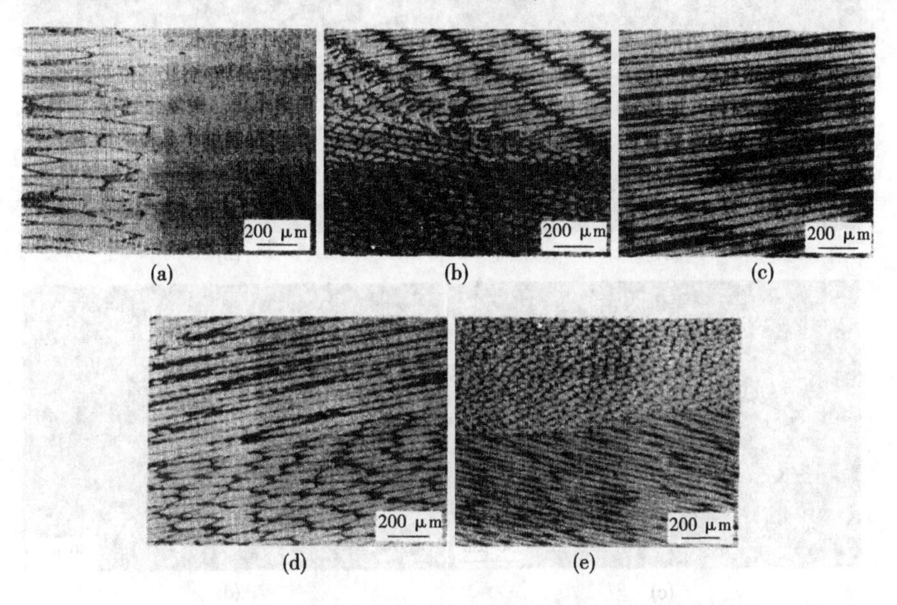

图 1-15　不同定向凝固速率下 Cu-1.0%Cr 合金组织界面形态

如果定向凝固速率达到 20 μm/s,合金凝固组织主要为长的胞状组织形态,若凝固速率继续增加到 100 μm/s 和 500 μm/s,合金凝固组织仍然由胞状组织组成,如图 1-15(d)、(e)中组织所示。但在 100 μm/s 和 500 μm/s 组织中,合金凝固组织中存在不同生长方向的晶粒,凝固组织形貌主要为短条状的胞状组织和鱼鲮状组织形态,在生长过程中它们竞争生长。

从图 1-15 可以看出,Cu-1.0%Cr 合金的纵截面定向凝固组织中通常存在三种组织形态的竞争生长,即为长条状的胞状组织、短条状的胞状组织和鱼鲮状的胞状组织。如果凝固速率越大,长条状的胞状组织会向短条状的胞状组织转变(界面成分过冷增加,增加了界面形核的数量,并限制了相的生长),而鱼鲮状的胞状组织会稳定保持下来。

图 1-16 是不同定向凝固速率下合金凝固组织的横截面形态,虽然合金凝固组织的横截面组织都为相似的胞状组织,但经过仔细分析,可发现它们也有所不同,如 10 μm/s 下合金中胞状组织形状比较均匀,且每个胞状组织周围大约有六个近邻的胞状组织,如图 1-16(a)中圆圈组织所示。当凝固速率增加到 20 μm/s 时,胞状组织尺寸进一步减少,数目增多。

如果凝固速率增加到 100 μm/s,合金凝固组织排列更加紧密,一个胞附近存在七个近邻,如图 1-16(c)中圆圈组织所示。另外,当凝固速率达到 500 μm/s 时,合金横截面组织主要表现为鱼鲮状的胞状组织,说明在很高的定向凝固速率下,形核对合金凝固组织的影响会越来越大,而生长则由于凝固时间较短对定向凝固组织的影响会相对减弱。

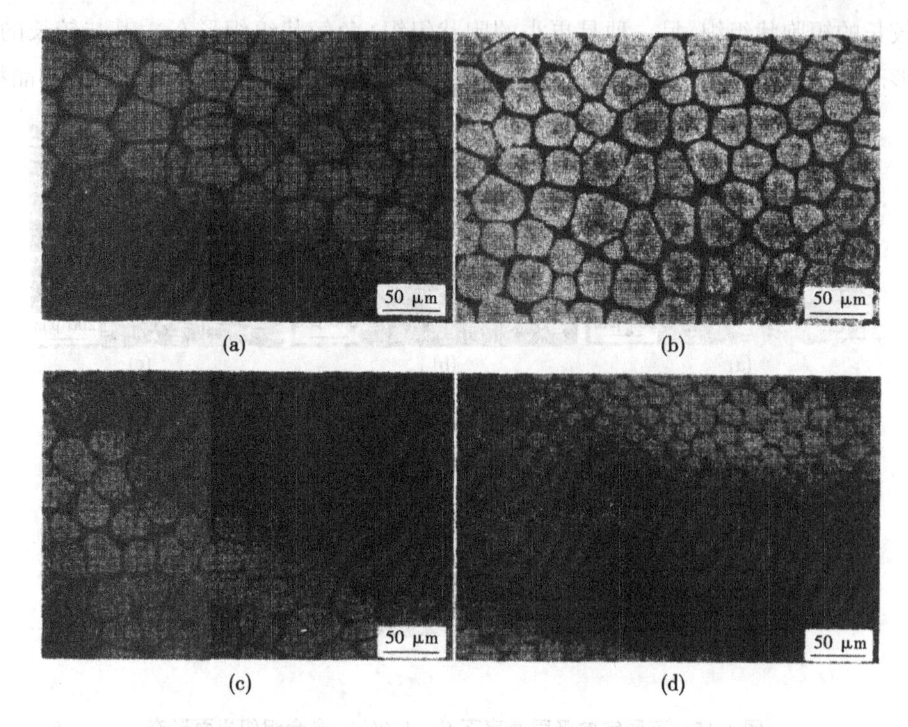

图 1-16　不同凝固速率下 Cu-1.0%Cr 合金的横截面组织形态

思考题

1. 简述定向凝固技术理论。
2. 试述定向凝固的条件。
3. 简述定向凝固技术。
4. 试述定向凝固镁合金和铝合金的研究现状及应用。

第 2 章　快速凝固技术

快速凝固技术已成为一种挖掘金属材料潜在性能与开发新材料的重要手段。本节介绍快速凝固技术的物理冶金基础、快速凝固技术实现途径和在金属材料中的应用。

2.1　快速凝固概述

快速凝固一般指以大于 10^5:10^6 K/s 的冷却速率进行液相凝固成固相,是一种非平衡的凝固过程,通常生成亚稳相(非晶、准晶、微晶和纳米晶),使粉末和材料具有特殊的性能和用途。采用快速凝固技术得到的合金具有超细的晶粒度,无偏析或少偏析的微晶组织,形成新的亚稳相和高的点缺陷密度等与常规合金不同的组织及结构特征。实现快速凝固的三种途径包括:动力学急冷法,热力学深过冷法,快速定向凝固法。由于凝固过程的快冷,起始形核过冷度大,生长速率高,使液固界面偏离平衡,因而呈现出一系列与常规合金不同的组织和结构特征。目前,快速凝固技术已成为一种挖掘金属材料潜在性能与发展前景的开发新材料的重要手段,同时也成为凝固过程研究的一个特殊领域。

2.1.1　快速凝固材料的主要组织特征

(1)细化凝固组织,使晶粒细化。结晶过程是一个不断形核和晶核不断长大的过程。随凝固速率增加和过冷度加深,可能萌生出更多的晶核,而生长的时间极短,致使某些合金的晶粒度可细化到 0.1 μm 以下。

(2)减小偏析。很多快速凝固合金仍为树枝晶结构,但枝晶臂间距可能有 0.25 μm。在某些合金中可能发生平面型凝固,从而获得完全均匀的显微结构。

(3)扩大固溶极限。快速凝固可显著扩大溶质元素的固溶极限,因此既可以通过保持高度过饱和固溶以增加固溶强化作用,也可以使固溶元素随后析出,提高其沉淀强化作用。

(4)快速凝固可导致非平衡相结构产生,包括新相和扩大已有的亚稳相范围。

(5)形成非晶态。适当选择合金成分,以降低熔点和提高玻璃化温度 T_g(T_g/T_m > 0.5),这样合金就可能失去长程有序结构,而成为玻璃态或称非晶态。

(6)高的点缺陷密度。固态金属中点缺陷密度随着温度的上升而增大,其关系式为:$C = \exp[-Q_F/(RT)]$,式中,C 为点缺陷密度,Q_F 为摩尔缺陷形成能。金属熔化以后,由于原子有序程度的突然降低,液态金属中的点缺陷密度要比固态金属高很多,在快速凝固过程中,由于温度的骤然下降而无法恢复到正常的平衡状态,则会较多地保留在固体金属中,造成了高的点缺陷密度。

2.1.2　快速凝固主要性能特点

(1)力学性能。快速凝固组织由于微观结构的尺寸与铸态组织相比有明显的细化和均匀化,所以具有很好的晶界强化和韧性作用,而成分均匀、偏析减少不仅提高了合金元素的使用效率,还避免了一些会减低合金性能的有害相的产生,消除了微裂纹产生的隐患,因而改善了合金的强度、延性和韧性;固溶度的增大、过饱和固溶体的形成,不仅起到了很好的固溶强化的作用,也为第二相的析出、弥散强化提供了条件,位错、层错密度的提高还产生了位错强化的作用。此外,快速凝固过程形成的一些亚稳相也能起到很好的强化和韧化作用。

(2)物理性能。快速凝固组织的微观组织结构特点使它们具有一些常规铸态组织所没有的特殊的物理性能。

2.2　快速凝固的物理冶金基础

在凝固过程中,液相向固相的转变伴随着结晶潜热的释放,液相与固相的降温也将释放出物理热,只有热量被及时导出才能维持凝固过程的进行。如图 2-1 所示的两种典型凝固方式是在两种极端热流控制条件下实现的,分别称为定向凝固和体积凝固。前者通过维持热流一维传导使凝固界面沿逆热流方向推进,完成凝固过程。后者通过对凝固系统缓慢冷却使液相和固相降温释放的物理热及结晶潜热向四周散失,凝固在整个液相中进行,并随着固相含量的持续增大而完成凝固过程。

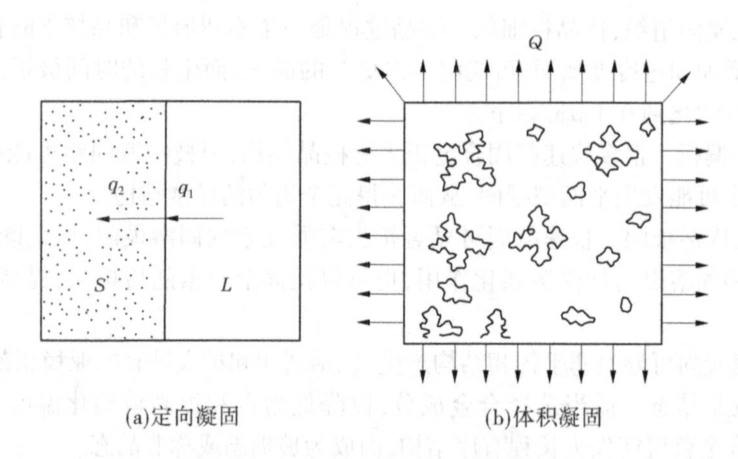

q_1—自液相导入凝固界面的热流密度;q_2—自凝固界面导入固相的热流密度;Q—铸件向铸型散发热量。

图 2-1　两种典型的凝固方式

2.2.1　定向凝固过程的传热

对于如图 2-1(a)所示的定向凝固,忽略凝固区的厚度,则热流密度 q_1 和 q_2 与结晶潜热释放率 q_3 之间满足热平衡方程:

$$q_2 - q_1 = q_3 \tag{2-1}$$

根据傅里叶导热定律知：

$$q_1 = \lambda_L G_{TL} \tag{2-2}$$

$$q_2 = \lambda_S G_{TS} \tag{2-3}$$

而

$$q_3 = \Delta h \rho_S v_S \tag{2-4}$$

式中：λ_L、λ_S 为液相和固相的热导率；G_{TL}、G_{TS} 为凝固界面附近液相和固相中的温度梯度；Δh 为结晶潜热，也称为凝固潜热；v_S 为凝固速率；ρ_S 为固相密度。

将式(2-2)~式(2-4)代入式(2-1)，则可求得凝固速率为

$$v_S = \frac{\lambda_S G_{TS} - \lambda_L G_{TL}}{\rho_S \Delta h} \tag{2-5}$$

2.2.2 体积凝固过程的传热

体积凝固过程常见于具有一定凝固温度范围的固溶体型合金的凝固过程。对于这一凝固过程，凝固速率的主要指标为体积凝固速率 v_{SV}，它是固相体积分数 φ_S 与凝固时间 τ 的比值：$v_{SV} = d\varphi_S/d\tau$。作为一种理想的情况，假定液相在凝固过程中内部热阻可忽略不计，温度始终是均匀的，凝固过程释放的热量通过铸型均匀散出，其热平衡条件可表示为

$$Q_1 = Q_2 + Q_3 \tag{2-6}$$

式中：Q_1 为铸型吸收的热量；Q_2 为铸件降温释放的物理热；Q_3 为凝固过程放出的结晶潜热。

Q_1、Q_2、Q_3 可用如下公式求出：

$$Q_1 = qA \tag{2-7}$$

$$Q_2 = -v_C V(\rho_S C_S \varphi_S + \rho_L C_L \varphi_L) \tag{2-8}$$

$$Q_3 = v_{SV} V \rho \Delta h \tag{2-9}$$

式中：A 为铸型与铸件的界面面积；q 为界面热流密度；v_C 为冷却速率，$v_C = dT/d\tau$，为负值；v_{SV} 为体积凝固速率，$v_{SV} = d\varphi_S/d\tau$；$V$ 为铸件体积；Δh 为结晶潜热；ρ_S、ρ_L、ρ 为固相密度、液相密度及平均密度；C_S、C_L 为固相、液相的质量热容；φ_S、φ_L 为固相体积分数和液相体积分数。

近似取 $\rho_S = \rho_L = \rho$，$C_S = C_L = C$，并且已知 $\varphi_S + \varphi_L = 1$，则由式(2-6)~式(2-9)可得出：

$$q = (v_{SV}\rho\Delta h - C\rho v_C)M \tag{2-10}$$

式中：M 为铸件模数，$M = V/A$。

v_{SV} 和 v_C 不是相互独立的，两者与凝固过程的传质相关。根据式(2-10)，可由传热条件 q 估算体积凝固速率 v_{SV} 或冷却速率 v_C；反之也可由 v_{SV} 或 v_C 估算 q。

2.3 实现快速凝固的途径

2.3.1 急冷法

动力学急冷快速凝固技术简称熔体急冷技术，其原理是通过设法减小同一时刻凝固

的熔体体积与其散热表面积之比，并设法减小熔体与热传导性能很好的冷却介质的界面热阻以及加快传导散热。通过提高铸型的导热能力，增大热流的导出速率可以使凝固界面快速推进，从而实现快速凝固。在忽略液相过热的条件下，单向凝固速率 v_S 取决于固相中的温度梯度 G_{TS}

$$v_S = \frac{\lambda_S G_{TS}}{\rho_S \Delta h} \tag{2-11}$$

对凝固层内的温度分布作线性相似得

$$v_S = \frac{\lambda_S (T_k - T_i)}{\delta \rho_S \Delta h} \tag{2-12}$$

式中：δ 为凝固层厚度；T_k 为液固界面温度；T_i 为铸件与铸型界面温度。

一方面，选用热导率大的铸型材料或对铸型强制冷却，可以降低铸型与铸件界面温度 T_i，从而提高凝固速率；另一方面，凝固层内部热阻随凝固层厚度的增大而迅速提高，导致凝固速率下降。

在雾化法、单辊法、双辊法、旋转圆盘法及纺线法等非晶、微晶材料制备过程中，试件的尺寸都很小，故凝固层内部热阻可以忽略（温度均匀），界面散热成为主要控制环节。通过增大散热强度，使液态金属以极快的速率降温，可实现快速凝固。

最常见的急冷法是急冷模法，如图 2-2 所示。此法是用真空吸注、真空压力浇注、压力浇注等方法将熔融金属压入急冷模穴，达到快速凝固金属的目的。其难点是熔体有可能在急冷模入口处凝固，从而不能达到预期目的，但它也有其独一无二的优点，就是可得到给定直径或厚度的线材。

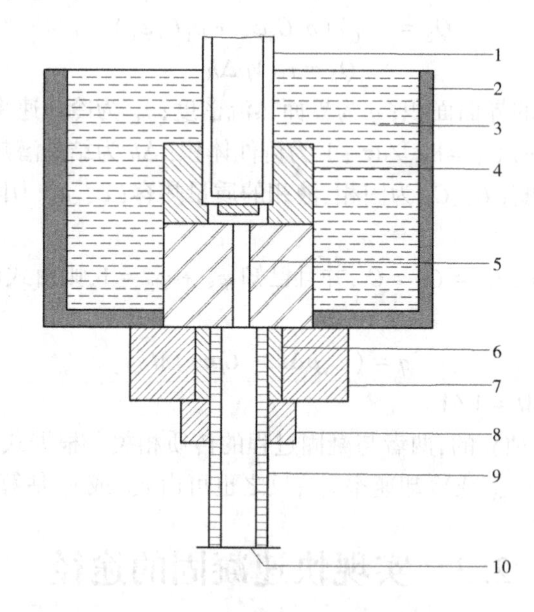

1—真空出口；2—绝热冷却剂容器；3—冷却池；4—铜模；5—模穴；
6—垫圈；7—基板；8—压紧螺帽；9—射入管；10—铝箔。

图 2-2　急冷模法示意图

2.3.2　深过冷法

深过冷法是指通过各种有效的净化手段避免或消除金属或合金液中的异质晶核的形核作用,增加临界形核功能,抑制均质形核作用,使得液态金属或合金获得在常规凝固条件下难以达到的过冷度。

上述急速凝固方法是通过提高热流的导出速率而实现的。然而,由于试样内部热阻的限制,急冷法只能在薄膜、细线及小尺寸颗粒中实现。减少凝固过程中的热流导出量是在大尺寸试件中实现快速凝固的唯一途径。通过抑制凝固过程的形核,使合金溶液获得很大的过冷度,从而使凝固过程释放的潜热 Δh 被过冷熔体吸收,可大大减少凝固过程中要导出的热量,获得很大的凝固速率。过冷度为 Δh_S 的熔体在凝固过程中导出的实际潜热 $\Delta h'$ 可表示为

$$\Delta h' = \Delta h - \Delta h_S \tag{2-13}$$

在式(2-11)及式(2-12)中用 $\Delta h'$ 代替 Δh 可知,凝固速率随过冷度的增大而增大。深过冷快速凝固主要见于液相微粒的雾化法和经过净化处理的大体积液态金属的快速凝固。

2.3.3　定向凝固法

定向凝固是使熔融合金沿着与热流相反的方向按照要求的结晶取向凝固的一种铸造工艺。定向凝固技术最突出的成就是在航空工业中的应用。自 1965 年美国普拉特·惠特尼航空公司采用高温合金定向凝固技术以来,这项技术已经在许多国家得到应用。采用定向凝固技术可以生产具有优良的抗热冲击性能、较长的疲劳寿命、较好的蠕变抗力和中温塑性的薄壁空心涡轮叶片。

铸件定向凝固需要两个条件:首先,热流向单一方向流动并垂直于生长中的液固界面;其次,晶体生长前方的熔液中没有稳定的结晶核心。为此,在工艺上必须采取措施避免侧向散热,同时在靠近液固界面的溶液中应造成较大的温度梯度。这是保证定向柱晶和单晶生长挺直、取向正确的基本要素。以提高合金中的温度梯度为出发点,定向凝固技术已由功率降低法、快速凝固法发展到液态金属冷却法。

2.4　快速凝固制备工艺

2.4.1　气体雾气法

气体雾化方法制备粉末,是利用气体的冲击力作用于熔融液流,使气体的动能转化为熔体的表面能,从而形成细小的液滴并凝固成粉末颗粒。一般在亚音速范围内,克服液流低的切变阻力,变成雾化粉末,粉末粒度较宽,有小于 1 μm 的,也有大于 0.5 mm 的。对高性能易氧化材料往往用氩气雾化法。其中,粉末质量不高的主要原因是:①有较高的气孔率,所以密度较低;②粉末颗粒有卫星组织,即大粉末颗粒上粘了小颗粒,对性能有不利

影响,粉末颗粒间的组织不一致;③粉末粒度不均匀,合格粉末收得率低,有时低到不足1/4,因此提高了成本。但用氦气强制对流离心雾化法,会使冷却速率提高到 10^5 K/s。在氦气下可比在氩气下获得更大的冷却速率,一般可大一个数量级。如制备 IN100 合金粉末时卫星组织不太多,气孔率也优于氩气雾化法的成分,较均匀,并且树枝晶臂间距减小,如离心雾化法的二次树枝晶臂间距为 $0.116d^{0.574}$(d 为粉末颗粒直径),而氩气雾化法的为 $0.13d^{0.605}$。在氦气下强制对流离心雾化法所获得的粉粒中无树枝晶,而是脆晶组织。液滴在凝固过程中冷却速率逐渐减小,液固界面前进速率也变慢,因此在一个粉末粒子中有可能出现不同的组织。

目前,超声雾化法正在兴起,它是采用速度为 2~2.5 马赫(1 马赫=0.340 3 km/s)、频率为 20 000~100 000 Hz 的脉冲超声氩气或氦气流直接冲击金属液流,获得超细的雾化粉末。其原理是利用一个带锥体喷嘴的 Hartmann 激波管,超声波在液体中的传播是以驻波形式进行的,在传播的同时形成周期交替的压缩与稀疏。当稀疏时在液体中形成近乎真空的空腔,在压缩时空腔受压又急剧闭合,同时产生几千个大气压的冲击波把液体打碎。一般频率越大液滴越小,冷却速率可达 10^5 K/s。生产的铝合金粉粒小于 44 μm 的可多达 70%。由于细小液滴可在很短时间内凝固,因此雾化容器不必做得很大,惰性气体用量仅为亚音速氩气雾化法氩气用量的 1/4。

另一种为气体溶解雾化法,把溶解了氢的金属液注入真空室,在熔池中氢又被排斥造成雾化。旋转电极雾化法是利用离心力把液体甩出去成为液滴。不同雾化工艺的凝固速率和粉末质量比较见表 2-1。

表 2-1 不同雾化工艺的凝固速率和粉末质量比较

工艺	粉末粒度/μm	平均粒度/μm	冷却速率/(K/s)	包裹气体	粉末质量
亚音速雾化	1~500	50~70	10^0~10^2	有	球形,有卫星
超音速雾化	1~250	20	10^4~10^5	无	球形,卫星很少
旋转电机雾化	100~600	200	10	无	球形,有卫星
离心雾化	1~500	70~80	10^5	无	球形,卫星很少
气体溶解雾化	1~500	40~70	10^2	无	不规则,有卫星

随着计算机技术和现代控制技术逐步应用到气雾化制粉技术的发展中,随着气雾化机制的研究不断深入,新的气雾化工艺不断涌现,气雾化技术开始进入蓬勃发展阶段。气雾化系统更加完善,生产效率不断提高、工艺可控制增强,性能也更为稳定,使其逐渐发展成为制备粉末的主要方法,气雾化法生产的粉末占世界粉末总产量的 30%~50%。

2.4.2 液态急冷法

液态急冷法是将液流喷到辊轮的内表面或辊轮的外表面或板带的外表面来获得条带材料,其中单辊法是最为常见的一种方法。单辊法又可分为两种:①自有喷射熔液自旋法,即液流自由地喷射到转动的辊轮上;②平面流铸造法。自由喷射熔液自旋工艺的原理如图 2-3(a)所示,合金在坩埚内用高频感应炉加热熔化,达到预定的温度后,通过氩气或氮气使熔融合金从圆形喷嘴喷射到高速旋转辊轮的轮缘面上。合金熔液与辊面接触时形成熔潭如图2-4(a),熔潭被限定在喷嘴与辊面间,随着辊轮的转动,熔液同时受到冷却和剪切作用,被不断地从熔潭中提出,快速凝固形成连续薄带。在辊轮离心力以及薄带凝固自身收缩作用下,薄带脱离轮缘面。

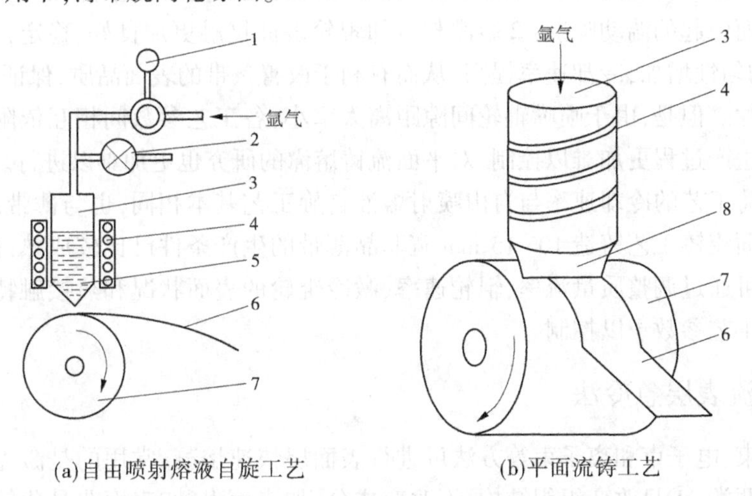

1—压力计;2—排气阀;3—坩埚;4—感应加热线圈;5—合金液;6—金属薄带;7—淬冷辊轮;8—喷嘴。

图2-3 自由喷射溶液自旋工艺和平面流铸工艺原理示意图

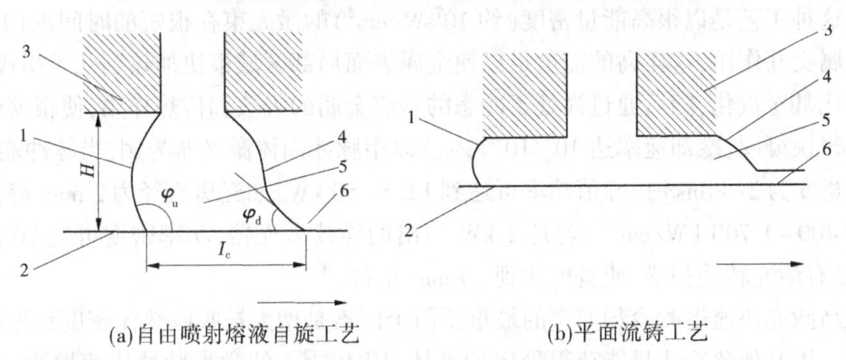

1—熔潭上流自由表面;2—淬冷辊轮;3—喷嘴;4—熔潭下流自由表面;5—熔潭;6—薄带。

图2-4 自由喷射熔液自旋工艺和平面流铸工艺形成的熔潭示意图

自由喷射溶液自旋工艺的冷却速率随操作条件不同而可达10^5:10^7℃/s,降低金属质量流率和增加辊速将使薄带产品变薄而提高冷却速率。这种工艺广泛用于制取Al、Fe、Ni、Cu、Pb等合金材料薄带。

平面流铸与自由喷射溶液自旋工艺原理非常相似,只是熔融合金是通过矩形狭缝喷嘴喷射到高速旋转辊轮的滚面上,如图2-3(b)所示。喷嘴狭缝的长度决定了薄带的宽度,只要加长喷嘴狭缝的长度很容易获得要求宽度的薄带。与自由喷射溶液自旋工艺一样,平面流铸工艺在喷嘴辊轮间隙中形成的熔潭如图2-4(b)所示,对于金属薄带的形成及保证薄带表面品质也有着至关重要的作用,熔潭中金属流量主要受喷嘴辊轮间隙距离和喷嘴几何尺寸控制。与自由喷射熔液自旋工艺相比金属液容器放得十分靠近辊轮面上，熔潭同时直接接触喷口中的液流和转动的辊轮，这种办法可阻尼液流的扰动，提高条带的几何尺寸精度，反过来又保证条带的不同部位处于相同的冷却速率从而得到均匀的组织。因此，平面流铸工艺具有两个明显的特征：①平面流铸熔潭小于自由喷射熔液自旋工艺的熔潭，熔潭的稳定性大大增加，又因为平面流铸制取的带材很薄，避免了熔潭自由表面不稳定而引起的湍动喷射；②熔潭与冷却辊轮表面接触更加良好、稳定，冷却速率的波动减小，均匀性增加，冷却速率提高，从而有利于改善条带的表面品质，保证尺寸均一性和组织均匀性。但是，由于喷嘴辊轮间隙距离太窄小，各工艺参数间相互依附，相互影响使平面流铸生产过程更加难以控制，对平面流铸熔潭的研究也更加难以进行。

平面流铸工艺的冷却速率与自由喷射熔液自旋工艺基本相同，也与薄带产品厚度有关。采用平面流铸工艺铸造 10～15 mm 宽非晶薄带的生产条件已比较成熟，薄带的表面品质和带厚可通过调整质量流率、辊轮速率、激冷辊轮的表面状况和热接触特征、系统的几何尺寸等工艺参数予以控制。

2.4.3 束流表层急冷法

用激光束、电子束和离子束等方法可进行表面层快速熔凝，常用的是激光快速熔凝。大致可分为两类：①只改变组织结构，不改变成分，如表面上釉、表面非晶化等；②既改变成分，又改变组织结构，如表面合金化、表面喷涂后激光快速熔凝、离子注入后激光快速熔凝等。这种工艺是以很高能量密度（约 10^7 W/cm^2）的激光束在很短的时间内（10^{-12}:10^{-3} s）与金属交互作用，这样高的能量足以使金属表面局部区域很快加热到几千摄氏度以上，使之熔化甚至汽化，随后通过尚处于冷态的基座金属的吸热和传热作用，使很薄的表面熔化层又很快凝固，冷却速率达 10^5:10^9 K/s。以用脉冲固体激光器为例，当脉冲能量为 100 J，脉冲宽度为 2～8 ms 时，峰值功率可达到 12.5～50 kW，如光斑直径为 2 mm，峰值功率密度可达 400～1 700 kW/cm^2。若是 2 kW 输出的连续激光器，功率密度可达 70 kW/cm^2。另外，已有激光转镜扫描，使宽度达到 20 mm 左右。

提高激光快速熔凝冷却速率的最重要两个因素是增大被吸收热流密度和缩短交互作用时间。用其他急冷法只能获得稳定的晶体，用 10^{-12} s 的激光脉冲快速熔凝，就能获得非晶硅。粗略地说，被吸收热流密度增加 10 倍或交互作用时间减小为原来的 1/100，都相当于使熔池深度减小为原来的 1/10，凝固速率增加 10 倍，液相中温度梯度提高 10 倍和冷却速率提高 100 倍。20 世纪 80 年代又发展出激光快速冷凝，已能用此新工艺制备出试验用的直径 13.2 cm、厚 3.2 cm 的涡轮盘坯，它是用激光作热源，将合金一层一层堆凝上去，冷却速率为 10^5 K/s。

2.5 快速凝固组织演变规律

快速凝固技术是 20 世纪末、21 世纪初以来迅速发展的新型凝固技术。本节介绍在快速枝晶生长动力学特征，以及共晶、偏晶和包晶等复相合金的快速凝固机制。

2.5.1　快速枝晶生长动力学

为建立凝固过程的热力学/动力学模型，经典理论一般针对稀溶液二元合金体系，且假设界面处于局域平衡态，分析得到界面稳定性及枝晶生长理论模型。为处理快速凝固过程，AZIZ 等基于化学反应速率理论建立二元稀溶液合金的界面动力学模型，并拓展到二元浓溶液合金。为处理快速凝固中完全溶质截留问题，建立了适用于极端非平衡凝固的界面动力学、界面稳定性及枝晶生长模型。DIVENUTI 等进一步考虑非线性液固相线拓展上述理论。

针对快速凝固条件下晶体生长动力学效应显著的特性，李金富等突破了以往理论界面局域平衡的假设，引入了晶体生长动力学项，得到了更为准确的平界面绝对稳定性临界速度的表达式，给出了判断是否存在平界面绝对稳定性的参数。刘峰等针对多元、浓溶液合金的非平衡凝固过程，考虑局域非平衡热力学效应，耦合热力学/动力学数据库处理组元间相互作用，利用最大熵产生原理建立了多元合金凝固的界面动力学模型；进而结合线性稳定性分析发展了界面临界稳定性判据和枝晶生长动力学模型。该模型突破了线性液固相线、理想溶液及局域平衡等经典理论假设，阐释了 Al-Mg-Zn 合金快速定向凝固中界面失稳机制，并与 Ni-Cu-Co 合金的深过冷枝晶生长试验吻合良好。

采用深过冷快速凝固技术，系统研究了多种 Fe 基、Ni 基、Zr 基和 W 基合金凝固过程中的快速枝晶生长特征，所获得的最大枝晶生长速度于表 2-2 中列出，并提出了关于枝晶生长速度和过冷度之间变化的单指数和双指数模型。可以看出，纯金属元素的生长速度最快，其次是固溶体相，最后是金属间化合物相。而快速凝固过程中枝晶生长形态转变的共同特征是由小过冷条件下的粗大树枝晶向大过冷下的细小等轴晶转变，且出现了明显的溶质截留效应，形成了接近于无偏析的凝固组织。

表 2-2　不同合金凝固组织中枝晶生长最大速度

合金	枝晶	最大冷却时间	ΔT_{max}/K	最大生长速度 V_{max}/(m/s)
Pure Fe	Fe	280	0.15	69
$Fe_{50}Cu_{50}$ alloy	γ(Fe)	261	0.15	15
$Fe_{59}Ti_{41}$ alloy	Fe_2Ti	315	0.19	4.78×10^{-2}
Ni-5%Si alloy	α(Ni)	304	—	15
Ni-5%Cu-5%Fe-5%Sn-5%Ge alloy	α(Ni)	405	0.24	28
Ni_7Zr_2 alloy	Ni_7Zr_2	317	0.19	0.45
$Zr_{95}Si_5$ alloy	αZr	451	0.23	17
Pure W	W	733	0.20	41.3
W-Ta alloy	(W)	773	0.23	35.2

另有研究表明,凝固速率会对 Ni_3Al 基高温合金组织演变产生显著影响。相对于原始铸态合金,快速凝固使得枝晶主干区域单峰分布的纳米尺寸 γ′相取代了铸态合金中呈双峰分布的 γ′相。在枝晶间区域内,快速凝固会导致 α-Cr 颗粒的爆发形核析出,从而促进了枝晶间体心立方 β 相发生马氏体转变,生成具有大量层错和微孪晶亚结构的 L10 马氏体板条。在铜模喷铸和单辊甩带急冷条件下,随着冷却速率的增大,初生 Mg 枝晶由粗大树枝晶向细小等轴晶转变,同时也发生显著的溶质截留效应。通过研究元素 Y 对用熔体快淬法制备的 TiAl 基快速凝固合金组织的影响,发现添加 Y 的快速凝固 TiAl 组织主要表现为等轴晶,由 a_2 相和少量的 γ 相组成。随着 Y 含量的增加,γ 相含量逐渐增加,快速凝固 TiAl 合金的组织细化。

2.5.2　共晶快速凝固组织形貌

共晶合金的快速凝固组织形貌演变规律是凝固领域的研究热点。李金富等以 J-H 和 TMK 共晶生长理论为基础,建立了包含液固界面原子附着动力学效应的共晶生长理论模型。考察了不同结构相形成共晶时的动力学效应,发现当共晶组织中含有动力学系数较小的金属间化合物、准晶以及其他复杂相结构时,动力学在共晶生长过程中的作用非常明显,可以扩大共晶耦合生长的过冷度范围,降低共晶生长速度。他们还建立了二元共晶合金在固溶少量第三组元情况下的共晶生长理论模型,揭示了第三组元对共晶生长速度、共晶枝晶尖端半径、共晶层片间距的影响规律。

深过冷条件下反常共晶组织的形成已经得到研究者的普遍认同。研究指出,反常共晶组织则主要因初生规则共晶的重熔而形成。通过深入分析过冷熔体凝固时液固相中的温度场与浓度场,创建了过冷单相合金以及共晶合金凝固时初生固相过热度和重熔分数的定量计算方法,揭示了重熔分数随过冷度的变化规律。

对涉及半导体元素的三元 Al/Ag 基共晶快速凝固组织形成机制的系统研究表明,随着过冷度的增大,小平面共晶相生长方式向非小平面转变。同时,3 个共晶相之间依附生长关系发生变化,最终三元共晶组织从规则转变为不规则共晶。三元共晶合金复杂凝固组织变化直接改变其微观力学性能,快速凝固条件下三元 Al 合金硬化作用归因于晶粒细化和各相的均匀分布。另外,高 B 含量的高速钢快淬凝固试验表明,富含 Cr 的硼化物作为先共晶相析出,随后富含 Mo 的硼化物依附其形核生长形成复杂的层状结构。同时,富 Cr 相的硼化物与共晶奥氏体协同生长形成鱼骨状或莱氏体结构。

2.5.3　包晶快速凝固组织特征

近年来,国内外学者的研究结果均表明,深过冷条件下包晶合金的凝固路径较之平衡条件会发生明显改变。LöSER 等证实在中等过冷条件下,平衡凝固路径会部分地被包晶相的直接结晶所替代。试验发现,对于 Cu-70%Sn 包晶合金,凝固组织形态表现为薄层状包晶相包裹粗板条状初生相生长。随着过冷度的增大,初生相细化,包晶反应被促进,包晶相体积分数增大,且包晶层片间距减小。当过冷度达到某一临界值时,初生相的形核和生长被抑制,包晶凝固机制转变为包晶相直接从过冷熔体中形核和生长。

陈豫增等在过冷 Fe-Ni 包晶合金中发现,快速凝固条件下,包晶相的生长强烈依赖于初生相的凝固。初生相凝固后,如果剩余液相凝固所需的时间小于包晶反应的孕育时间,则包晶反应和包晶相的直接凝固完全被抑制,初生相向包晶相的转变只能通过完全固态的包晶转变完成;反之,包晶相的生长则由包晶反应、包晶转变和包晶相直接凝固等 3 个阶段构成。他们进一步证实,初生相凝固的非平衡效应可改变包晶反应和包晶转变的时间,合金熔体初始过冷度的增大可显著降低这两个转变的时间,进而大幅降低转变产物的体积分数。

在快速凝固亚包晶 Ti-Al 合金相析出与演变研究中,发现过冷 Ti-Al 包晶合金初生相与次生相(B/α、α/γ)的边界层中存在明显的层错带,它表明过冷熔体完成竞争形核后,初生相在生长过程中有可能向次生相转变,转变过程晶体结构重组和晶格畸变是相变层中层错带形成的根本原因。在激光重凝合金组织中存在两相(α+γ)的共生生长,随熔体中温度梯度的减小,两相共生形态由规则层片向非规则块状结构转变,最终形成等轴晶组织。溶质扩散和 γ 相的吞噬作用在共生生长形态演变方面起了关键性的作用。

2.5.4　偏晶合金液相分离与快速凝固组织形貌演变

偏晶合金液相分离与快速凝固组织形貌演化引起了国内外学者的广泛关注。KABAN 等对 Al 基偏晶合金进行了大量研究,选择与第二液相润湿性较好的陶瓷颗粒作为孕育剂,制备出第二相弥散分布的 Al 基偏晶合金。MATTERN 等研究了冷却速率对三元 $Ni_{54}Nb_{23}Y_{23}$ 偏晶合金凝固组织的影响规律,发现当冷速较小时,冷速的变化可以引发 Nb_7Ni_6、NiY 和 Ni_2Y 相生长形态的变化,但各相所占的体积分数基本不变。当冷速大于某一临界值时,该偏晶合金发生液相分离,分离出的玻璃相在纳米尺度内具有成分非均匀性。

国内研究者采用单辊熔体急冷试验方法,研究了三元 $Fe_{62.1}Sn_{27.9}Si_{10}$ 偏晶合金的液相分离和组织形成规律,发现熔体内部的液相分离在剪切力作用下形成多层宏观偏析形貌,熔体的液相分离时间随着辊速的增大而明显短缩,进而促进弥散组织的形成。研究了不同 Cr 含量的 CuCr 合金条带的快速凝固组织特征,发现改变 Cr 元素含量可以抑制或促进液相分离。在此基础上添加了第三组元 Zr,发现其能够细化(Cr)相颗粒,且引发 Cu_5Zr 相从合金熔体中析出。这是因为 Zr 元素的加入降低了 Cu 和 Cr 元素的正混合热使得发生液相分离温度降低,从而抑制液相分离并使第二液相 Cr 发生细化。基于熔体浸浮试验技术,探索了深过冷条件下 Fe-Sn 基和 Cu-Pb 基偏晶合金的液相分离和快速枝晶生长,结果表明,深过冷有助于液相分离时间的延长、分层宏观偏析结构的演变以及偏晶胞的长大。枝晶生长速度随过冷度的增加以幂函数方式增大,快速凝固过程中发生显著溶质截留效应。

2.6 快速凝固技术在金属材料中的应用

2.6.1 金属粉体的快速凝固

利用雾化制粉方法可实现金属粉体的快速凝固,雾化法具体又包括水雾化法、气雾化法、喷雾沉积法等工艺。

2.6.1.1 水雾化法

用高能量的水以很高的流速对熔融状态的金属液流进行冲击,使金属液流被粉碎成大小不同、形态各异的液滴,雾化射流的冷却水射流再次撞击金属熔滴,使微小液滴以更大的冷速凝固成粉末。由于雾化介质为水,它的黏度较气体高,它在冲击合金熔体使其分散成细小液滴的过程中,使液滴严重变形。同时由于水具有良好的淬冷效果,较高的冷却速率使液滴来不及充分球化便凝固成粉末,所以水雾化粉末的形状往往不太规则。用水雾化法制备 Al-30%Si 合金粉末,其含氧量低、粒度分布均匀、压制性好。与同种合金铸造试样相比,粉末的显微组织得到了显著细化,Si 相的形态、尺寸及分布得到明显改善,计算得出粉末的平均粒度 $d=62$ μm。

2.6.1.2 气雾化法

金属或合金在真空状态惰性气体保护下,在坩埚中熔化并达到一定过热温度之后,拔开柱塞杆,金属或合金熔液向下流经雾化喷嘴,遇高压气流,该气流直接冲击粉碎金属或合金熔液使其成为液滴,并冷却这些液滴使其成为半凝固的细颗粒,这些颗粒在自由飞行中冷凝成微晶粉末。其中超音速气体雾化法是目前生产中最常用的方法之一,它是利用一种特殊的喷嘴产生高速高频脉冲气流冲击金属液流,使金属液流粉碎成细小均匀的熔滴,经强制气体对流冷却凝固成细小粉末。这种制粉方法的特点是粉末细小、均匀,形状相对规整,近似球形,粉末收得率高。利用这种工艺制备高硅铝合金粉末可使初晶 Si 极度细化,消除了利用铸锭冶金法所制备高硅铝合金中粗大多角块状初晶 Si 对合金性能带来的不利影响。目前,超声雾化是制备快速凝固金属合金粉末的一种高新技术,超声雾化是利用超声能量使液体在气相中形成微细雾滴的过程。超声雾化器有两大类:流体动力型和电声换能型。流体动力型超声雾化利用高速气体或液体激发共振腔而产生超声波,超声气雾化技术采用的就是流体动力型超声雾化器。

2.6.1.3 喷雾沉积法

喷雾沉积技术 20 世纪 70 年代由 Singer 率先开始研究,它是在雾化的基础上发展起来的,把雾化后的熔滴直接喷射到冷金属基底,依靠金属基底的热传导,使熔滴迅速凝固而形成高度致密的预制坯。该法的主要特点是:除具有快速凝固的一般特征,还具有把雾化制粉过程和金属成行结合起来,简化生产工艺,降低生产成本,解决了 RS/PM 法中粉末表面氧化的问题,消除了原始颗粒界面(PPB)对合金性能的不利影响。对用喷雾沉积法制取 Al-28%Si 的高硅铝合金进行了研究,发现制得的合金组织较铸态组织有明显的细化,其 Si 粒子细化到 10 μm 以下,同时 Si 粒子形态也得到显著改善。喷雾沉积高硅铝合金可得到较理想的组织,但喷雾沉积材料的微观组织的一个重要特征是存在一些细小孔洞，一方面降低了材料的有效承载面积，另一方面裂纹的萌生和扩展也更为容易，故喷雾沉积材料还需采用挤压、锻造等措施进一步致密化。

2.6.2 金属线材的快速凝固

快速凝固要求高的冷却速率，然而由于合金内部热阻的存在，高的冷却速率只有通过减小试样尺寸才能实现。因此，除粉末材料快速凝固技术外，线材和薄带材的制备成为快速凝固技术发展最快的分支，其快速凝固过程可以采用各种冷却技术获得更高的冷却速率，也是目前最成熟的制备非晶态金属材料的途径。同时，线材和带材可以不经过热加工而直接应用，使快速凝固组织和性能的优势得到充分发挥，而粉末材料往往需要进行后续的块体化成形加工，在最终制件中失去了许多快速凝固的组织特征和性能。

快速凝固方法制备非晶合金线材的关键在于首先是获得细而稳定的熔液流柱，其次是采用一定的冷却介质对该熔液流柱进行激冷。对于连续生产，还要实现线材的连续卷取。目前，较成熟的金属线材快速凝固技术包括玻璃包覆熔融纺线法、合金熔液注入快冷法、回转水纺线法和传送带法。

2.6.2.1 玻璃包覆熔融纺线法

玻璃包覆熔融纺线法的基本原理如图2-5所示。1924年Taylor提出将合金棒置入玻璃管中，在其端部采用感应加热将合金及其表面玻璃管同时熔化，在一定的拉力下拉制成很细的纤维，经过冷却器的激冷成线并缠绕在绕线管上。通过控制抽拉速率可以获得2~20 μm的细线，其冷却速率可达10^5:10^6 K/s。该方法的优点是：容易成形连续等径、表面质量好的线材。缺点是：生产效率很低，不适于生产大批量工业用线材。要求合金熔点与熔融玻璃的软化点接近，并对玻璃能润湿。

2.6.2.2 合金熔液注入快冷法

Chen H S等在1974年首次用注入冷却液体冷却法获得直径为2 mm的非晶棒材，其原理如图2-6所示。Kavesh将此方法发展为线材快速凝固的制备技术，在垂直导流管中获得与合金液流同步流动的冷却液流，将熔融合金液通过喷嘴注入冷却液中并被激冷，成功用于多种合金直径为20~600 μm线材的制备。该方法生产效率较低，冷却液流稳定性较难控制。其工艺参数如下：石英喷嘴口径为0.2 mm；线材直径为150 μm；喷射速率为200 cm/s；冷却液为21.6%的$MgCl_2$；流速为1.9 m/s；生产率为2.6 m/s。其优点是装置简单；缺点是液流稳定性差，流速较低且难于控制速率，不能连续生产。

2.6.2.3 回转水纺线法

1978年日本的大中逸雄首次提出了回转水纺线快速凝固法，其基本原理如图2-7所示。使中心轴与水平面平行放置的鼓高速旋转，鼓内凹槽加入冷却水，在离心力的作用下，冷却水在鼓内壁行成环形水池并随旋转鼓同步旋转，采用喷枪将熔融合金液沿鼓内一侧顺流喷入水中激冷获得快速凝固的线材，其冷却速率可达10^2:5×10^4 K/s。1986年Unitika公司在此基础上设计了连续绕线机构，可及时将获得的线材缠绕成卷，从而实现了连续生产。德国的Frommeyer发明了类似的装置，不同之处是旋转鼓的中心轴和水平面垂直。

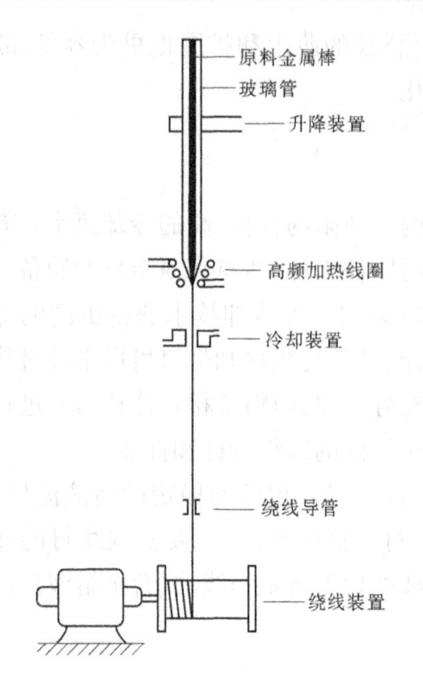

图 2-5　玻璃包覆纺线法快速凝固原理

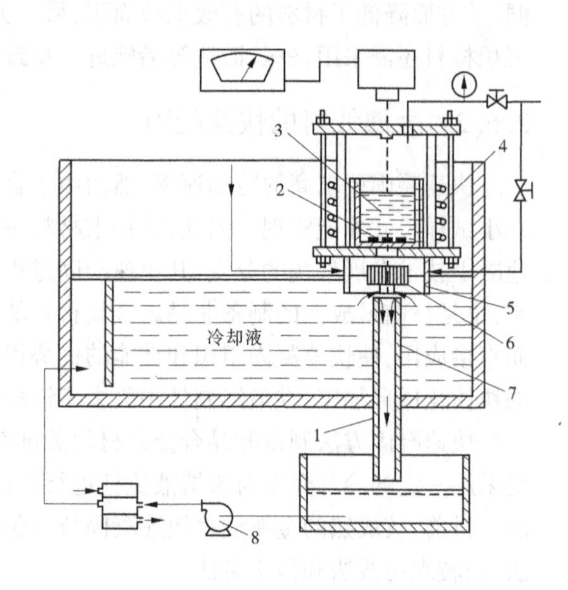

1,7—导流管;2—喷嘴;3—合金液;4—感应加热器;
5—稳流罩;6—分散器;8—泵。

图 2-6　Kavesh 法线材快速凝固原理

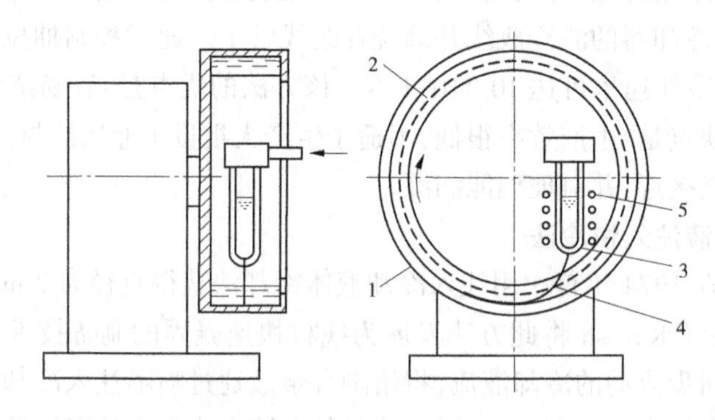

1—旋转鼓;2—冷却水;3—喷嘴;4—喷射液柱;5—加热器及其力学性能。

图 2-7　回转水纺线法线材快速凝固原理

目前,该方法已在日本、德国、意大利等国家的材料研究机构得到推广应用,并成功用于实验室制备具有特殊磁特性的非晶线和纳米晶线软磁材料。该方法的优点是原理和装置简单,操作方便,可实现连续生产;缺点是液流稳定性对线材成形有一定影响。其典型工艺参数:旋转鼓内径为 500 mm;水流线速度约为 10 m/s;石英喷嘴口径为 0. 08 ~ 0. 5 mm;线材为 60 ~ 400 μm;氩气压力为 0. 1 ~ 0. 5 MPa;冷却水深度为 25 mm;生产率为 4 ~ 10 m/s。表 2-3 表示采用回转水纺线法制备的非晶丝及其力学性能。

表 2-3 回转水纺线法制备的非晶丝及其力学性能(细丝直径 100~160 μm)

成分(原子分数)/%	抗拉强度 σ_b/MPa	伸长率 δ/%	维氏硬度 HV/DPM	弹性模量 E/MPa
$Pd_{77.5}Cu_6Si_{16.5}$	1 570	2.5	380	0.9×10^5
$(Co_{0.95}Ta_{0.05})_{72.5}Si_{12.5}B_{15}$	4 000			
$(Ni_{0.6}Pd_{0.4})_{82}Si_{18}$	1 710	2.0		
$Fe_{77.5}P_{12.5}C_{10}$	2 800	2.8	800	0.98×10^5
$Cu_{60}Zr_{40}$	1 810	2.7	440	
$Co_{72.5}Si_{12.5}B_{15}$	3 400	3.0	1 100	1.2×10^5
$(Cu_{0.6}Zr_{0.4})_{95}Nb_5$	2 100	2.4	460	
$(Ni_{0.4}Pd_{0.6})_{80}P_{20}$	1 440	2.2		

2.6.2.4 传送带法

传送带法综合了合金熔液注入快冷法和回转水纺线法的特点,其基本原理如图 2-8 所示。冷却水被带有沟槽的传送带从一端送到另一端,熔融合金熔液通过喷嘴射入传送带上的冷却水中冷却凝固,并被送出进入卷取机构。

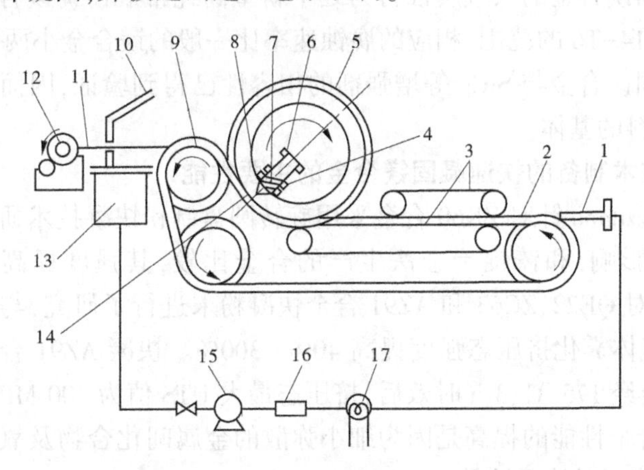

1—冷却水喷嘴;2—带沟槽传送带;3—导引带;4—加热器;5—导引鼓;6—坩埚;7—合金液;8—喷嘴;9—驱动滑轮;10—液流稳定器;11—线材;12—绕线机;13—集水箱;14—喷射合金熔液柱;15—输送泵;16—流量计;17—压缩机。

图 2-8 传送带法线材快速凝固原理

传送带法一个重要的控制条件是合金熔液的射入位置。当从水平段射入时,合金熔液柱可能从冷却水中飞出,使冷却速率减小,形成结晶态而发生脆断。而从圆弧段射入时,在离心力的作用下可以保证合金熔液柱始终处于冷却水中,从而获得均匀的非晶态线材。该方法制备非晶态线材能及时送出冷却区,即使发生断线,也能继续生产。同时,冷却水是循环的,水温可以控制在恒定的低温,也利于获得大的冷却速率。其优点是综合了合金液注入液体冷却法和旋转液体法,可实现连续生产。缺点是装置较复杂,工艺参数调控较难,传送速率不快。

2.7　快速凝固其他新型合金材料

2.7.1　快速凝固镁合金的研究

与常规铸锭冶金工艺制备的镁合金及现有的铝合金相比较,快速凝固镁合金性能的提高主要包括以下几个方面。

(1)快速凝固镁合金的室温极限抗拉强度超过常规铸锭工艺镁合金及最强铝合金之比极限抗拉强度40%~60%,压缩屈服强度与拉伸屈服强度比值(CYS/TYS)由0.7增加到1.1以上。

(2)快速凝固镁合金的比屈服强度(TYS/ρ)超过铸锭工艺镁及铝合金的相应值,拉伸时超过52%~98%,压缩时则超过45%~230%。

(3)快速凝固镁合金的断裂伸长率在5%~15%,随后的变形热处理可使其达到22%,高于铸工艺镁合金。在100 ℃以上的温度下具有优良的塑性变形行为或超塑性,并且由于明显的晶粒细化,其疲劳抗力为铸锭冶金镁合金的2倍。

(4)快速凝固镁合金的大气腐蚀行为处于新型高纯常规铸锭镁合金AZ91E及WE43和抗蚀铝合金2014-T6的范围,相应的腐蚀速率比一般的镁合金小两个数量级。

(5)快速凝固镁合金与SiCp等增强剂的相容性已得到验证,因而快速凝固镁合金可作为镁基复合材料的基体。

2.7.1.1　雾化技术制备的快速凝固镁合金的主要性能

Issrrow和Rizzitano针对ZK60合金采用旋转圆盘制粉快凝技术研究了不同挤压条件和热处理工艺的影响,和铸锭冶金法生产的合金比较,其强度提高了50%(见图2-9、表2-4)。Kainer对QE22、ZC63和AZ91合金快凝粉末进行了研究,与铸锭冶金同类合金比较,这些合金气体雾化挤压态强度提高40%~300%。快凝AZ91合金的主要改善表现在时效上,该合金经175 ℃、3 h时效后,挤压态最大UTS值为400 MPa,而最大TYS值为350 MPa。这些合金性能的提高是因为细小弥散的金属间化合物及氧化物阻碍了合金在350 ℃等高温下挤压时的再结晶。

喷射成形技术是雾化法制备快速凝固镁合金的新型工艺技术及最有前途的新技术,它不仅可以用来制备合金,还可以用来制备镁基复合材料。与常规铸锭工艺比较,喷射成形镁合金材料的断裂韧性K_{IC}有较大改善,同时其他力学性能(强度、塑性)和电化学性能亦有相当大的提高。研究表明(见图2-10、表2-5),与压铸的AZ91合金比较,喷射成形镁合金的力学性能有显著的改善。而喷射成形的镁合金QE22与相应的铸锭冶金镁合金比较,强度提高40%,延展性从3%增加到10%,耐蚀性提高1/3。

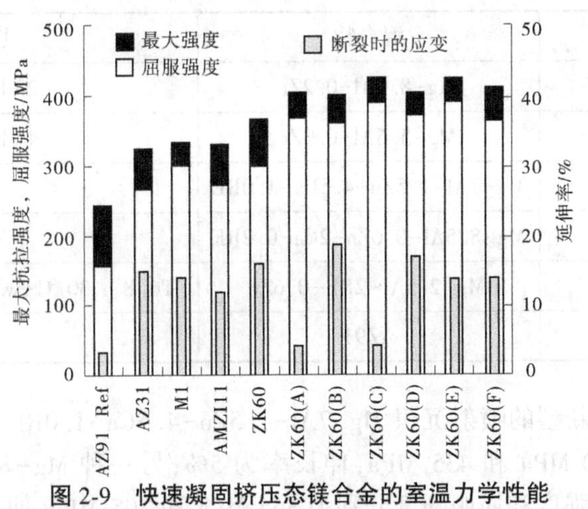

图 2-9　快速凝固挤压态镁合金的室温力学性能

表 2-4　合金-挤压条件

合金	ZK60(A-F)挤压条件			
	挤出速度/(m/min)	温度/℃	比例	热处理
ZK60(A)	0.5	RT	10:1	
ZK60(B)	0.5	RT	10:1	24 h,121 ℃
ZK60(C)	0.5	RT	10:1	24 h,149 ℃
ZK60(D)	0.5	66	10:1	
ZK60(E)	0.5	66	10:1	24 h,121 ℃
ZK60(F)	0.5	66	10:1	24 h,149 ℃

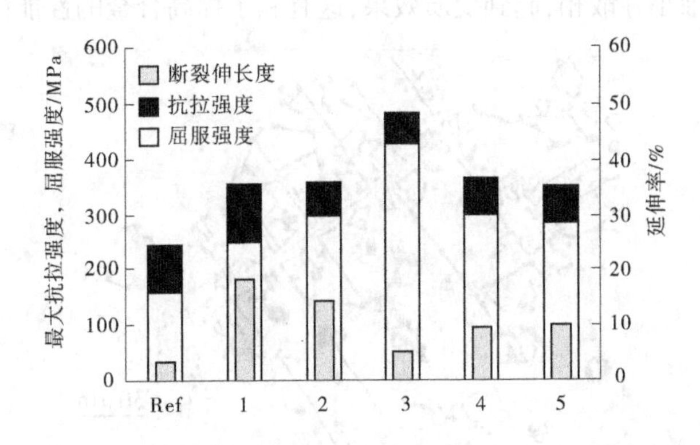

图 2-10　喷射成形镁合金与压铸 AZ91 合金力学性能的比较

表 2-5　合金系

合金号	混合物	热处理
1	Mg-8.4Al-0.2Zr	20 h,205 ℃
2	Mg-5.6Al-0.3Zr	48 h,130 ℃
3	Mg-7Al-1.5Zn-4.5Ca-1.0RE	
4	Mg-8.5Al-0.6Zn-2Ca-0.2RE	
5	Mg-2.5Al-2RE-0.6Zr	T6(8 h,30 ℃-water/oil-16 h,200 ℃)
Ref	AZ91	

Faure 等研究了新型的喷射沉积 Mg-7Al-1.5Zn-4.5Ca-1.0RE 合金,其抗拉强度和屈服强度分别为 480 MPa 和 435 MPa,伸长率为 5%;另一种 Mg-8.5Al-0.6Zn-2Ca-0.2Mn 合金,其抗拉强度和屈服强度分别为 365 MPa 和 305 MPa,伸长率为 9.5%。这两种合金的断裂韧性分别为 30 MPa·$m^{1/2}$ 及 35 MPa·$m^{1/2}$,均优于铸锭冶金工艺生产的 AZ80 及由熔体旋铸薄带制得的 RSAZ91+2Ca。相应的显微组织由尺寸为 3~25 μm 的晶粒及优先于晶界沉淀的 $Mg_{17}Al_{12}$、Al_2Ca、Mg RE 及 Al RE 相组成。

Elias 等采用原位喷射沉积合金化工艺将铝粉、Al-40%Si 合金粉加入到两种含 Mn 的镁合金中,光学显微镜和电子显微镜下都发现有 $Mg_{17}Al_{12}$ 或 Mg_2Si 相沉淀相。这些金属间化合物是在喷射成形固结过程中加入的颗粒溶解到基体中然后析出的。DSC 检测发现还有 Mg-Al-Si 共晶存在,这为喷射成形制备沉淀强化镁合金提供了思路,并可以在其他合金系中进一步开发沉淀强化镁合金。

Kainer 等研究了 WE54、AS21、AS21Ca 等一系列喷射成形镁合金。其中喷射成形 WE54 合金的最小晶粒尺寸约为 10 μm,最大仅为 30 μm,平均晶粒尺寸为 20 μm。在喷射成形镁合金中有非常细小的析出相,如 Mg-Al-Ca 合金中有 MgO、Al_2Ca、$Mg_{17}Al_{12}$ 等相存在,在含 Nd 镁合金中有 $Mg_{12}Nd$ 相存在。在含 Si 的镁合金中,经过喷射成形后,汉字状的粗大 Mg_2Si 相完全消失,成为细小弥散相,起到变质效果,这有利于提高合金的性能(见图 2-11)。

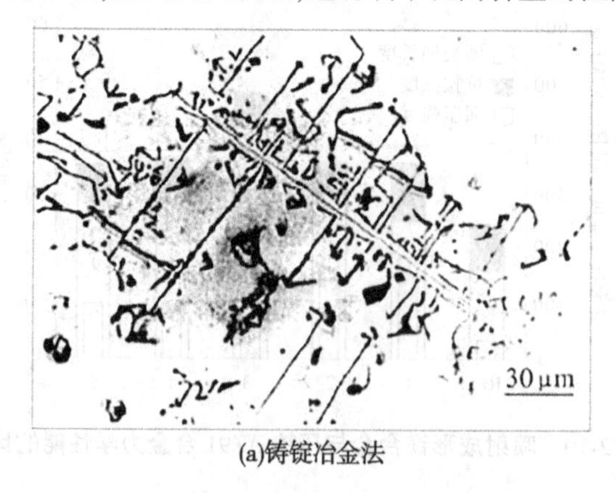

(a)铸锭冶金法

图 2-11　AS21 合金显微

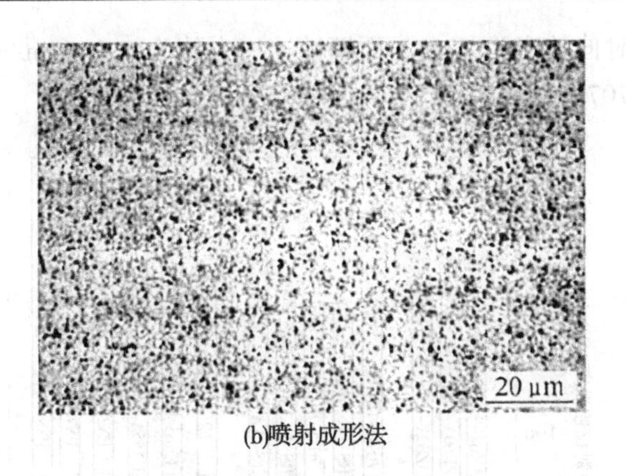

(b)喷射成形法

续图 2-11

2.7.1.2　模冷淬火技术制备的快速凝固镁合金的主要性能

熔体旋铸法是制备快速凝固金属材料的重要制备技术，在镁合金中应用可以提高镁合金的室温和高温力学性能，提高镁合金的耐腐蚀能力。该工艺生产的快速凝固镁合金强化机制主要包括晶粒细化、锌在α(Mg)固溶体中的强化以及一种Mg-Zn基弥散相的强化，其中在室温下主要是$Mg_{17}Al_{12}$、Mg_2Zn在α(Mg)固溶体中的固溶强化。根据添加的第四或第五组元的不同，如添加Si或是稀土元素，该EA/RS系列合金的性质也会不同，添加Si主要形成如Mg_2Si等弥散相，添加稀土Y或Nd后会有Al_2Y、Al_2Nd等弥散相导致附加的弥散硬化，对合金的室温强度和高温强度都有好处。添加稀土元素后的腐蚀速率仅为0.2~0.4 mm/a。图2-12给出了Allied Signal公司开发的EA系列快速凝固镁合金的主要力学性能。

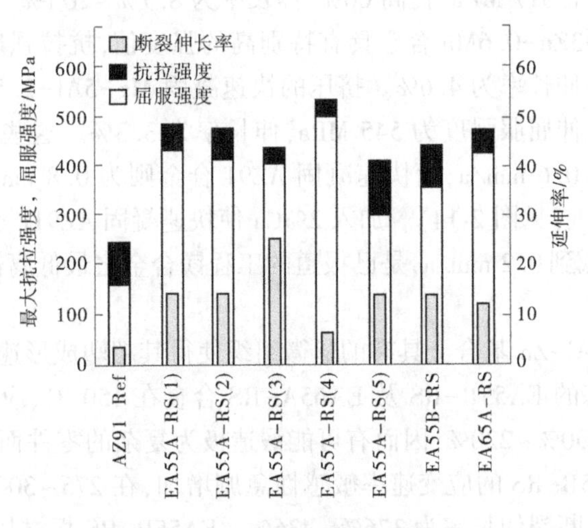

图 2-12　EA 系列合金的力学性能

与铝合金相比较，这些快速凝固EA系列镁合金具有更高的比强度(见图2-13)，并且它们强度和延展性的综合性能优于最好的铸锭冶金镁合金。其中EA55A合金的力学性能有大幅度的提高，成为已报道的性能最佳的镁合金型材。室温下EA55RS挤压制品的代表性强度值处于343 MPa(拉伸屈服强度)、384 MPa(压缩屈服强度)及423 MPa(极限抗拉强度)之间,此时伸长率为 13%。而腐蚀速率大约为 0.25 mm/a,与 Al 合金 2024-T6 相当,次于 Al 合金 7075。

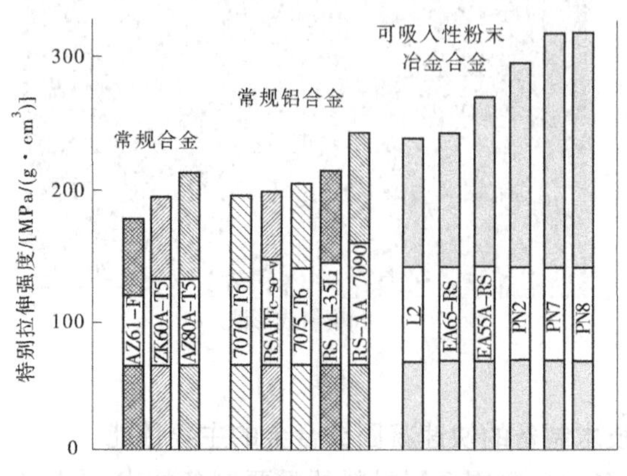

图 2-13　快速凝固 EA 系列镁合金的比强度

Pechiney 及 Norsk Hydro 的 European Collaboration 采用熔体旋铸和平面流铸造法也制备出了快速凝固镁合金。与 Allied 的快速凝固镁合金比较,该工艺用 AZ91 合金为基体,加入硅和混合稀土(MM)、钙和锶,但铝含量较高,为 5%~9%,而锌含量降低至 0~3%。将快速凝固技术用于制备 AZ91 合金时,新合金具有 1.5~5 μm 的细晶粒,并且可以生成温度稳定的 AlaXb 弥散相(X=RE,Ca,Sr)。不添加 Ca 时,已细化的多相显微组织在 200 ℃的温度下暴露 24 h 不出现粗化;加入 Ca 后可在 350 ℃温度下暴露 24 h。

快速凝固技术可使 AZ91 合金的屈服强度由 226 MPa 增至 475 MPa,提高 110%;抗拉强度由 313 MPa 增至 517 MPa,提高 66%,伸长率为 8.7%~20.1%。挤压后的新型快速凝固 Mg-9Al-6.5Ca-3Zn-0.6Mn 合金具有特别高的强度值,抗拉强度为 575 MPa,拉伸屈服强度为 542 MPa,伸长率为 4.6%。挤压的快速凝固 Mg-5Al-2.5Ca-3Sr 合金棒,抗拉强度为 562 MPa,拉伸屈服强度为 545 MPa,伸长率为 3.3%。这些新型快速凝固镁合金的腐蚀速率为 0.2~0.6 mm/a,而快速凝固 AZ91 合金则为 0.8 mm/a,可以认为与 A380 铝合金的耐蚀性相近(见图 2-14)。加入 2%Ca 使快速凝固 AZ91E 合金 T6 状态的腐蚀速率由 0.8 mm/a 降低到 0.2 mm/a,是已报道的工程镁合金之最低腐蚀速率,合金的延展性为 9.6%。

快速凝固 Mg-Al-Zn 基合金具有的显微组织使得其超塑成形速率可明显高于其他轻合金。例如,挤压态的 EA55B-RS 及 EA65A-RS 合金在 150 ℃、应变速率大于 1×10^{-3}/s 时,断裂伸长率在 190%~220%,因而有可能锻造极为复杂的零件而不发生裂纹。在高于 100 ℃温度下,EA55B-RS 的应变速率敏感性急剧增加,在 275~300 ℃间,采用的应变速率不小于 0.1/s 时,断裂伸长率为 376%~436%。EA55B-RS 板材超塑成形的理想温度是 300 ℃,用 EA55B-RS 板的超塑成形可制造复杂形状零件,在加工时,未发现晶粒粗化现象。EA55RS 合金产品及其力学性能见表 2-6。

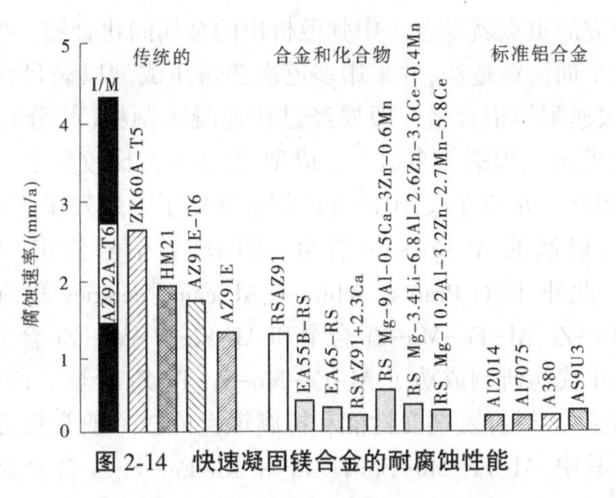

图 2-14　快速凝固镁合金的耐腐蚀性能

表 2-6　EA55RS 合金产品及其力学性能

回火	腐蚀速率/(mm/a)	最大抗拉强度/MPa	屈服强度/MPa	延伸率/%	K_{IC}/($MPa \cdot m^{1/2}$)
挤压	0.25	469~483	428~434	10~14	6
挤压	0.25	482~474	400~415	12~14	6~8
T4	0.25	415~434	371~416	14.7~24.5	9~15
轧制	0.25	490~538	490~504	4~6	7
592 K 老化 2 h	0.25	304	304	14	—

2.7.2　快速凝固铝合金材料

随着快速凝固技术的不断发展与完善，国内外已成功地利用该技术制备出耐热铝合金、耐磨铝硅合金、高强度铝合金及低密度铝锂合金等一系列典型的高性能铝合金材料。

2.7.2.1　耐热铝合金

航空、航天工业的发展对铝合金的使用温度提出了更高的要求。为了能在 150~350 ℃的温度范围内用低密度、低价格的铝合金代替钛合金，自 20 世纪 70 年代快速凝固耐热铝合金的研究受到了广泛重视。

快速凝固耐热铝合金含有两种或多种在平衡条件下几乎不固溶于 Al 的过渡族金属元素和镧系金属元素，相继开发了 Al-Fe 合金和以 Al-Fe 为基的三元、四元合金以及以 Al-Cr 为基的合金。三元合金有 Al-Fe-X 和 Al-Fe-Y 两种类型，其中 X 是稀土金属元素或过渡族金属元素，如，可与 Al 形成共晶的 Ce、Gd、Ni、Co、Mn 等元素；Y 是 Mo、V、Zr、Ti 等与 Al 形成包晶的元素。四元快速凝固铝合金有两种，一种是 Al-Fe-Y1-Y2 型，其中 Y1、Y2 是包晶形成元素，如 Al-Fe-Mo-V 合金和 Al-Fe-V-Zr 合金；另一种四元合金是 Al-Fe-Si-Y 合金，其中 Y 也是 V、Cr、Mo 等包晶形成元素。

快速凝固耐热铝合金优越的室温和高温性能主要源于快速凝固技术增加了过渡族金属元素在铝中的过饱和固溶度，在合金中形成了高度弥散、具有热稳定性的金属间化合物粒子，且其大小、分布、数量和晶体结构对耐热铝合金的性能有决定性的影响。因此，耐热铝合金组织结构研究的重点就是合金中弥散析出的金属间化合物。生产耐热铝合金粉末主要采用雾化法或平面流铸造法,并采用多道次热挤压成型以满足合金成型时所需的较大变形量。因此,快速耐热铝合金一般要经过快速凝固制粉(筛分)、包套、真空除气、热压固结、热挤压(多道次)、模锻等多道工艺成型,制备工艺比较复杂。

近几十年来,随着研究的深入,国内外已相继开发了一系列快速凝固耐热铝合金。如美国铝公司(Alcoa)研制的 Al-Fe-Ce 合金、美国联合信号公司(Allied Signa)开发的 Al-Fe-V-Si 合金。此外,还有 Pratt & Whitney、Al-can、Pechiney 和 Sumitomo 分别开发的 Al-Fe-Mo-V、Al-Cr-Zr、Al-Fe-Mo-Zr 合金和 Al-Fe-V-Mo-Zr 合金。北京航空材料研究院于 20 世纪 90 年代初研制成功了 Al-Fe-Mo-Si-Ti-Zr 合金。研究表明,快速凝固耐热铝合金的室温高温力学性能、蠕变性能和抗腐蚀性能较一般常规方法生产的高温铝合金有了明显改善。其中,Al-Fe-Mo-Si-Ti-Zr 和 Al-Fe-V-Si 合金显示出最好的热稳定性。

2.7.2.2 耐磨铝硅合金

Al-Si 合金具有优异的耐磨性、低的热膨胀系数以及优良的铸造性能和焊接性能,是国内外应用非常广泛的内燃机活塞合金。但在常规铸造中硅相较粗大,基体的连续性被严重割裂,导致过共晶铝硅合金的强度、韧性等性能显著下降。当硅量超过 14wt%时,即使变质处理也无法消除硅相的不利影响。因此,硅相的形态、尺寸及分布状态是影响过共晶铝硅合金的关键因素。

快速凝固技术为 Al-Si 合金熔体提供了很高的冷却速度和较大的过冷度。合金熔体在凝固时萌生出更多的晶核且生长时间很短,从而使硅相尺寸得到了显著细化并有效改善其分布状况,材料的性能也得到了很大提高。同时,快速凝固能够显著提高合金元素的固溶度,可在 Al-Si 二元合金系的基础上加入其他合金元素,有针对性地提高材料的性能。

快速凝固铝硅二元合金中,研究较多的是含硅量 12wt%、17wt%、25wt%、35wt%、45wt%的合金,其组织由初生 α-Al 初生硅相、共晶组织及氧化物组成。三元系 Al-Si-X 合金中,X 主要是 Cu、Mg、Fe、Ni、Mn、Sr 等。其中 Cu 和 Mg 主要提高常温强度,而 Fe、Ni、Mn 等主要改善合金的热稳定性。Cu 的加入量一般为 2.0wt%左右,Mg 的加入量在 1wt%~3wt%。快速凝固铝硅合金粉末添加 Cu 或 Mg 金属后,经挤压和时效处理,可以形成 $Al_2Cu(\theta)$ 和 MgSi 相,起沉淀强化作用,合金强度显著提高,耐磨性也随之得到改善。多元系快速凝固铝硅合金主要包括 Al-Si-Cu-Mg 系合金、Al-Si-Mg-Fe(Ni,Mn)系以及 Al-Si-Ni-Mn 系等。研究表明,快速凝固铝硅二元合金的组织和性能与多元系合金相比仍有较大的差距,因此该领域的研究重点集中在三元和多元快速凝固铝硅合金上。

2.7.2.3 高强度铝合金

高强度铝合金具有密度低、强度高、热加工性能好等优点,是航空航天领域的主要结构材料之一。随着航空航天工业的发展,对高强度铝合金的强度和综合性能提出了更高的要求。

高强度铝硅合金大多是亚共晶成分,含有一种或几种在端际固溶体中固溶度大于 2at%的合金元素。其主要是以 Al-Cu-Mg 和 Al-Zn-Cu-Mg 为基的合金,其中起主要强化作用的元素是 Zn 和 Mg,两者在合金中的含量(质量分数)分别为 7%~12%、2%~3%。Zn 与 Mg 质量比大于 3.0,在合金中形成主要化相 $MgZn_2$。Cu 也有一定强化效果,在 Zn 含量较高的合金中加入 2%~3%的 Cu,能同时提高强度、耐蚀性和塑性等。此外,合金中还有少量的 Mn、Cr、Zr、Ni、Ti、B 等辅助元素。高强度铝合金一般添加 0.05%~0.15%的 Zr。Zr 和 Al 结合形成 Al_3Zr 金属间化合物,微量的 Zr 元素可提高合金的强度、抗应力腐蚀性能和断裂韧性。Fe 和 Si 在合金中是有害杂质,在合金中主要以不溶或难溶的 AlFeSi 等脆性相的形式存在。目前,超高强铝合金中 Fe 和 Si 等杂质的含量一般控制在 0.1%以下。

这类合金主要通过固溶强化或时效热处理后的弥散强化获得较高的强度。在传统工艺中,由于凝固速度的限制,合金中会形成大量的粗大的一次析出相,这些析出相很难通过后续处理回溶到基体中,严重影响了材料性能。采用快速凝固技术可提高铝硅合金元素的固溶度,减少热处理后弥散析出相的尺寸并增加其体积分数。因而,即使突破传统工艺中主合金元素总含量 12wt%~13wt%的界限,一般也不会出现大量粗大的一次析出相,且组织得到明显细化,有利于在最终的合金中形成更高体积分数的时效强化相,使材料强度、耐腐蚀等性能都得到很好的改善。

快速凝固工艺制备高强度铝合金在国内外都得到了很好的发展。20 世纪 80 年代,美国 Alcoa 公司采用传统 RS/PM 制备方法,研制出 PM/7090PM/7091、CW67 等合金,其强度与 IM/70752T6 的相当,耐腐蚀性与 IM/70752T73 的相当。1992 年,日本住友轻金属公司采用真空平流制粉、后续真空压实烧结工艺,在实验室制备出 σ_b 达 700 MPa 以上的超高强铝合金。到 90 年代末,美国、英国、日本等工业发达国家利用喷射沉积技术开发出了含锌量在 8%以上(最高达 14%),抗拉强度 σ_b 为 760~810 MPa,延伸率 δ 为 8%~13%的新一代超高强铝合金;国内东北轻合金加工厂和北京航空材料研究所于 20 世纪 80 年代初,开始研制 $Al_2Zn_2Mg_2Cu$ 系高强高韧铝合金。目前,在普通 7XXX 系铝合金的生产和应用方面已进入实用化阶段,产品主要包括 7075 和 7050 等合金。20 世纪 90 年代中期,北京航空材料研究所采用常规半连续铸造法试制了 7A55 超高强铝合金,近来又开发出强度更高的 7A60 合金。

2.7.2.4　低密度铝锂合金

Al-Li 合金是一种具有低密度、高弹性模量、高比强度和高比刚度等优良性能的新型铝合金材料,在铝中每加入 1%的 Li,可使合金密度减小 3%,弹性模量提高 6%。用铝锂合金代替常规铝合金,可使构件质量减轻 15%,刚度提高 15%~20%,Al-Li 合金被认为是航空航天业中的理想结构材料。但是采用常规铸造工艺生产时,Al-Li 合金的延性与韧性都较差,当 Li 含量大于 2.7wt%时还容易产生严重偏析。快速凝固制备的 Al-Li 合金,由于基体晶粒与 Al_3Li 沉淀的细化,减小了外力作用下位错的滑移距离,降低了应力集中,因此可有效地阻止裂纹形核,改善合金性能。同时,扩大了合金固溶度,增加了合金中 Li 的含量,使 Li 含量达到 5wt%时不会出现粗大沉淀相。对常规铸态凝固和熔体旋转快速凝固并分别进行时效 Al-3wt%Li 合金的系统研究表明,在铸态凝固合金中晶粒尺寸达 200 μm,时效后析出的 Al_3Li 和 Al-Li 沉淀相都比较粗大,而快速凝固合金的晶粒尺寸仅为 2 μm,时效后析出的弥散 Al_3Li 沉淀相尺寸仅为 3 nm。其在快速凝固合金时效过程中的峰值抗张强度比铸态合金提高了 50 MPa,弹性模量则达到 85 GPa。

快速凝固制备铝锂合金粉末的方法有气体雾化法、各种底板急冷法、离心喷雾等及其组合的方法。将上述方法和合金化方法结合起来可更为有效地改善 Al-Li 合金性能。针对材料的不同性能需求,将适量的 Mg、Cu、Co、Mn、Be 等合金元素加入到 Al-Li 合金中后采用快速凝固工艺生产,在细化的 Al_3Li 沉淀相的同时还形成了许多弥散的非共格金属间化合物沉淀相,这些尺寸细小,具有很好的结构稳定性的金属间化合物在时效处理中可以控制晶粒的尺寸和形态,避免滑移局域化,使形变更均匀。已开发的处于成熟阶段的铝-锂合金主要是 Al-Li-Cu-Mg-Zr 和 Al-Li-Mg-Zr 系。

2.7.3　快速凝固铜合金材料

快速凝固铜合金粉末的研究表明,雾化颗粒的显微结构与颗粒的尺寸有关。颗粒尺寸较大(几十微米)时为树枝晶结构,颗粒尺寸较小(小于 10 μm)时为等轴晶结构。基体点阵常数随颗粒尺寸的增加而下降。快速凝固铜合金薄带在其横截面上一般都具有典型的分区结构:接近辊面一侧为细小的等轴晶区,其余部分为柱状晶区。晶粒尺寸一般只有 0.5~0.9 μm。对雾化沉积铜合金的大块锭材的研究表明,沉积态时,合金显微组织为等轴晶结构,且无大的偏析。晶粒尺寸一般为几十微米,且随合金元素含量的增加而减少。

2.7.3.1　快速凝固 Cu-Cr 基合金

快速凝固过程可以显著提高合金元素 Cr 等在铜中的固溶度,再经适当的变形加工和热处理后,可以获得高强度和高导电性能的良好结合。Tenwick 和 Davies 研究了快速凝固的 Cu-Cr 和 Cu-Zr 合金,发现熔体旋铸法获得的 20 μm 厚的薄带中,Cr 的固溶度从平衡的 0.65at%提高到 3.3at%,Zr 的固溶度从 0.2at%提高到 1.33at%。时效处理后 Cu-1.33at%Zr 合金的显微硬度达到 340 HV,Cu-3.3at%Cr 合金的峰值硬度达到 400 HV,二者的硬度值均为常规合金的 3 倍,同时导电率分别为 40%ACS 和 50%IACS。J. B. Correia 等利用气体雾化法制得 45~90 μm 的粉末,Cr 的固溶度随粉末成分及尺寸的变化规律见表 2-7。由表可见,随着颗粒尺寸的增大,固溶 Cr 量有较小的下降,随成分的提高,固溶 Cr 量达到最大 2.0at%,为最大平衡固溶极限的 3.0 倍。

表 2-7　快速凝固 Cu-Cr 合金中 Cr 固溶度随粉末成分及尺寸的变化规律

粉末成分	<45 μm/at%	45~63 μm/at%	63~90 μm/at%
CR1	1.5	1.5	1.4
CR2	1.8	1.7	1.5
CR3	2.0	2.0	1.9
CR4	2.0	1.9	1.8

注:CR1:Cu-2.14at% Cr;CR2:Cu-2.27at% Cr;CR3:Cu-2.80at% Cr;CR4:Cu-3.10at% Cr。

E. Batawi 和 J. B. Correia 等对旋铸法制备的快速凝固 Cu-Cr(1at%~5at%)基合金时效过程显微结构和性能进行的研究表明:时效初期,在添加 Mg、Zr(含量小于 0.5at%)的合金中首先形成一亚稳 Heusler 相结构[其成分为 $CrCu_2$(Zr,Mg)],随时效过程的进行,此相分解为弥散细小的第二相颗粒(Cr 颗粒和 Cu_5Zr 或 Cu_4Zr),由于这些富 Zr 颗粒不仅自身的粗化速率低而且还起到抑制 Cr 颗粒粗化的作用，因而有利于提高合金的强度。添加 Ti 元素的合金中由于富 Ti 颗粒（TiO_2）起到非均质形核核心的作用，因而促使 Cr 颗粒的形核生长而粗化，降低合金的强度。添加 Si 元素的作用并不明显。

气体雾化的 Cu-8Cr-4Nb 合金在挤压和时效后都观察到沉淀强化相粒子 Cr2Nb 的存在，大粒子直径约为 1 μm，小的只有几十 nm 或几百 nm。在时效过程中没有明显的晶粒生长现象，即使在 1 173 K 时效 1 h，第二相晶粒尺寸仍保持在纳米级。由于晶粒细化及第二相的强化作用，该合金直到 937 K 仍然保持很高的强度。

J. Szablewski 等对快速凝固 Cu-3. 1at%Cr 合金的电特性研究表明，制备态快速凝固铜铬合金比常规凝固合金的电阻率高，其原因为铜铬合金的电阻率主要取决于固溶态的铬原子的间距和弥散的铬颗粒间距，即随间距的减小，电导率降低，但是相比较而言，固溶态的铬原子对合金的电阻率影响更显著。快速凝固铜铬合金因固溶度的增大而电阻率增加，但是通过时效处理降低了固溶态的铬含量，增大了铬原子间距，从而使合金的电导率得到恢复。

2.7.3.2 快速凝固 Cu-Nb 基合金

M. M. Dadras 等对氩气雾化法制得的 Cu-2at%Nb 合金的研究表明，晶界上富集大量弥散细小的 Nb 颗粒，其平均尺寸为 300 nm，经过时效处理（时效温度为 973 K，时间为 1 h）后，由于 Nb 颗粒不仅本身具有较强的粗化抗力，没有明显的粗化现象（颗粒尺寸为 350 nm），而且阻碍基体晶粒的长大，所以 Cu-Nb 合金具有很高的高温强度。

2.7.3.3 快速凝固 Cu-Zr 基合金

喷射沉积 Cu-0. 4at%Zr 合金经过轧制和时效后，由于 Cu_5Zr 颗粒的作用，该合金直到 723 K 强度都没有明显下降。L. Arnberg 等通过超声气体雾化法制备出快速凝固 Cu-0. 5wt%Zr 合金粉末，经过 873 K 热挤压紧实后，其晶粒尺寸在 0. 5 μm 左右，并在晶界上发现亚稳金属间化合物相，合金的屈服强度达到 406 MPa，延伸率为 11%，电导率为 91% IASC。

2.7.3.4 快速凝固 Cu-RE 基合金

L. K. Tan 等对快速凝固 Cu-（1wt%～16wt%）RE 合金条带的研究表明，快速凝固 Cu-15La 合金中存在平衡相 Cu_6La、亚稳相 Cu_5La 和 C-15La。通过快速凝固，稀土元素在铜中的固溶极限得到扩展，Cu-La 合金 La 的固溶度达到 3wt%，Cu-Nb 合金中 Nd 的固溶度达到 3wt%，Cu-Sm 合金中 Sm 的固溶度达到 5wt%。随稀土含量的增加，薄带中 α-Cu 晶粒尺寸减小。这些 α-Cu 微晶颗粒在 673 K 下仍然保持着较好的稳定性。随稀土含量的增加，条带的显微硬度增大，即合金显微硬度随晶粒细化而增加。

2.7.3.5 快速凝固 Cu-Ni 基合金

L. E. Collins 等的研究发现，Cu-Ni-Sn 合金快速凝固后的偏析程度和偏析距离与常规铸态合金相比都有了明显降低。显微组织的这种改善显著提高了合金的室温和高温性能以及耐磨耐腐蚀性能，并使合金具有良好的延性。

Kelley 等对 Cu-Ni-Ti 合金的研究表明，由于沉淀析出的金属间化合物（Ni_3Ti）对位错和晶界的钉扎作用，该合金直到 873 K 仍保持结构稳定。

英国的 Cookey 和 Wood 对 Osprey 公司对用喷射成型技术生产的 Cu-10wt%Ni-3wt%

Cr-3wt%Si 合金进行了分析,发现当时效温度由 293 K 提高到 673 K 时,力学性能有很大提高,变形热处理后,显微硬度可达 540 HV,拉伸强度达 810 MPa,延伸率达 7.0%。随时效温度的不同,导电率差别不大,同时,合金的抗腐蚀性能和力学性能均得到提高,被应用于电子器件的制备中。

2.7.3.6　快速凝固 Cu-B 基合金

Batawi 和 Morris 等对熔体旋铸法制备的 Cu-3at%B 和 Cu-7at%B 二元合金的研究表明,在晶界处有大量富硼的小颗粒阻碍硼原子继续从固溶体中向晶界的迁移,所以在 873~973 K 热处理时,这些小颗粒有很好的粗化抗力,并且钉扎于晶界,防止晶界移动,使基体晶粒不易粗化,因而合金具有良好的室温和高温强度。

以上对几种快速凝固铜基合金的显微结构和性能的研究结果表明,快速凝固过程不仅显著提高了铜合金的强度,而且通过适当的热处理后可使导电性大幅度得到恢复,从而达到两者的良好结合。因而,快速凝固技术为制备高强高导铜合金的开发开辟了一个新的领域。下面将采用不同快速凝固方法制得的二元铜合金的性能作一比较,如表 2-8 所示。

表 2-8　快速凝固二元铜合金的力学性能及导电性

合金成分/wt%	制备工艺	显微硬度/(kg/mm^2)	抗拉强度/MPa	延伸率/%	电导率/μΩ · m
Cu-0.4Zr	喷射沉积+形变热处理	—	552	7	82%IACS
Cu-0.5Zr	超声气体雾化+热挤压	—	460	11	91%IACS
Cu-0.03at%Zr	熔体旋淬法+时效处理	340 HV	—	—	40%IACS
Cu-3.3at%Cr	熔体旋淬法+时效处理	400 HV	—	—	50%IACS
Cu-2at%Cr	熔体旋淬法+时效处理	200 HV	562	3.4	—
Cu-5at%Cr	熔体旋淬法+时效处理	250 HV	760	2	—
Cu-0.98La	熔体旋淬法+时效处理	149±12	—	—	0.032±0.003
Cu-0.94Nb	熔体旋淬法+时效处理	156±21	—	—	0.045±0.001
Cu-0.91Sm	熔体旋淬法+时效处理	274±28	—	—	0.073±0.004
Cu-5.46La	熔体旋淬法+时效处理	193±33	—	—	0.112±0.030
Cu-4.95Nb	熔体旋淬法+时效处理	231±39	—	—	0.113±0.007
Cu-4.9Sm	熔体旋淬法+时效处理	427±38	—	—	0.134±0.010
Cu-4.3Ti	氩气雾化+冷处理+时效	370	>1 000	—	20%IACS

20 世纪 70 年代末以来,发达国家相继开展了快速凝固铜合金的开发与研究,十几年来进展迅速,并从实验室走向工业生产。我国直到 90 年代才有一些单位围绕高强高导铜合金对快速凝固铜合金开展了一些研究,但是仅限于实验室研究工作。其中,洛阳工学院采用旋铸法制得 Cu-Cr、Cu-Cr-Zr-Mg 微晶条带,围绕其时效过程对显微结构和性能进行了研究,并从理论上予以一定的分析。与此同时,哈尔滨工业大学采用喷射成型技术制

备出 Cu-Cr-Zr-Mg 微晶粉末,对其显微结构和性能进行了分析和讨论。他们对合金性能研究的结果表明:快速凝固 Cu-Cr 基合金经过适当的时效处理后,可以在保持较高电导率的前提下大幅度地提高合金的强度。在 773 K 时效 30 min,导电率为 82%IACS,显微硬度为 185 HV,如果经过预先的变形处理,材料的性能会更好。他们对经过变形处理的合金的时效过程与再结晶的研究表明:时效过程析出的第二相非常细小、弥散,阻碍了再结晶的进行,出现了原位再结晶和不连续再结晶同时发生的现象,随着再结晶形核和长大过程的进行,析出相在晶界前沿快速粗化或重新溶解,并在再结晶区重新析出,导致更加弥散的析出相分布。

思考题

1. 快速凝固技术如何影响材料的组织和性能特征?
2. 实现快速凝固的途径有哪些?
3. 简述金属粉末的快速凝固方法及工艺特点。
4. 试述快速凝固镁合金和铝合金的研究现状及应用。
5. 常用金属线材的快速凝固方法有哪些?它们的工艺特点是什么?

第3章　机械合金化技术

机械合金化是一种很有潜力的非平衡加工技术。可以制备纳米晶材料、准晶材料、非晶材料、过饱和固溶体以及稳态或亚稳态金属间化合物的合成。本章介绍机械合金化技术、典型球磨机的结构和工作原理、球磨过程及球磨机制和机械力化学作用过程及其机制、机械合金化技术应用。

3.1　机械合金化概述

3.1.1　机械合金化的概念

机械合金化(mechanical alloying,MA)是指金属或合金粉末在高能球磨机中通过粉末颗粒与磨球之间长时间激烈地冲击、碰撞,使粉末颗粒反复产生冷焊、断裂,导致粉末颗粒中原子扩散,从而获得合金化粉末的一种粉末制备技术。其具有成本低、产量大、工艺简单及周期短等特点。

机械合金化技术最初是由 John Benjamin 及其合作者在国际镍公司研究与发展实验室提出的,用于制备氧化弥散强化合金。1983 年 Koch 等在 SPEX8000 型球磨机中球磨银粉和镍粉,发现最终产物是非晶态材料,至此人们才认识到机械合金化是一种很有潜力的非平衡加工技术。随后,人们将机械合金化的研究应用拓宽到纳米晶材料、准晶材料、非晶材料、过饱和固溶体以及稳态或亚稳态金属间化合物的合成制备。其间,人们还发现混合粉末可以通过机械激活诱发化学反应,即在常温下或至少在远低于通常制备材料所需的反应温度下发生机械化学反应。值得注意的是,机械合金化研制的某些材料在性能上优于普通方法制备的材料,例如,用机械合金化制备的 Ti3Al、TiAl 和 TiAl3 金属间化合物,其比重轻、弹性模量高、蠕变极限高,可应用于航空高温结构材料。

3.1.2　机械合金化的球磨装置

机械合金化是在高能球磨设备中完成的,不同的球磨装置其设计、材料、效率等均不相同,其中最常见的有行星式球磨机、振动式球磨机、搅拌式球磨机等。

(1)行星式球磨机。如图 3-1 所示为行星式球磨机及其原理图,筒体固定在工作台上,工作台可以旋转,并且离心加速度值可达到 30~50 倍的重力加速度值。筒体自身也能旋转,旋转时可以顺着工作台旋转方向,也可逆向。利用行星自转和公转原理,使得磨球在球罐内高速运动,当磨球转到顶部时,由于重力作用落到底部,从而对罐底的粉末形成冲击力,实现粉末间的合金化。由此可知,转速越高,冲击力越大,球磨效率越高。但是由于向心力作用,转速达到一定值时,小球将沿球罐内壁转动而落不下,降低效率,所以行星式球磨机拥有一定的转速范围。

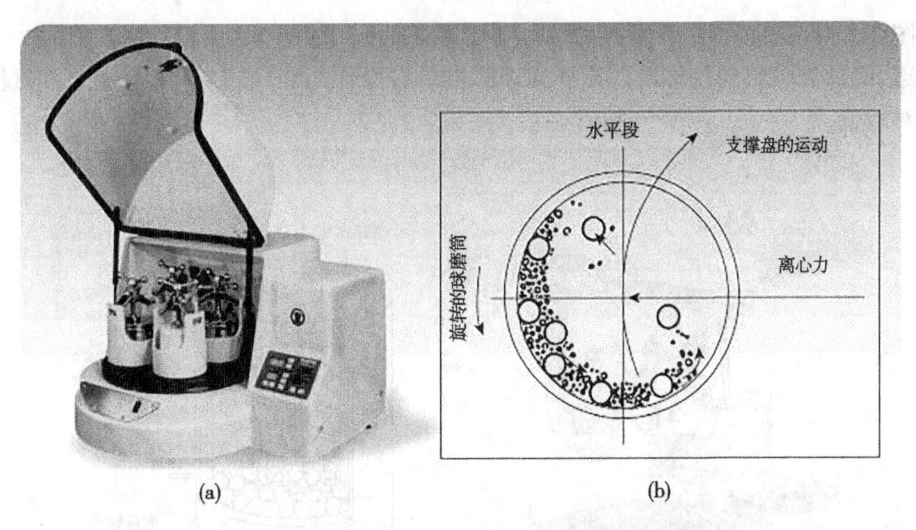

图3-1　Fritsch Pulverisette P-5 型行星式球磨机及其原理图

(2)振动式球磨机(见图3-2)。它是利用磨球在做高频振动的筒体内对物料进行冲击、摩擦、剪切等作用从而使物料粉碎的球磨设备。在三个方向上,球体不但和筒壁发生碰撞,还与筒体的顶部和底部碰撞。

SPEX系列振动式球磨机主要用于实验研究,通常只有一球罐盛放磨球和样品,球罐可以进行每秒几千次的往复振动,其间,球罐伴随着侧向运动。因此,此类球磨进行的是高强度抖动式球磨,属于效率最高的球磨机。图3-2为SPEX 8000型高能球磨机。

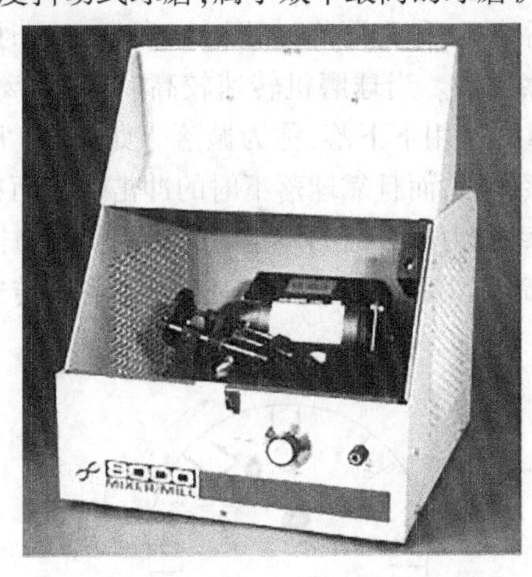

图3-2　SPEX 8000 型高能球磨机

(3)搅拌式球磨机(见图3-3)。它是一种最有发展前途而且是能量利用率最高的超细粉破碎设备,同样也是最重要的机械化设备。搅拌式球磨机又称搅拌摩擦式球磨机,它主要由一个静止的球磨筒体和一个装在筒体中心的搅拌器组成,筒体内装有磨球,磨球由装在中心的搅拌器带动,搅拌器的支臂固定在搅拌器上,当搅拌器旋转时,磨球和物料做多维的循环运动和自转运动,从而在磨筒内不断地上下、左右相互置换位置产生剧烈的运动,由球磨介质重力及螺旋回转产生的挤压力对物料产生冲击、摩擦和剪切作用,使物料粉碎。

图 3-3 为 Model 1-S 型搅拌式球磨机及其原理图。如图 3-3 所示，磨球和粉末一起装入球罐，磨球靠一组叶轮推动。搅拌式球磨机具有操作简便、装料量大等优点，不过其效率相对较低。

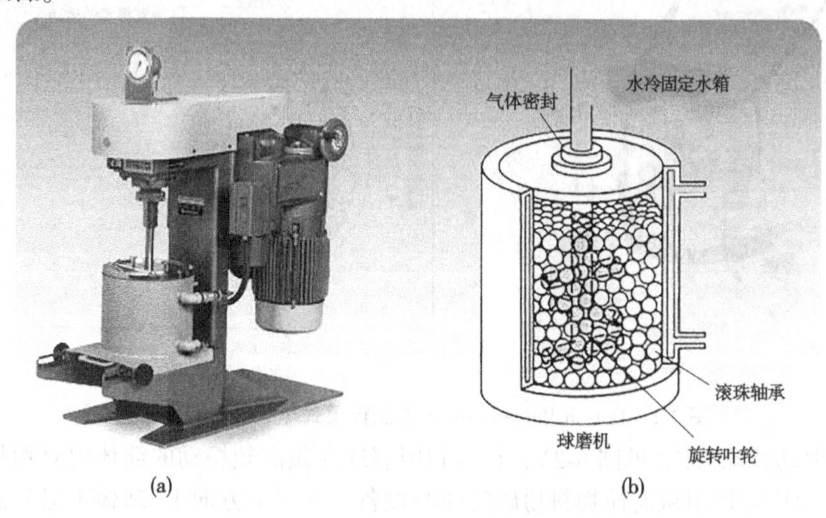

图 3-3 Model 1-S 型搅拌式球磨机及其原理图

(4)滚动球磨机(见图 3-4)也称卧式球磨机，球磨筒体绕其横轴转动。粉碎物料的作用效果主要取决于球和物料的运动状态，而球和物料的运动状态又取决于球磨筒的转速。在重力和旋转所产生的离心力综合作用下，球体上下翻滚砸在粉末上。当球磨机转速较低时，球和物料沿筒体上升至自然坡角度，然后滚下，称为泻落，如图 3-4 所示。这时物料的粉碎主要靠球与球以及球与筒壁之间的摩擦作用。当球磨机转速较高时，球在离心力的作用下，随着筒体上升的高度较大，然后在重力作用下下落，称为抛落。如图 3-4 所示。这时物料不仅靠球与球及球与筒壁之间的摩擦作用，而且靠球落下时的冲击作用而粉碎，其破碎效果最好。当球磨机转速进一步提高，离心力超过球的重量时，紧靠衬板的球不脱离筒壁而与筒体一起回转，此时球对物料的粉碎作用将停止，这种转速称为临界转速，如图 3-4 所示。

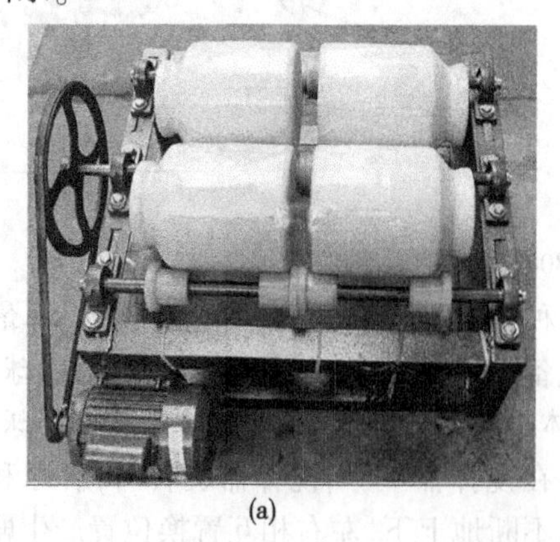

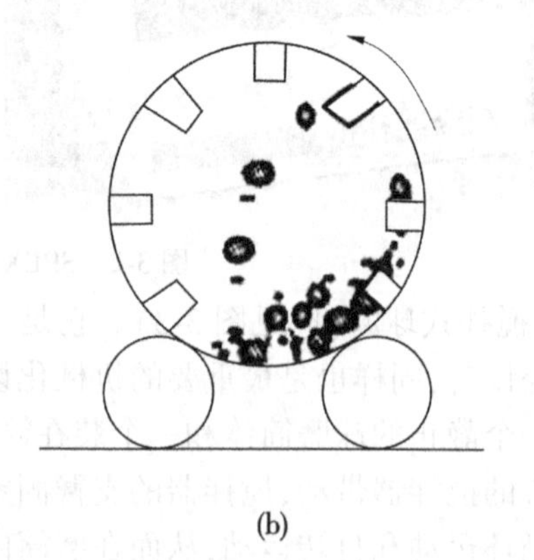

图 3-4 滚动球磨机及其原理图

3.2　金属粉末的球磨过程

一般来说金属粉末在球磨时,有四种形式的力作用在颗粒材料上:冲击、摩擦、剪切和压缩。冲击是一物体被另一物体瞬时撞击。在冲击时,两个物体可能都在运动,或者一个物体是静止的。脆性物料粉末在瞬间受到冲击力而被破碎。摩擦是由于两物体间因相互滚动或滑动而产生的,摩擦作用产生磨损碎屑或颗粒。当材料较脆和耐磨性极低时,摩擦起主要作用。剪切是切割或劈开颗粒,通常,剪切与其他形式的力结合在一起发挥作用。两物体斜碰可以产生剪切应力,剪切有助于通过切断将大颗粒破碎成单个颗粒,同时产生的细屑极少。压缩是缓慢施加压力于物体上,压碎或挤压颗粒材料。

如图3-5所示,球磨机运动时,将一定容积的粉末夹挤在两个冲撞球之间。夹挤在两球之间粉末的质量和容积大小取决于许多因素,如粉末粒度、粉末松装密度、球体的速率及其表面粗糙度等。球体相互接近时,大部分颗粒被排出,只有剩余的少量颗粒在球体碰撞的一瞬间,被夹挤在减速球体之间,并且受到冲撞[见图3-5(a)]。若冲击力足够大,则粉末的夹挤容积将受到压缩,以致形成团聚颗粒或丸粒[见图3-5(b)],当弹性能促使球体离开时,则释放出团聚颗粒或丸粒[见图3-5(c)]。若接触颗粒的表面间因焊接相结合或机械咬合在一起,并且结合力足够大,则团粒不会分裂开。

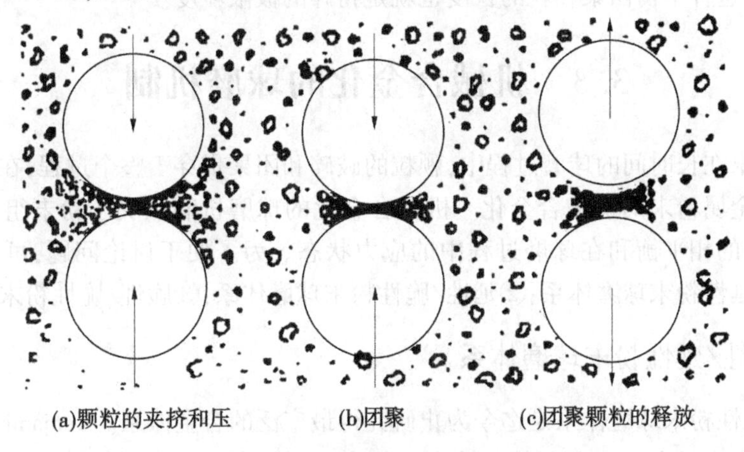

(a)颗粒的夹挤和压　(b)团聚　(c)团聚颗粒的释放

图3-5　夹挤两球间粉末增量容积的变化过程

碰撞压缩过程可分为三个阶段。第一阶段是粉末颗粒的重排和重新叠置。粉末颗粒间相互滑动,这时颗粒只产生极小变形和断裂。在这一阶段颗粒形状起着重要作用。流动性最好和摩擦力最小的球形颗粒,几乎全部从碰撞体间被排出;流动性最差和流动摩擦阻力最大的饼状及鳞片状颗粒,很容易被夹挤在球体表面之间。表面不规则的颗粒因机械连接也趋向于形成团粒。碰撞压缩的第二阶段为颗粒的弹性和塑性变形以及金属颗粒发生冷焊,塑性变形和冷焊对硬脆粉末的粉碎几乎没有什么影响,但可以强烈改变塑性材料的球磨机制。在第二阶段大多数金属发生加工硬化。碰撞压缩的第三阶段是颗粒进一步变形、密实或者被压碎破裂。对于硬脆粉末多为直接碎裂,对于延性粉末则为变形、冷焊、加工硬化或者断裂。

不能进一步被破碎的微小压坯的大小(最终破碎的程度),取决于颗粒间结合强度以及粉末颗粒的形状、大小、粗糙度和氧化程度。在球磨过程中,对于单一粉末颗粒来说发生了一系列的变化,如微锻、断裂、团聚和反团聚。

微锻是指在最初的球磨过程中,由于磨球的冲击,延性颗粒被压缩变形。颗粒反复地被磨球冲击压扁,同时单个颗粒的质量变化很小或没有变化。脆性粉末一般没有微锻过程。

断裂是指球磨一段时间后,单个颗粒的变形达到某种程度,裂纹萌生、扩展并最终使颗粒断裂。颗粒中的缝隙、裂纹、缺陷及夹杂都会促进颗粒的断裂。

团聚是指颗粒由于冷焊,海绵状或具有粗糙表面的颗粒机械连接或自黏结产生的聚合。自黏结是颗粒间分子相互作用,具有范德华力的特性。反团聚是由自黏结形成团粒的破碎过程,但对单个粉末颗粒来说,并没有进一步破碎。

金属粉末的破碎机制:金属粉末在球磨过程中的第一阶段为微锻过程,在这一阶段,颗粒发生变形,但没有发生因焊接而产生的团聚和断裂,最后,由于冷加工,颗粒的变形和脆裂非常严重。第二阶段,在无强大聚集力情况下,由于微锻和断裂交替作用,颗粒尺寸不断减小。当颗粒(特别是片状颗粒)被粉碎得较细时,相互间的连接力趋于增大,团粒变得密实。最后阶段,反团聚的球磨力与颗粒间的相互连接力之间达到平衡,从而生成平衡团聚颗粒,这种平衡团聚颗粒的粒度也就是粉碎的极限粒度。

3.3 机械合金化的球磨机制

金属粉末在长时间的球磨过程中,颗粒的破碎和团聚贯穿于整个过程,在这一球磨过程中发生了金属粉末的机械合金化。机械合金化的球磨机制取决于粉末组分的力学性质、它们之间的相平衡和在球磨过程中的应力状态。为了便于讨论问题,可以把粉末分成:①延性/延性粉末球磨体系;②延性/脆性粉末球磨体系;③脆性/脆性粉末球磨体系。

3.3.1 延性/延性粉末球磨体系

延性/延性粉末球磨体系是迄今为止研究得最广泛的合金体系。Benjamin 等认为,至少有一种粉末应具有 15%以上的塑性变形能力,如果颗粒没有塑性就不会发生冷焊,没有不断重复进行的冷焊和断裂也就不会产生机械合金化。一般金属属于延性体系。如果金属粉末属于非延性的,那么冷焊过程就不会发生,也就不可能形成合金化。如果二元合金的两组元都是延性金属粉末,对于机械合金化是理想的组合。在球磨初期粉末受外力被拉平,形成相互交叠的层片状结构,也就是冷焊。这时粉末的颗粒尺寸变大。随后经反复断裂、冷焊,两组元相互扩散达到原子水平,形成真正的固溶体、非晶相或金属间化合物。达到合金化以后,层状的粉末结构就消失了。一些由面心立方(fcc)结构的金属与金属组成的合金体系属于延性/延性体系,如 Al-Cu、Cu-Ag、Cu-Ni、Al-Ni 等,另外 Fe-Cr 和 Ni-Cr 合金系也属于延性/延性粉末球磨体系。一般来说,延性/延性粉末球磨体系比脆性/脆性球磨体系粉末的粒度要小些。如图 3-6 所示为球-粉末-球碰撞过程示意图。

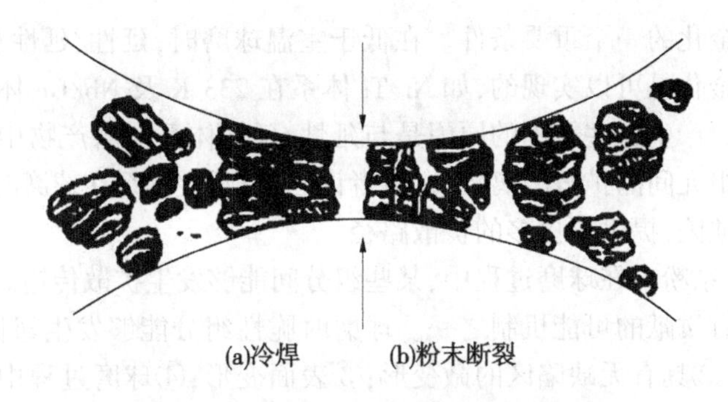

图 3-6　球-粉末-球碰撞过程示意图

3.3.2　延性/脆性粉末球磨体系

延性组分和脆性组分的粉末机械合金化球磨机制大体上和延性/延性粉末体系的相同,金属和陶瓷组成的体系就是这类体系的代表。此外,金属与类金属(Si、B、C)以及金属与金属间化合物也属于延性/脆性体系。在球磨初期,延性的金属粉末在碰撞中变平,脆性粉末破碎,这些破碎的脆性粒子容易嵌在延性的粉末里。继续球磨后延性粉末的层状结构变弯曲、变硬,脆性粒子逐步均匀混合在变了形的层状的延性粒子内。如果这两种延性和脆性的组元可以互溶,这时就会发生合金化,形成真正化学意义上的均匀状态。如果脆性相与基体不相溶,则导致脆性相的进一步细化且弥散分布,如 ODS(氧化物弥散强化)合金。若脆性相与基体相溶,则产生合金化反应,这和延性/延性粉末的球磨机制类似。一般来说,弥散质点间距和冷焊间距相当,片间距一般为 0.5 μm,经过很长时间的球磨后,最小片间距可达 0.01 μm 以下。

延性/脆性体系是否发生合金化也取决于脆性组分在延性组分中的固溶度。Si-Fe 在球磨过程中可以形成成分均匀的合金,而 B-Fe 在球磨时却不会发生合金化反应,只能得到 B 在 Fe 中弥散分布的复合体。参照它们的平衡相图,发现 B 在 Fe 中溶解度极小,而 Si 在 Fe 中却有一定的溶解度,这说明延性/脆性组元有一定溶解度或化学亲和力是延性/脆性系材料发生合金化的有利条件。

3.3.3　脆性/脆性粉末球磨体系

在机械合金化技术研究的初期,人们普遍认为脆性/脆性组分的粉末球磨体系不可能发生机械合金化,球磨只不过使脆性粉末的粒度减小到所谓的粉碎极限,继续球磨,颗粒不会再进一步破碎。

试验结果表明,某些脆性组分在球磨时会产生机械合金化。如形成固溶体的 Si/Ge 系,形成金属间化合物的 Mn/Bi 系和形成非晶合金的 $NiZr_2/Ni_{12}Zr_8$ 系和 $NiZr_2/Cu_{50}Tr_{50}$ 系。

脆性组分间的机械合金化机制至今尚不清楚。在球磨过程中,脆性/脆性组分的显微组织变化与延性/延性组分的层状组织明显不同。Ge 和 Si 粉末在 SPEX 振动式球磨机上球磨 2 h 后,发现较硬的 Si 粒子被嵌在较软的 Ge 基体中,同时发现在液氮冷却下球磨时,可以抑制 Si-Ge 系的机械合金化。显然,在脆性/脆性体系的球磨过程中,热激活-扩散过程是机械合金化的一个重要条件。在低于室温球磨时,延性/延性和延性/脆性组元粉末间的机械合金化是可以实现的,如 Ni/Ti 体系在 233 K 及 Nb/Ge 体系在 258 K 都能实现机械合金化。产生这些差别的原因是与延性/延性体系球磨产物中的微细层状组织相比,脆性/脆性组元间的扩散距离较长,或者说延性/延性体系在球磨时发生的剧烈塑性变形造成了晶体缺陷,提供了更多的扩散路径。

脆性/脆性体系粉末在球磨过程中,某些组分间能够发生扩散传输。塑性变形是对这种扩散传输过程有贡献的可能机制之一。球磨时脆性组分能够发生塑性变形的原因为:①局部温度升高;②具有无缺陷区的微变形;③表面变形;④球磨过程中粉末内部的静水应力状态。

Harris 认为,脆性材料的球磨存在一个粒度极限,当达到这一极限值时,进一步球磨粉末颗粒的尺寸不再减小,这时球磨提供的能量有可能改变粉末的热力学状态,引起合金化。

摩擦磨损也可能是脆性/脆性粉末实现机械合金化的机制之一。在球磨脆性材料时,具有低粗糙度和锋利边缘的脆性不规则尖锐粒子可嵌入其他粒子中,并引起塑性流变-冷焊,而不是断裂,因此使得机械合金化能够进行。

3.4　机械合金化原理

3.4.1　机械力化学原理

3.4.1.1　机械力化学的概念

所谓机械力化学就是通过机械力的不同作用方式,如压缩、冲击、摩擦和剪切等,引入机械能量,从而使受力物体的物理化学性质及结构发生变化,改变其反应活性。机械力化学的概念于 1919 年由 Ostwald 根据能量观点对化学进行分类时首次提出。他认为,像热化学、电化学、光化学等一样,研究机械力引发的物质化学变化的学科,应称为机械力化学。不过真正给予机械力化学以明确定义并引起全世界科学工作者广泛关注的是 Peters 等从 1951 年起所做的一系列工作,并在 1962 年第一届欧洲粉碎会议上发表的名为“机械力化学反应”的论文,文章认为机械力化学应被定义为“物质受机械力的作用而发生化学反应或物理化学变化的现象”。他指出在球磨的过程中各种凝聚态反应都能观察到。因为在球磨的过程中,磨球和颗粒不断地碰撞,颗粒被强烈地塑性变形,产生应力和应变,颗粒内产生大量的缺陷(空位和位错),使得反应势垒降低,诱发一些利用热化学难以或无法进行的化学反应。机械力化学是化学的一个分支,它着重研究物质受机械能作用时所发生的化学或物理化学变化。

3.4.1.2　机械力化学的特点

机械力化学反应具有与常规化学反应不同的特点。同时,机械作用诱发的机械力化学反应机制、热力学和动力学特性也显著不同于常规化学反应,其特点可概述如下。

(1)在机械力作用下可以诱发一些利用热能无法发生的化学反应。施加于物质上的机械能对其结构产生强烈影响,破坏其周期性结构,并使其化学键处于不饱和状态。另外,机械能诱发了结构缺陷的产生,缺陷的产生导致了能量增加,从而改变了其热力学状态,使其反应活性增加。表 3-1 列出了一些机械力化学反应类型。

表 3-1　一些机械力化学反应类型

反应类型	反应实例
分解反应	$M_xCO_3 \rightarrow M_xO+CO_2(M=Na^+,K^+,Mg^{2+},Ca^{2+},Fe^{2+})$
合成反应	$Mg+\gamma-Al_2O_3 \rightarrow MgAl_2O_4$ $Ca_9HPO_4(PO_4)_5OH+CaF_2 \rightarrow Ca_{10}(PO_4)_6F_2+H_2O$ $Sn+2PhCH_2X \rightarrow (PhCH_2)_2SnX_2$　$(X=Cl,Br,I;Ph=C_8H_5)$
氧化还原反应	$xM+y/2O_2 \rightarrow M_xO_y$　$(M=Ag^+,Cu^+,Zn^{2+},Ni^{2+},Co^{2+})$ $Au+3/4CO_2 \rightarrow 1/2Au_2O_3+3/4C$ $3/2TiO_2+2Al \rightarrow Al_2O_3+3/2Ti$
晶型转变	$\gamma-Fe_2O_3 \rightarrow \alpha-Fe_2O_3$　$\alpha-PbO_2 \rightarrow \beta-PbO_2$

此外,球磨汞或银的卤化物很容易引起分解,但常规下,氯化汞会直接升华而氯化银加热到熔融态也不分解。通常用 Mg 还原氧化铜,需要在很高的温度下,提供大量的热驱动能来进行,但在机械力化学作用下,还原在室温下就可以进行。

(2)有些物质的机械力化学反应与热化学反应的机制不一致,如溴酸钠的热分解为:$NaBrO_3 \xrightarrow{热能} NaBr+\frac{3}{2}O_2$。而机械力化学过程则为:$2NaBrO_3 \xrightarrow{机械能} Na_2O+\frac{5}{2}O_2+Br_2$。

(3)机械力化学反应速率快。机械力化学反应速率有时要比热化学反应快几个数量级。如羰基镍的合成,在 298 K,无机械力作用时的反应速率为 5×10^{-7} mol/h,而在机械力作用的情况下该值为 3×10^{-5} mol/h,相差近两个数量级。

(4)某些机械力化学反应受周围环境影响小。与热化学反应相比,机械力化学反应对周围环境压力、温度的依赖性小,有些甚至与温度无关。如硝酸盐的机械化学分解速率无论在室温还是在液态氮温度下都是一样的。

(5)机械力化学平衡。有些反应如 $MeCO_3 \rightarrow MeO+CO_2$ 可以建立"机械力化学平衡"。该平衡取决于固相组成,或者说取决于氧化物和碳酸盐的摩尔比,这是与相律相抵触的。它区别于"热化学平衡"。

3.4.1.3　机械力化学效应

物质受到机械力作用时,如球磨过程产生的冲击力和球磨力,物体产生冲击波时的压力和物体承载时的压力、拉力和摩擦力等,因此产生激活作用。若体系的化学组成不发生变化时称为机械激活;若化学组成和结构发生变化则称为机械化学激活,也可以称为机械力化学效应。

一般认为,物质在机械力作用下会产生如下机械力化学效应。

(1)在机械力作用下物质晶型转变。机械力作用可使物质发生晶型转变生成亚稳晶型。例如方解石转变为霰石、石英转变为硅石,$\gamma-Fe_2O_3$ 转变为 $\alpha-Fe_2O_3$ 等。一般来说,晶型转变就是强烈的机械力化学作用使物质不断吸收并积累能量,晶粒尺寸减小,比表面积增大。另外,产生晶格畸变和缺陷,并最终使之发生结构转变。

机械力作用还可引起离子在阴离子和阳离子超晶格中的再分布,如铁酸锌在晶体尺寸足够小而机械冲击足够大时,就会引起氧超晶格在[111]方向的切变,从而导致阳离子在四面体和八面体空间的再分布,改变了铁酸盐的物理和化学性质。

(2)机械力改变物质的表面性质。机械作用使晶体离子局部发生晶格畸变,形成位错,使晶格点阵中粒子排列部分失去周期性,形成晶格缺陷,导致晶体内能增高、表面改性、反应活性增强。例如,振动球磨可以使 Al_2O_3 的晶格畸变增大数倍,而球磨铅黄矿和黏土矿可以使位错密度增大,活性增加。

(3)机械力作用使得物质无定形化。在强烈的机械力作用下,晶体表面晶格受到强烈破坏,最终使晶格崩溃而导致非晶化。或者由于机械力的作用导致位错增多,引起层扩散导致非晶化。而材料在无定形化后的某些物理化学性质发生很大变化。例如,对石英长时间球磨(400 h),得到的 X 射线图谱上的尖锐峰几乎完全消失,只存在非晶态漫散射峰,滑石由于球磨导致脱水而无定形化。

(4)诱发机械力化学反应。机械力作用引起化学键的断裂,生成不饱和基团、自由离子和电子,产生新的表面,造成晶格缺陷,使物质内能增高,处于一种不稳定的化学活性状态,激发化学反应的发生。由于机械力作用使得金属、离子晶体、半导体等材料在切削、碾磨、压延和粉碎等过程中产生新生表面,并在常温下引起电子放射的效果被称为 Kramer 效应。机械作用可以使许多在常规室温条件下不能发生的反应成为可能。

(5)机械力引起的其他一些性质变化。除上面提到的几点外,机械力还会引起材料某些物性的变化,如粉末材料的比表面积和密度等。

3.4.2　机械力化学作用过程及其机制

3.4.2.1　机械力化学作用过程

在机械力化学过程中,颗粒发生塑性变形需消耗机械能,同时在位错处又贮存能量,这就形成了机械力化学的活性点。而作为机械力化学的诱发源的活化点则开始分布在表面,然后集中在局部区域,最后均匀地分布在整个区域。活化点的分布模型如图 3-7 所示。

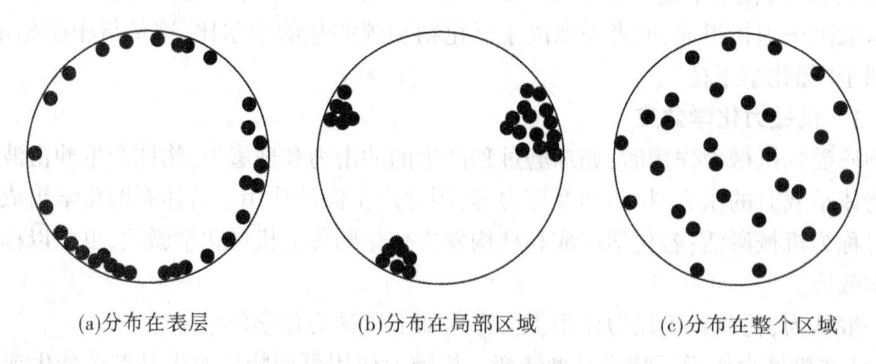

(a)分布在表层　　(b)分布在局部区域　　(c)分布在整个区域

图 3-7　活化点的分布模型

3.4.2.2　机械力化学作用机制

(1)局部升温模型。在机械力化学作用机制中,局部碰撞点的升温是一个重要机制。虽然对磨筒体来说,温升可能不是很高,但是在局部碰撞点中可能产生很高的温度,并可能引起纳米尺度范围的热化学反应,而在碰撞点处因为高的碰撞力会导致晶体缺陷的扩散和原子的局部重排。最近,Urakaev 等采用非线性弹塑性理论(Hertz 理论)计算得出,在行星球磨的机械力化学过程中可以产生瞬时(10^{-9}:10^{-8}s)的高温(1 000 K)和高压(1~10 GPa)。Heinicke 等通过控制高压振动波试验,发现当压力为 13 GPa、20 GPa 时可以产生 4×10^{-3}、8×10^{-3} 的晶格变形量,如在行星球磨机上球磨 ZrO_2 粉 24 h 后,晶格畸变达 6×10^{-3}~16×10^{-3}。畸变主要由局部高压引起,瞬间压力可以达到 10 GPa 数量级。

(2)缺陷和位错模型。一般认为活性固体处于一种热力学上和结构上均不稳定的状态,其自由能和熵值较稳态物质的都要高。缺陷和位错影响到固体的反应活性。

物体在受到机械力作用时,在接触点处或裂纹顶端就会产生应力集中。这一应力场可以通过种种方式衰减,而这取决于物质的性质、机械作用的状态及其他有关条件。碰撞时球的动能被粉末吸收,转变为压缩能,碰撞后粉末内残余应力继续变化,局部应力的释放往往伴随着结构缺陷的产生以及向热能的转变,实际温度的增加取决于向热能转化的比例。

(3)摩擦等离子区模型。Tehiessen 等提出的"摩擦等离子区模型"认为物质在受到高速冲击时,在一个极短的时间和极小的空间里,对固体结构造成破坏,导致晶格松弛和结构裂解,释放出电子、离子,形成等离子区(见图 3-8)。高激发状态诱发的等离子体产生的电子能量可以高达 10 eV,而一般的热化学反应在温度高于 1 273 K 时的电子能量也不会超过 6 eV,因此机械力有可能诱发通常情况下热化学不能进行的反应,使得固体物质的热化学反应能力降低,反应速率加快。不过等离子区处于高能状态,粒子分布不服从 Boltzman 分布,这种状态寿命仅维持 10^{-8}:10^{-7}s,随后体系能量迅速下降并逐渐趋缓,最终部分能量以塑性变形的形式在固体中贮存起来。

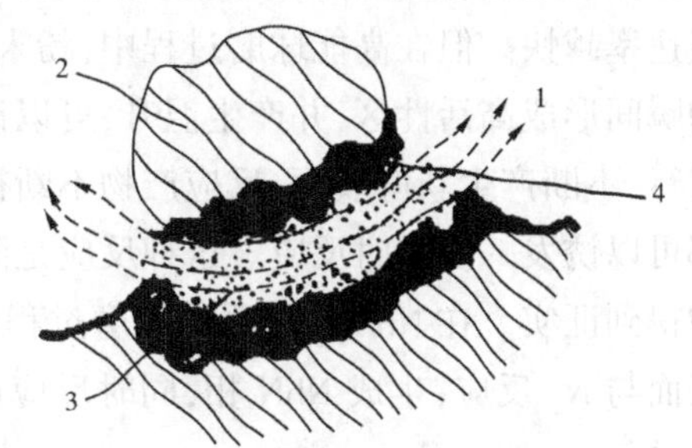

1—外激电子放出;2—正常结构;
3—等离子区;4—结构不完整区。

图 3-8　摩擦等离子区模型

(4)新生表面和共价键开裂理论。固体受到机械力作用时,材料破坏并产生新生表面,这些新生表面具有非常高的活性。有些材料(如 SiO_2)产生破坏时,共价键产生裂开现象,并且带正负电子,提高了材料的活性,有利于化学反应的发生。

(5)综合作用模型。上述的机械力化学作用机制之间的差异较大,也有可能是几种因素共同作用的结果,例如新生表面具有非常高的活性的原因可以用 Tehiessen 等提出的"摩擦等离子区模型"和键裂开模型来解释。最近 Urakaev 和 Boldyrev 等根据这一思路提出了一个关于机械力化学的动力学模型:

$$\alpha=\alpha(\omega_k,N,R/l_m,X),\alpha(\tau)=Ka(\tau) \tag{3-1}$$

式中:α 为机械力化学引起的反应转化率;ω_k 为球磨机的转动频率;N 为球磨筒内的钢球数目;R/l_m 为钢球大小和球磨筒直径比;X 为钢球及被球磨物料的性质;K 为反应速率常数;$a(\tau)$ 为与球磨时间有关的函数。

这个模型给出了影响机械力化学反应的基本因素,尤其是将时间和其他因素区别开来。利用该模型计算的反应速率常数和实测值基本吻合。

虽然有关机械力化学作用机制的理论和模型都有不少,但都是一些唯像理论和半经验模型,真正令人满意的机械力化学机制还有待进一步研究。

3.4.2.3　机械力诱发的化学反应机制

机械力可以诱发的化学反应类型虽然很多,但其反应机制基本可以概括为以下几个方面。

(1)界面反应机制。金属氧化物(MO)与更活泼的金属还原剂(R)反应生成纯金属M。另外,金属氯化物和硫化物通过这种方式也可还原成纯金属,这类反应的一个特征是具有大的负自由焓变化,室温下在热力学上是可行的,反应的能否发生仅受动力学的限制。对于普通的固-固和固-气反应,生成的产物层阻碍反应的进一步进行,故通常需要高温来促进反应的进行,且反应速率取决于两者间的接触面积。原料粉末的粒度越细,反应速率越快。但在高能球磨过程中,粉末颗粒处于高能量状态,在球与粉末颗粒发生碰撞的瞬间形成高活性区,并产生温升,可以诱发此处的瞬间化学反应。随着球磨过程的连续进行,不断产生新鲜表面,反应产物不断被带走,从而维持了反应的进行。每一次的碰撞都可以诱发一次瞬时反应。这种反应是渐变式的,该机制已经在Ti、Nb/N_2 等体系的反应中得到证实。在 Nb/N_2 体系的球磨过程中,不断变形、断裂的Nb颗粒中暴露出来的新鲜表面与 N_2 反应,生成NbN相,同时反应产物不断被破碎后脱离金属颗粒表面,维持反应的进行。

(2)自蔓延反应(SHS)机制。根据球磨条件的不同,有两种完全不同的反应动力学:①碰撞过程中反应在很小的体积内发生,转变逐渐进行;②如果反应生成焓足够高,则可引发自蔓延燃烧反应。

Tschakarov等在对元素粉末混合物进行机械力化学合成硫族化合物时首次发现了球磨引发的燃烧反应。与化学反应有关的大的自由焓变化是造成燃烧反应的主要原因,如果球磨过程中产生的温度(由于碰撞)T_c 超过了燃烧温度 T_{ig},燃烧反应就会进行,燃烧温度 T_{ig} 是自由焓变化以及微观结构参数(如颗粒尺寸和晶粒尺寸)的函数。图3-9给出了 T_c 和 T_{ig} 随球磨时间变化的曲线。T_c 和 T_{ig} 相交的时间为临界球磨时间 T_{ig}。在 T_{ig} 之前这段时间内,只有粉末颗粒混合,尺寸细化,晶格缺陷增加,这些都有利于燃烧反应的发生。还原反应发生在燃烧反应之后,文献指出直到28 min 21 s燃烧反应发生,PbO_2 和TiO之间没有发生反应,而导致 $Pb-TiO_3$ 形成的反应在28 min 23 s完成。

对于能够发生自蔓延反应(SHS)的反应体系,在普通状态下启动反应时需要很高的临界加热温度 T_{ig}。在高能球磨过程中,由于粉末组织不断细化、粉末系统的储能逐渐升高,反应体系的 T_{ig} 逐渐下降,这与普通固态反应相反。此外,随球科比的增大,T_{ig} 下降的速率加快。由于球磨体系的温度在不断升高,当某次碰撞瞬间,碰撞界面处的温度达到 T_{ig} 时,反应就被启动,这种反应是突发式的。图 3-10 给出了球磨筒中温度随球磨时间变化的曲线。

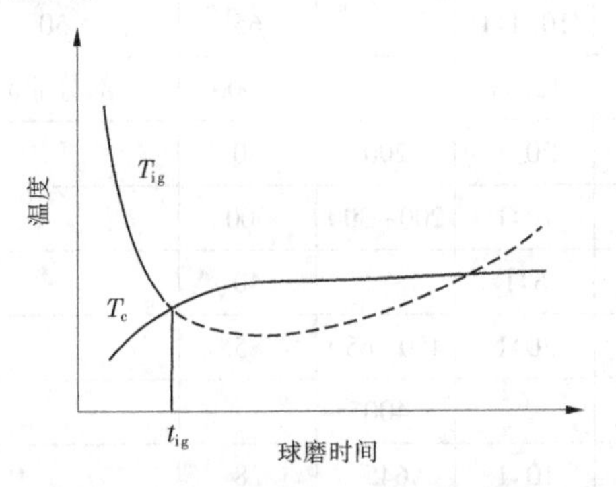

图 3-9　T_c 和 T_{ig} 随球磨时间变化的曲线

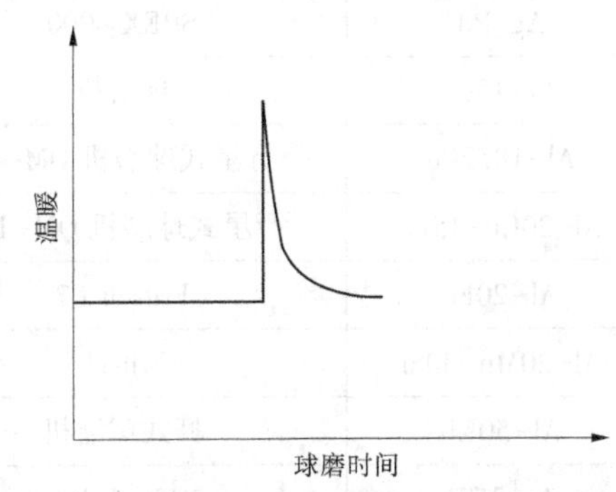

图 3-10　球磨筒中温度随球磨时间变化的曲线

不同的球磨工艺和反应系统中启动 SHS 反应所需的临界球磨时间不同。在这类反应中,原料的特性及初始接触状态很重要。在延性/脆性反应系统中,在球磨时粉末颗粒发生团聚,脆性的氧化物颗粒分布于延性的金属基体中,接触面积增大,有利于反应的进行。但在脆性/脆性系统中,颗粒间一般不会发生团聚,很难诱发自蔓延反应。

CuO/Ti 系统的反应产物 Cu 粒子为球形,而 V_2O_5/Al 系统的反应产物为复合粒子(V 粒子和 γ-Al_2O_3 粒子),γ-Al_2O_3 为高温相,因此推断这两个系统都发生了熔化和再结晶,生成的 γ-Al_2O_3 粒子形貌和气相急冷生成的粒子形貌一致,表明了 Al_2O_3 粒子产生了蒸发现象,局部反应达到了很高的温度。

(3)固溶-分解机制。在球磨过程中,反应剂元素在金属基体内扩散形成过饱和固溶体,随后进一步球磨时或热处理时,过饱和固溶体分解,生成金属化合物。这一机制在 Fe/N_2、Ni/C、Si 和 Ti/庚烷等系统的研究中得到了证实。Murry 研究了球磨强度对金属碳化物和氮化物制备的影响,结果表明,在球磨强度较小时,先形成间隙式固溶体,然后在热处理时才形成化合物;在球磨强度大时可以直接生成纳米碳化物相。在球磨 Ni/C 系统时先生成了过饱和固溶体相[C 的固溶度达 12%(质量分数)],继续球磨时过饱和固溶体分解,生成 Ni_3C 相。球磨 Ti/庚烷系统时先形成 Ti-C 过饱和固溶体,然后生成 TiC 相。

3.5　机械合金化技术应用

3.5.1　机械合金化制备非晶合金

机械合金化是一种在常温下得到非晶粉末的方法,近年来被广泛用于制备各种非晶态合金粉末。表 3-2 列出了能够通过机械合金化合成非晶相的部分合金系。

表 3-2　一些合金系通过机械合金化形成的非晶相

合金	球磨机	球料比	转速/(r/min)	球磨时间/h	形成非晶成分(原子分数)/%
Ag/Pd	SPEX 8000	10.4:1		65	50
Al-15Cr	球磨机	120:1		1 000	部分非晶
Al-18.2Co	行星式球磨机 QM-1F	20:1	200	80	
Al-20Cu-15Fe	行星式球磨机 QM-1SP	10:1	200~300	300	
Al-20Fe	Fritsch P7	6:1		40	
Al-20Mn-30Si	Fritsch	20:1	450~650	85	
Al-50Nb	杆式球磨机		400		
Al-25Ti	Fritsch P7	10:1	645	28	
Co-33B	Fritsch P5	5.5:1		70	部分非晶
Co-B	Fritsch P5	10:1	250	18~34	33~50Co
Co-Nb	搅拌球磨机 Kitui Miike MA 1D		300	60	15~20Nb
Co-Si	试验用球磨机	64:1	360	30	30~70Si
Cu-20P	水平球磨机	30:1	80	800	部分非晶
Cu-50Sb 和 Cu-75Sb	Fritsch P0	220:1			Sb 形成非晶
Cu-10Sb 和 Cu-20Sb		150:1	110	300	部分非晶
Cu-50Ti	SPEX 8000			16	非晶+TiH_2
Cu-50Ti	SPEX 8000			16	
Cu-W	Fritsch P5				30~90W
Fe-30C-25Si	球磨机	100:1		500	
Mg-10Y-35Cu	行星式球磨机 Retsch PM 4000	15:1		170	部分非晶
Mn-25Si	行星式球磨机	11.3:1		220	
Mo-25S	行星式球磨机	11.3:1		220	
Ni-40Nb	试验用球磨机			200	
Ni-60Nb	Fritsch P6			95	
Ni-25Ta	行星式球磨机			20	部分非晶
Ti-Ni	SPEX 8000	10:1		20	35~50Ni
Ti-18Ni-15Cu	SPEX 8000	10:1		16	
Ti-Ni-Cu	Fritsch P7	10:1		14~40	10~30Ni

3.5.2　机械合金化制备准晶合金

Shechtman 等在 1984 年首次发现快速凝固 Al-Mn 合金表现出尖锐的五次对称衍射花样。Ivanov 等用机械合金化制得了成分为 $Mg_3Zn_{5-x}Al_x$(其中 $x=2\sim4$)和 $Mg_{32}Cu_8Al_{41}$ 的二十面体准晶相,其结构和快冷法制备的二十面体准晶相相同。Eckert 等对配比为 $Al_{65}Cu_{20}Mn_{15}$ 的元素粉末进行机械合金化,在产物中观察到了形成的二十面体准晶相。表 3-3 给出了一些合金系通过机械合金化形成准晶的实例。

表 3-3　一些合金系通过机械合金化形成的准晶

合金	球磨机	球料比	球磨强度	球磨时间/h
$Al_{65}Cu_{20}Cr_{15}$	Fritsch P5	15:1	—	55+873 K 退火 1 h
Al-Cu-Cr	Fritsch P5	15:1	9	—
$Al_{65}Cu_{20}Fe_{15}$	Fritsch P7	15:1	7	15
$Al_{65}Cu_{20}Mn_{15}$	Fritsch P5	15:1	5	—
$Al_{40}Cu_{10}Mn_{25}Ge_{25}$	Fritsch	20:1	450~650 r/min	66
$Al_{65}Cu_{20}Ru_{15}$	—	—	—	—
$Al_{70}Cu_{12}Ru_{18}$	—	—	—	—
$Al_{75}Cu_{15}V_{10}$	Fritsch P5/P7	15:1	9	20+623 K 退火 10 h
$Al_{50}Mn_{20}Ge_{30}$	Fritsch	20:1	450~650 r/min	47
$Al_{50}Mn_{20}Si_{20}Ge_{10}$	Fritsch	20:1	450~650 r/min	80
$Al_{75}Ni_{10}Fe_{15}$	—	—	—	40+1 073 K 退火 20 h
$Al_{70}Pd_{20}Mn_{10}$	Fritsch P7	15:1	7	30
$Mg_{32}Cu_8Al_{41}$	行星式球磨机	—	900 r/min	—
Mg-Al-Pd	行星式球磨机	40:1	150 G	4
$Mg_{32}(Al,Zn)_{49}$	行星式球磨机	—	—	3 min
$Mg_3Zn_{5-x}Al_x(x=2\sim4)$	行星式球磨机	—	900 r/min	—
$Ti_{56}Ni_{18}Fe_{10}Si_{16}$	SPEX 8000	6:1	—	30-1 023 K 退火 30 min

3.5.3　机械合金化制备纳米晶材料

(1)纳米晶纯金属的制备。大量研究结果表明,具有 bcc 结构的纯金属(如 Fe、Cr、Nb、W 等)和具有 hcp 结构的纯金属(如 Hf、Zr、Co、Ru 等)在高能球磨的作用下能够形成纳米晶结构,而具有 fcc 结构的金属(如 Cu)则不易形成纳米晶。表 3-4 给出了 bcc 和 hcp 结构的纯金属在高能球磨后的晶粒尺寸、热焓以及比热容等的变化。从表中数据可以看出，球磨纳米晶的晶界能远远大于处于平衡态的大角晶界的晶界能（1 kJ/mol）。

表 3-4 几种纯金属在高能球磨后的晶粒尺寸、热焓、比热容等的变化

元素	结构	平均晶粒/nm	ΔH/(kJ/mol)	$\Delta H/\Delta H_f$	Δc_p/%
Cr	bcc	9	4.2	25	10
Fe	bcc	8	1.5	15	14
Nb	bcc	9	2.0	8	5
W	bcc	9	4.7	13	6
Hf	hcp	13	2.2	9	3
Zr	hcp	13	3.5	20	6
Co	hcp	14	1.0	6	3
Ru	hcp	13	7.4	50	15

（2）纳米晶金属间化合物的制备。在一些合金系的某些成分范围内，纳米晶金属间化合物往往以中间相的形式在球磨过程中出现。如 Nb-25%Al 在高能球磨时，在球磨初期首先形成 35 nm 左右的 Nb_3Al 相和少量的 Nb_2Al 相；当球磨时间为 2.5 h 时，金属间化合物 Nb_3Al 和 Nb_2Al 迅速转变成具有 10 nm 大小的 bcc 固溶体。Pd-Si 系合金在球磨时先形成纳米晶金属间化合物 Pd_3Si，而延长球磨时间，再形成非晶相。对于具有负混合热的二元或二元以上的合金体系，在球磨过程中亚稳相的转变取决于球磨合金的体系及合金成分。如图 3-11 所示的 Ti-Si 合金系当 Si 含量在 25%～60%（摩尔分数）范围内时，金属间化合物的自由能大大低于非晶以及 bcc 和 hcp 固溶体的自由能。在这个成分范围内进行球磨很容易形成金属间化合物，而在此成分以上时，由于非晶的自由能较低，球磨时易形成非晶相。

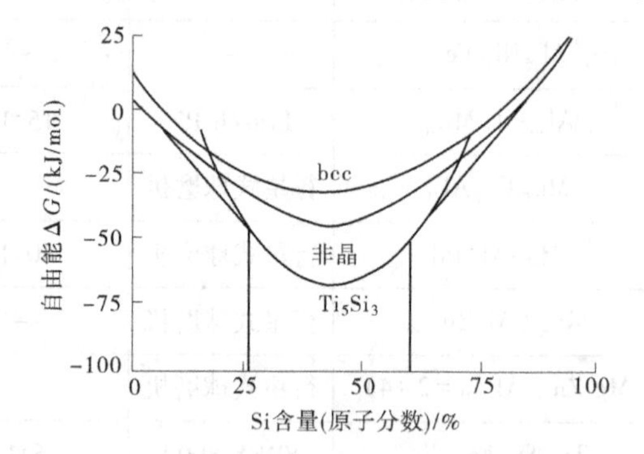

图 3-11 Ti-Si 合金系不同相的自由能（T=673 K）

20 世纪 90 年代初，Calka 等首先报道了采用机械合金化法使难熔金属粉末在 N_2 气氛中进行反应球磨，获得了 TiN 和 ZrN 纳米晶粉末。Qin 等采用 Ta 粉在氮气气氛中球磨制得了 Ta_2N 纳米晶粉末。另外，Liu 等采用了单质 Ru 粉和 Al 粉，制得了 5 nm 大小的 RuAl 金属间化合物粉末，并且研究了其热稳定性问题，这种纳米粉末在 873 K 下进行 5 h 退火后，晶粒尺寸仍小于 10 nm，即使在 1 273 K 下等温退火 5 h 后，晶粒尺寸也仅长大至 80 nm，具有良好的热稳定性。王尔德等制备了 50 nm 大小的 TiAl 复合粉末。

朱心昆等制备了纳米级的TiC粉末。目前已经制备了Fe-B、Ti-B、Ti-Si、V-C、W-C、Si-C、Pd-Si、Ni-Mo、Nb-Al、Ni-Zr等多种难熔的金属间化合物。

(3)不互溶体系和固溶度扩展体系的纳米晶制备。采用机械合金化可以比较容易地制备一些高熔点和不互溶体系的纳米晶。一般,二元体系Ag-Cu在室温下几乎不互溶。但Ag、Cu混合粉末经25 h高能球磨后,开始形成具有bcc结构的固溶体,球磨400 h后,bcc固溶体的晶粒尺寸减小到10 nm。不互溶的Fe-Cu二元合金球磨后能形成固溶度很宽的bcc和fcc结构固溶体。Fe在Cu中的固溶度可扩展到60%以上,晶粒尺寸为十几纳米。Cu-Co在固态时的固溶度也非常小,在873 K时的固溶度仍小于1%,但通过机械合金化形成纳米晶后,固溶度可达100%。Cu-W系是具有正混合热的非互溶体系,在理论上不具备合金化的热力学条件,但通过机械合金化处理后可实现合金化。Gaffet等对不互溶的Cu-W体系进行了比较系统的研究,几乎在整个成分范围内都能通过高能球磨得到晶粒度为20 nm的固溶体。柳林等对Cu、Ta粉末进行30 h的球磨,得到10~20 nm的Cu-Ta固溶体。不互溶体系还有Ag-Cu、Ag-Ni、Al-Fe等合金系,都可以通过机械合金化得到纳米晶的固溶体。

另一方面,有些合金系虽然有一定的固溶度,但通过机械合金化后固溶度扩展形成了过饱和固溶体的纳米晶。隋海心和朱敏发现机械合金化可使Al-Co金属间化合物的成分扩展到Al-80%(原子分数)Co,但其结构(包括有序结构)几乎不受影响,化合物晶粒尺寸为10 nm。

(4)纳米尺寸复相材料的制备。当合金由两个和两个以上的相组成,且组成相至少有一个是纳米尺寸时,该合金可称为纳米相复合合金(或称为具有纳米尺寸的复相材料)。纳米复合材料可以通过机械合金化直接合成,也可以由机械合金化/机械碾磨形成的非晶相在相对较低温度下晶化得到。目前已制备出多种纳米相的复合合金,如具有巨磁阻的Co-Cu纳米复合合金,具有剩磁增强效应的、由软磁相和硬磁相构成的纳米复合磁体,Si_3N_4-TiN、BN-Al纳米相复合材料,WC-Co纳米相硬质合金,Al-Pb基、Cu-Pb基纳米复相合金等。

纳米相复合材料的优点:纳米相提高了材料的性能,日本学者报道了用机械球磨的方法制备出了含有1%~5%、直径为几十纳米Y_2O_3颗粒的复合Co-Ni-Zr合金。

以WC为主的硬质合金是最重要的刀具材料,耐磨性优异,但韧性不高,为了保持其强度不下降并提高其韧性,最有效的方法是细化晶粒。采用机械合金化法可以得到WC和Co两相晶粒尺寸均为10 nm左右的粉末,并可以制得性能优异的硬质合金。纳米相在纳米相复合合金中的最重要作用之一是阻止晶粒长大。文献报道,纳米Al_2O_3相增强的Cu和Mg直到金属熔化之前都能阻止晶粒长大。

Al-Pb是不互溶体系,而且由于Al与Pb的密度和熔点都相差甚大,采用常规的熔炼方法来制备该合金时,会出现严重的偏聚现象。采用机械合金化法制备Al-Pb合金不仅可以克服上述困难,而且可以较方便地制备出纳米相复合Al-Pb合金,大幅度提高合金的性能。对Al-Pb系在球磨过程中微观结构变化的细致研究表明:与Fe-Cu等不互溶体系不同,球磨并不导致该体系固溶度的明显扩大,而主要是导致Al和Pb相的不断细化,直至形成纳米相复合结构。采用电镜观察,发现在 Al 相中存在 10 nm 左右的 Pb 相。这些纳米相的形成,可以阻碍烧结时晶粒的长大。对于 Al-10%Pb-4.5%Cu(质量分数)合金系,经过机械合金化处理后再进行烧结,Pb 相的尺寸为 150 nm 左右。

3.5.4 机械合金化制备贮氢材料

对于质量轻、吸氢量多、价格比较便宜的 Mg_2Ni 系合金,其氢释放条件比较苛刻是影响其广泛应用的重要因素。应用传统方法制备的 Mg_2Ni 贮氢材料,其吸放氢的条件是:250~350 ℃时氢压为 15~20 atm,低于 250 ℃不产生吸氢现象。即使在 250 ℃以上也必须经历一个前期活化过程。活化过程通常在高温及高压下进行,且必须重复数次。因此,迫切需要寻找一种简洁的制备 Mg_2Ni 合金材料的方法,以便既使 Mg_2Ni 合金保持大的吸氢量,又能使其活化和吸放氢过程容易进行。采用机械合金法所制备的贮氢材料,其贮氢性能明显优于传统方法制备的产物。由于球磨过程中创造的新鲜表面及其结构的超细化,使其初始活化过程非常容易进行甚至不再需要,其贮氢量在第一次吸放氢循环后即可达到 3.4wt%左右,且吸放氢速度比传统方法的制品快 4 倍左右,其吸放氢过程在 200 ℃即可完成。

M. Y. Song 与王尔德等研究机械合金法制备的 Mg-x%Ni(x=5、10、15、20、55)的贮氢性能后指出,机械合金过程增加了合金的表面积及晶格缺陷,从而使其吸放氢动力学行为得到改善。随着体系中 Ni 含量的增加,脱氢速度加快,但是其吸放氢能力有所下降。王尔德等重点研究了 x=20 的合金体系后指出,初始吸氢温度随球磨时间的延长而降低,而吸放氢平台压力随球磨时间的延长变化不大,但平台斜率增大。另外,E. Ivanov 还采用机械合金法合成 TMg-Fe、Mg-Co、Mg-Ti、Mg-Nb 等不易采用常规方法制备的合金体系。梁国宪等采用机械合金法,以镁粉及采用传统方法制备的 $FeTi_{1.2}$ 为原料合成了 Mg-35% $FeTi_{1.2}$ 贮氢合金后指出,随着机械合金化过程的进行,物系中并没有出现除 Mg 及 $FeTi_{1.2}$ 相以外的新物相,Mg 及 $FeTi_{1.2}$ 都参加了吸放氢过程,但主要是 Mg 的作用。延长球磨时间可提高吸放氢曲线的平台,降低其斜率,并消除滞后现象。

3.5.4.1 Fe-Ti 系

Fe-Ti 系是 1974 年由美国布鲁克-海文国家实验室的 Reilly 和 Wiswall 两人发现的贮氢合金,其贮氢量为 1.8swt%,室温下平衡氢压为 0.3 MPa。Fe-Ti 系与其他合金相比,其原材料比较便宜,氢化物分解压在室温下为 0.5 MPa,实际应用的可能性很大。但初期活化必须在 450 ℃和氢压为 5 MPa 的高温、高压下进行,活化条件比较苛刻,同时其吸放氢能力会随循环次数的增加而有所下降。虽然以 FeTi 为基体添加 Mn、Nb、O、Zn、S 等元素后其贮氢性能有所改善,但仍不够理想。L. Zalusik 等研究了机械合金法制备的 FeTi 系合金的贮氢性能,他们认为球磨气氛中存在的氧的含量是决定生成微晶或无定形 FeTi 的关键。当氧含量低于 3%时生成微晶 FeTi,而高于 3%时则生成无定形 FeTi,且两者的吸放氢行为明显不同。它们的吸放氢的 PCT 曲线如图 3-12 所示。

与传统方法相比,机械合金法制备的微晶 FeTi 的活化在 400 ℃和真空条件下 0.5 h 即可完成,吸放氢性能也得到明显改善,而添加适量 Pb 则可使其吸放氢过程在常温下完成,这可能与产物的表面氧化层有关。由 XRD 及 SEM 可知,吸放氢过程与退火处理对这两者的存在形式没有影响。对无定形而言,退火温度只改变了其在给定压力下的吸放氢量,而对微晶 FeTi 而言,退火条件与其 PCT 曲线相关,延长时间和提高温度都使其平台压力提高。从无定形相与微晶 Fe-Ti 的 PCT 曲线存在一段重叠的事实可知,微晶 Fe-Ti 系中仍存在 20%~30%的无定形相。它们之间不同的吸放氢行为的产生主要是由于无序排列的无定形相中的原子提供了一个能量范围较宽的氢吸附位,而微晶 Fe-Ti 系中有序排列的原子使其吸氢的能量范围相对集中,从而在一定的温度与压力下,出现了吸放氢相对较大的平台区。

K. Aoki 等将用传统方法制备的 FeTi 合金在球磨机中球磨数小时后,在 283 K、2 MPa H_2 中其吸氢能力得到明显提高,球磨时间与产物吸放氢关系如图 3-13 所示。这可能与 Fe 在表面的富集及 FeTi 合金新鲜表面的形成有关。

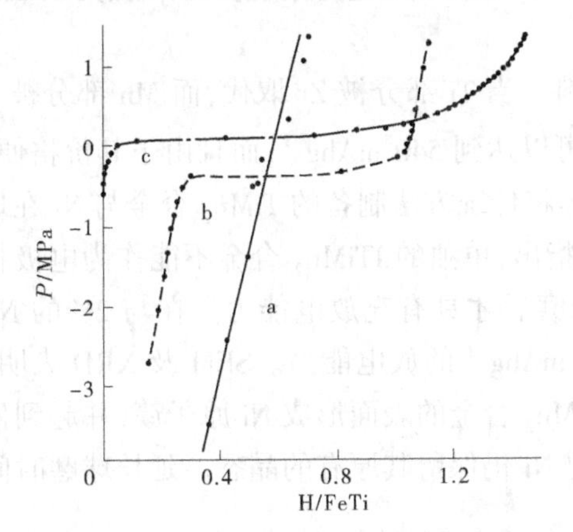

a—无定形 FeTi;b—微晶 FeTi;c—金属间化合物 FeTi。

图 3-12 不同形态的 FeTi 的吸放氢曲线

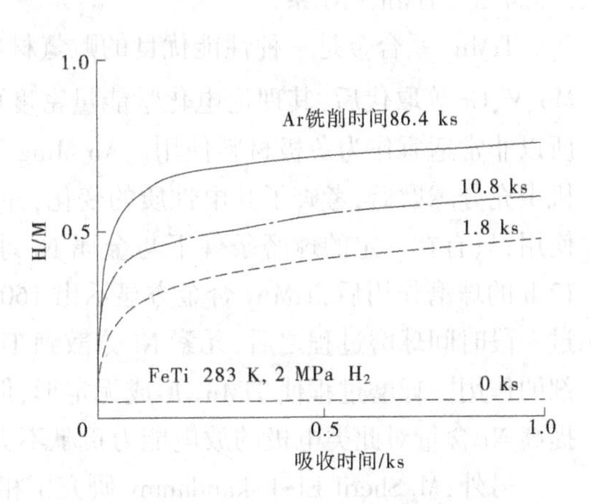

图 3-13 283 K,2 MPa H_2 下 FeTi 的氢吸放曲线

3.5.4.2 $LaNi_5$ 系

$LaNi_5$ 的贮氢量为 1.4wt%,室温下的平衡压为 0.2~0.3 MPa,容易操作,在室温附近即可吸放氢气,氢压对合金中的含氢量没有影响,而且吸放氢时的平衡氢压小。此外,该材料初期活化容易,氢的吸藏及释放反应速度快,当有其他气体对其产生毒化时,活性也不会下降,因此是一种理想的贮氢合金。Hiroki Sakaguchi 等采用纯的 La、Ni 粉为原料,在球磨过程中加入庚烷作润滑剂合成无定形 $LaNi_5$ 粉末,然后在氢气氛中于 450 ℃下处理 50 h,再于氦气氛中 1 000 ℃下处理 24 h。前一段热处理过程是为了清除由庚烷带入的有机杂质,后一段则是粉末的结晶过程。由图 3-14 可知,未经热处理的 $LaNi_5$ 粉末为无定形,而热处理后即变为 $LaNi_5$ 晶体。其热处理前后的 PCT 曲线如图 3-15 所示。由图 3-15 可知,用机械合金法制备的 $LaNi_5$ 合金,在热处理后其贮氢量在 5 MPa 氢压、333 K 下为 6,这与采用传统法制备的 $LaNi_5$ 相当。$LaNi_5$ 这种不同形态吸放氢行为不同的情形与 FeTi 系相似。

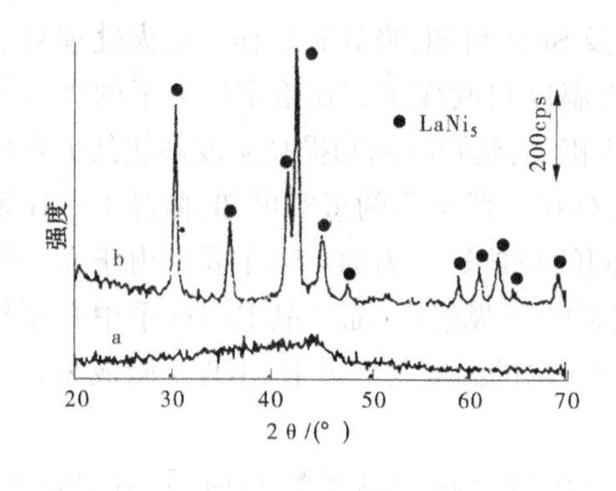

a—退火前；b—退火后。

图 3-14　退火前后的 $LaNi_5$ 粉的 XRD

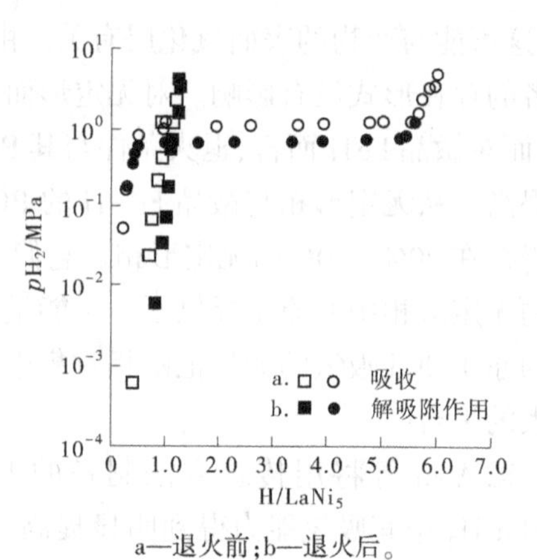

a—退火前；b—退火后。

图 3-15　退火前后的 $LaNi_5$ 粉的 PCT 曲线

3.5.4.3　$TiMn_2$-Ni 系

$TiMn_2$ 系合金是一种性能优良的贮氢材料。当 Ti 部分被 Zr 取代，而 Mn 部分被 Cu、Mo、V、Cr 等取代后，其理论电化学能量密度可以达到 540 $mAhg^{-1}$，而且由于其价格便宜，所以非常适宜作为负极材料使用。Ao Ming 等将传统方法制备的 $TiMn_2$ 合金与 Ni 在球磨机中充分球磨后，考查了其电性质的变化，并指出，单独的 $ITiMn_2$ 合金不能作为电极材料使用，只有在一定的球磨条件下与金属 Ni 球磨后才具有充放电能力。在与 2% 的 Ni 经 12 h 的球磨作用后，$TiMn_2$ 合金方显示出 160 $mAhg^{-1}$ 的放电能力。SEM 及 XRD 表明，经过一段时间球磨过程之后，元素 Ni 分散到 $TiMn_2$ 合金的表面形成 Ni 原子簇，并起到催化剂的作用。球磨过程使 $TiMn_2$ 形成无定形，但 Ni 仍保留其原有的晶态。延长球磨时间与提高 Ni 含量对此类电极的放电能力贡献不大。

另外，M. Sherif El-Eskandarany 研究了相同组分的 Ni-Ti 在氢气氛中的球磨过程后指出，此物系的机械合金过程可分为两个阶段。第一个阶段为气-固反应过程，在这一过程中，粗糙的 Ni、Ti 粉末被粉碎成为具有新鲜表面的微粒，这些微粒活性很高，极易吸收氢气，这时首先形成 TiH_2，而 Ni 则不与气氛反应。在第二阶段，TiH_2 扩散入 Ni 基体并形成 $NiTiH_3$ 固溶体。随着球磨时间的延长，产物性能逐步趋于稳定，其最高分解温度可达 993 K。Y. Chen 等研究 Ti、Zr、Mg 等单组分金属在氢气氛球磨过程中的氢气压力变化后认为，每种金属在氢气氛中球磨一段时间后都形成了金属间化合物，其氢压变化曲线如图 3-16 所示。由图 3-16 可知，Ti、Zr 粉比 Mg 粉的吸氢速率高，这主要与其表面积大小及氢在其中的溶解度有关。以上这两组试验说明机械合金法是一种方便的金属氢化物的制备方法。

3.5.5　机械合金化制备电工材料

电触头是电器开关、仪器仪表等的接触元件，主要承担接通、断开电路及负载电流的作用。制备电触头的材料主要有 Ag 基、Cu 基两大类，制备方法主要是粉末冶金法和熔炼法两类。目前应用的各系列电触头材料的组元在基体中的溶解度是十分有限的，有时在液态下也不互溶，因此常常采用粉末冶金方法制备。然而，粉末冶金法常常由于混合不均

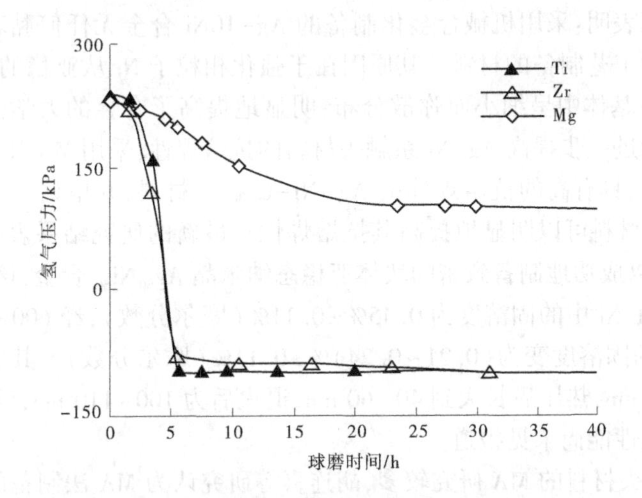

图 3-16　球磨过程中不同粉末的压力变化曲线

匀、粉末易团聚等，严重地影响电触头烧结材料的物理性能和电性能。而机械合金化相对于机械混合来说可以在原子级水平进行，因此机械合金化可以用来制备混合均匀、性能更高的电触头材料。

机械合金化制备电触头材料具有以下特点：

(1) 可用来制备过饱和固溶体，使非互溶体系合金化，通过成形工艺，可以提高材料的力学性能和电学性能。

(2) 可以制备第二相（金属氧化物、难溶金属、硬质相）弥散分布的电触头材料，该材料显示了较好的性能。

(3) 可以制备性能优异的纳米晶电触头材料。

(4) 机械合金化制备电触头材料的工艺简单，方便易行，而且更经济。

目前，用于生产的触头材料品种很多，二元或多元复合触头材料共计有数百种，广泛应用的触头材料只不过几十种。在二元或多元体系中，大部分触头材料形成的是“假合金”，如 Ag-Ni、Cu-W、Cu-Cr、Ag-C 等，而 MA 则可以使它们形成过饱和固溶体，使它们之间合金化。按照 MA 组元的性质，可以将其分为以下两个体系：延性/延性体系和延性/脆性体系。

3.5.5.1　延性/延性体系的机械合金化

在电触头材料中属于这一体系的主要有 Ag-Ni、Cu-Cr、Cu-Mo、Cu-Ni 等。延性/延性体系 MA 以合金化为主，组元颗粒细化，混合更加均匀，其强化机制为细晶强化和弥散强化；此外，形成的过饱和固溶体经进一步的处理，一些元素脱溶沉淀析出，起到了沉淀强化的作用，使触头材料的硬度等性能提高，进一步提高了材料抗机械磨损性能和电磨损性，提高了触头材料的使用寿命。

Ag-Ni 触头材料不仅具有良好的导电性、耐电损蚀性以及低而稳定的电阻外，还具有良好的塑性和可加工性能，唯一的缺点是抗熔焊性稍差。郑福前等通过 MA 工艺制备了 Ag-10Ni 触头材料，该材料同常规机械混粉粉末冶金的触头材料相比，Ni 粒子在 Ag 基体中的分布情况要细小、均匀而且弥散得多。与化学共沉淀、机械混粉法制备的合金触头的电接触试验对比表明:采用机械合金化制备的 Ag-10Ni 合金无任何黏着和熔焊现象,明显优于另外两种工艺制备的材料。其原因在于强化相粒子 Ni 从亚稳的 Ag-Ni 固溶体中脱溶出来,在 Ag 基体中呈细小而弥散分布,明显地提高了合金的力学性能、电学性能和电接触性能。为进一步提高 Ag-Ni 系触头材料的抗熔焊性,采用 MA 技术,日本已成功研制出了断路器,用具有高的抗熔焊性的 Ag-Ni-C 触头材料,并申请了专利。由此可见,MA 制备 Ag-Ni 材料可以明显地提高其抗熔焊性。最新的研究结果表明:采用 MA 工艺和热压技术,可以成功地制备致密的块体亚稳态纳米晶 $Ag_{50}Ni_{50}$ 合金,该合金具有过饱和的固溶度。Ag 在 Ni 中的固溶度为 0.45%±0.11%(摩尔分数),经 600~700 ℃退火处理后,Ag 在 Ni 中的固溶度变为(0.21~0.24)%±0.11%(摩尔分数)。其中,机械合金化粉末的晶粒度为 6 nm,热压后长大到 40~60 nm,退火后为 100~110 nm,但对于该材料的机械物理性能和电性能尚未见报道。

Cu/Cr 系触头材料的 MA 研究较多,胡连喜等研究认为 MA 法制备的 Cu-5%Cr 合金性能提高有两方面的原因:一方面,在 MA 过程中形成了 Cr 在 Cu 中的超饱和固溶,在随后的热挤压制备过程中,产生沉淀强化;另一方面,由于 MA 过程使 Cu、Cr 颗粒细化和均匀化,未固溶的 Cr 细化后起到弥散强化的作用。这两方面的原因,使 MACu-5%Cr 合金兼有细晶强化、弥散强化和沉淀强化效果,使合金具有很高的抗拉强度,其值达到 800~1 000 MPa。同时,合金仍具有较好的塑性和良好的导电性,其延伸率为 5%左右,相对电导率为 55%~70%IACS。李秀勇等采用机械合金化和真空缓慢热压工艺制备了具有较高电导率的微晶、纳米晶 CuCr 触头材料,其真空中的耐压强度已接近常规 CuCr 合金的水平($CuCr_{25}$ 的平均晶粒尺寸为 45.6 nm,平均击穿电压强度为 2.25×10^8 V/m;$CuCr_{50}$ 的平均晶粒尺寸为 67.3 nm,平均击穿电压强度为 1.52×10^8 V/m)。

3.5.5.2　延性/脆性体系的机械合金化

属于这一体系的触头材料比较多,如:Ag-MeO(如 CdO、SnO_2、ZnO 等)、Ag-W(WC)、Ag-C、Cu-W(WC)、Cu-SnO_2、Cu-NiO、AgSi、AgSiMo、AgSiGe 等。在这一体系中,MA 制备的触头材料中第二相(金属氧化物、难熔金属、硬质相)弥散分布在较细的延性基体上,使材料的硬度、致密性等性能提高,最终提高了材料的使用寿命。

MA 最初的应用是制备氧化物弥散高温合金,显示了该方法的优越性,现已成功应用于颗粒弥散强化铝基、镁基、铜基复合材料的工业生产中。AgMeO 触头材料耐蚀性好、抗熔焊能力强、接触电阻低而稳定,如 Ag-CdO、Ag-SnO_2、Ag-NiO、Ag-ZnO、Ag-CuO、Ag-SnO_2-In_2O_3,其中最典型的代表是 Ag-CdO 和 Ag-SnO_2 触头材料。Ag-MeO 触头材料的物理和电性能主要由所采用的制粉工艺所决定,也就是与粉末混合均匀程度以及氧化物相在银基上的分布有关,亦即制成材料中弥散相的粒度和粒子分布是决定材料的性能的关键因素。传统的粉末冶金法制备出的 Ag-MeO 合金材料其氧化物颗粒分布很不均匀,从而严重影响了材料的强度和导电性,而用合金内氧化法则无法制备氧化物含量较高的 Ag-SnO_2 触头材料。因此,采用 MA 法可以制备具有较高强度和良好导电性的 Ag-MeO 触头材料。文献对比了制粉工艺对制备材料性能的影响,采用机械混粉法、喷涂-共沉淀法和机械合金化三种方法制粉,制备了 Ag-10.8ZnO 触头材料。研究结果表明:MA 法制备的材料,ZnO 强化相在银基上呈现了较佳的弥散分布,提高了触头材料的硬度值(性能数据见表 3-5)，因而使触头在使用中的抗机械磨损性能和电寿命有了很大的提高。MA Ag-10.8ZnO 触头材料体现了物理性能、微观组织和电性能的较佳配合。Joshi P B 采用 MA 法制备的 Ag-MeO 类触头，与采用常规的粉末冶金工艺制备的 Ag-CdO、Ag-SnO_2 触头相比，MA 法制备的触头材料具有优良的性能：硬度高，密度几乎等于其理论密度，电导率高，氧化物在银基体中弥散分布。综合而言，MA 制备 Ag-MeO 触头材料，工艺简单、清洁而且更经济，性能尤其是电性能有较大的提高。张国庆等采用 MA 工艺制备了 Ag-SnO_2 触头材料，研究了 MA 工艺的作用机制：第一阶段以氧化锡颗粒破碎和延性基体细化为主，第二个阶段以颗粒分布均匀为主，进一步证实了关于延性/脆性体系的 MA 机制；此外，通过调整 MA 工艺，获得了显微组织结构均匀、具有适当的力学性能和良好的加工性能的金属基复合材料。Lee G G 通过 MA 工艺制备了 Ag-SnO_2 复合粉，经电镜观察发现纳米 SnO_2 颗粒均匀弥散分布在较细的银的基体上，利用热挤压技术制备了致密的纳米 SnO_2 颗粒弥散强化细晶 Ag-SnO_2 触头材料，该材料是一种性能良好的电触头材料。

表 3-5　三种不同工艺制备的 Ag-10.8ZnO 触头材料性能

加工路线	烧结密度（理论密度）/%	热压密度（理论密度）/%	硬度(HV)/(kg/mm^2)	电导率(IACS)/%
机械搅拌	89.6	98.6	77	72
喷雾头沉沉	92.2	97.9	88	73
MA 加工	73.9	99.9	106	72

注：MA 工艺：球料比 17:1，球磨时间 4 h；转速 300 r/min。

Ag-W(Ag/WC)和 Cu-W(Cu/WC)触头材料由难熔金属或硬质相组成，银-钨系触头材料将银的高导电、导热性与钨的抗熔焊性结合为一体，含钨量一般在 20%~80%，它具有良好的热、电传导性、耐电弧烧蚀性、抗熔焊性等优点，而引入 WC 可以使触头的耐电磨损性能和耐酸性有所增强。此类材料中，难溶金属或硬质相的颗粒尺寸、分布均匀性对材料的性能有着较大的影响。Aslanoglu Z 采用 MA 技术球磨 15 h，经压制、烧结并复压制备了 W-35Ag 触头材料，同常规的机械混粉制备的材料相比，该材料获得了较高的密度和硬度值；对比的电性能试验表明：随着球磨时间的延长，触头材料的抗电弧烧蚀性能明显提高。其中，球磨 5 h 制备的触头经 10 000 次通断操作后，触头重量损失仅为 74.5 mg/m^2(机械混粉法制的触头为 140.7 mg/m^2)。MA 制备的触头材料具有较高的使用寿命，其原因在于较细小的钨颗粒均匀分布在银的基体上。Tousimi K 采用机械合金化制备了非互溶体系 AgSiW($Ag_{86}Si_{4.5}W_{9.5}$)和 Cu-W($Cu_{80}W_{20}$)纳米复合材料，由于材料的致密度较低，含有较多的气孔，因而硬度稍低于常规的触头材料，但这一材料具有相当好的电导率。通过调整粉末的成型烧结工艺和随后热处理，可以使材料的硬度和电导率得到较佳的配合。Cu/W 两组元属于非互溶体系，这一混合体系具有正的混合焓，通过常规的熔炼方法得不到合金，而 MA 的一个突出的优点就是能方便地制备合金，并能实现非互溶体系的合金化。有关 MA 制备 Cu-W 的一些研究在于证明常规熔炼工艺所不能制备的非互溶体系，通过 MA 技术可以实现合金化。张启芳研究了 MA$W_{80}Cu_{20}$ 的合金化过程，证实了 Cu 固溶在 W 中形成了置换固溶体，制备了纳米 Cu-W 复合材料。Mordike 通过 MA 工艺制备了 1,2,4,6,8,10Vol·%W 含量的 Cu-W 复合粉末，压制、烧结和冷挤压后，制备了 Cu-W 复合材料。研究发现：强化相颗粒（W 颗粒）均匀分布在基体上，W 颗粒和基体 Cu 之间黏结较好，使材料的硬度、抗机械磨损和电磨损性能提高。

银-石墨触头材料具有导电性好、接触电阻低而且特别稳定、良好的抗熔焊性以及优异的低温升特性。对于这一体系的研究没有见到报道，目前我们正在研究机械合金化制备 Ag/C 材料。

3.5.6 机械合金化制备镍基 ODS 超合金

3.5.6.1 镍基 ODS 超合金

（1）机械合金化法制备的几种典型的镍基 ODS 超合金。表 3-6 是美国国际镍公司（IN-CO）开发的镍基 ODS 合金的成分，表 3-7 为几种机械合金化 ODS 镍基超合金的典型性能。其中 MA754 和 MA6000 是在 20 世纪 70 年代研制成功的。MA754 合金是含有 1%（体积分数）Y_2O_3 强化粒子的 Ni-20Cr 合金，它具有良好的抗热疲劳、抗蠕变和抗氧化性，特别适合于制作航空燃气涡轮叶片。采用这种材料制造的军用喷气发动机高温环境组件的使用时间长达十多年。

表 3-6　IN-CO 公司开发的镍基 ODS 合金的成分　　%

合金	Al	Cr	Ti	Ta	W	Mo	Fe	Zr	C	C	Ni	Y_2O_3
MA6000	4.5	15	2.5	2.0	4.0	2.0	—	0.15	0.05	0.01	Bal.	1.1
MA760	6.0	20	—	—	3.5	2.0	—	0.15	0.05	0.01	Bal.	0.95
MA754	0.3	20	0.5	—	—	—	1.0	—	0.05	—	Bal.	1
MA758	0.3	30	0.5	—	—	—	1.0	—	0.05	—	Bal.	0.6
MA757	4.0	16	0.5	—	—	—	—	—	0.05	—	Bal.	0.6
合金 3002	4.0	20	0.5	—	—	—	—	—	0.05	—	Bal.	0.6

表 3-7　几种机械合金化 ODS 镍基超合金的典型性能

性能①		合金			
		MA754	MA6000	MA758	MA760
合金类型		Ni-Cr	Ni-Cr-γ′	Ni-Cr	Ni-Cr-γ′
密度/（g/cm^3）		8.3	8.11	8.14	7.88
弹性模量（293 K）/GPa		149	203	—	—
屈服强度②（0.2%残余变形）/MPa		134	192	147	140
拉伸强度②/MPa		148	222	153	141
断裂伸长率②/%		12.5	9	9	15
断裂应力（1 368 K）/MPa	100 h	102	131	50	110
	1 000 h	94	127	—	107

注：①除另外标注外，均在 1 368 K 试验。②纵向方向。

通用电气公司制造的无涂层的 MA754 叶片用于 F101、F110 和 F404 发动机可在高于 1 273 K 的温度下工作。MA6000 合金是用如下三种方式强化的 Ni-Cr-γ′合金：γ′相析出强化，加入难熔金属如 W、Mo 产生的基体固溶强化和由 1.1%Y_2O_3 粒子产生的弥散强化。弥散粒子的尺寸为 30 nm，平均厚度为 0.1 μm。高温下该合金的强度高而且抗氧化腐蚀性能良好。它以挤压棒的形式生产,通过区域退火产生粗大的晶粒组织。MA758、MA760和MA757都是在20世纪80年代研制出的第二代超合金。MA758合金含30%的Cr,是MA754的改性材料,提高了对熔融玻璃的耐蚀性。MA760合金是比MA6000合金含有更多的Cr和Al的Ni-Cr-γ′材料,可用于制作在腐蚀环境下使用的工业燃气涡轮的叶片和导向叶片。它除具有常规超合金的性能外,还兼有极好的耐热蚀性和长时间的高温强度。MA757合金和试验合金3002是将高温强度和抗氧化性结合起来的新材料。

3.5.6.2　铁基ODS合金

表3-8为目前投入市场和正在研究的铁基ODS合金。表中合金大致分为两类:一类为在1 273 K以上的高温下抗氧化性优良并且有很高的耐燃气腐蚀的Fe-Cr-Al基ODS合金;另一类为针对核反应堆用材料而开发的,耐快中子辐射、尺寸稳定、蠕变强度高的Fe-Cr-Mo-Ti基ODS合金。另外,在球磨过程中粉末的颗粒形态、粒径和组成都会发生变化。合金中含有Ti、Zr、Al等易氧化元素时,就会使混合的氧化物起反应而生成复合氧化物。MA956合金同时含有Ti和Al,但比Ti更易氧化的Al将首先与Y_2O_3发生反应,而生成Al与Y的复合氧化物,其粒径较大。而MA957合金只含Ti不含Al,则生成Ti与Y的复合氧化物,其粒径相当细小。因此,虽然MA957合金中的弥散相Y_2O_3粒子含量仅有MA956合金的一半,但MA957的蠕变断裂强度却比MA956合金的高得多。

表3-8　几种典型的铁基ODS合金　%

合金名称	Cr	Mo	Ti	Al	弥散颗粒	用途
Incoloy MA956	20	—	0.5	4.5	$0.5Y_2O_3$	高温部件材料
PM2000	20	—	0.5	5.5	$0.5Y_2O_3$	
ODM751	16.5	—	0.6	4.5	$0.5Y_2O_3$	
Incoloy MA957	14	0.3	1.0	—	$0.2Y_2O_3$	快中子堆燃料包壳管用材料
DT2203Y05	13	1.5	2.2	—	$0.5Y_2O_3$	
DT2906	13	1.5	2.9	—	Ti_2O_3	

通过电镜观察前者的弥散物颗粒尺寸为10~40 nm,后者的弥散物颗粒尺寸小于10 nm。这是由于加入Ti后经过机械合金化处理时生成Y_2O_3和TiO_2的复合氧化物。添加钛对于提高含Y_2O_3ODS钢的蠕变断裂强度很有效。因此,最近开发了一系列含Ti和Y_2O_3的ODS合金。比利时Dour金属公司新近开发了ODM751铁基ODS合金,利用机械合金化法制得合金粉末,经冷压制和热压制全致密化后,采用热挤工艺获得型材、棒材和板材,经冷拉、冷轧和热处理后的产品,其1 373 K时的抗拉强度高达135 MPa,抗高温氧化性能也很好,并且合金试样在1 173~1 473 K经过10 000 h的蠕变断裂试验表明,这种采用机械合金化法生产的铁基合金,其强度比传统的Ni基超合金(IN617,H230)的要高得多,有望成为高温换热器及其他先进换能系统的一种理想新材料。日本住友金属工业公司新开发了一种ODS铁素钢,其标准成分(质量分数)为Fe-13Cr-3W-0.5Ti-0.5Y_2O_3。这种ODS钢由于添加了W,提高了高温强度,加入的Ti显著减小了氧化物颗粒尺寸并形

成了 Y-Ti 复合氧化物,显著改善了钢的高温性能,这种钢在 923 K、1 000 h 下蠕变断裂强度约为 400 MPa,比奥氏体不锈钢高得多,而且在快中子辐照下的抗膨胀性优良,所以是一种很好的快中子增殖核反应堆用燃料包壳材料。

3.5.7 机械合金化制备高熵合金

李萌采用机械合金化+冷压烧结的方法制备了$(Al\ Li\ Mg_{0.5}Ti_{1.5})_{100-x}Scx$($x$=0,5,10,15,20)系轻质高熵合金,研究发现:

就Ⅰ型铸态轻质高熵合金而言,当熵焓比Ω和原子尺寸差δ满足$\Omega \geqslant 1.1, \delta \leqslant 6.0\%$(或混合焓$\Delta H_{mix}$和原子尺寸差$\delta$满足$-17\ kJ/mol \leqslant \Delta H_{mix} \leqslant -10\ kJ/mol, \delta \leqslant 6.0\%$)时,合金倾向于形成简单的固溶体相结构;就Ⅱ型铸态轻质高熵合金而言,当原子尺寸差δ满足$3.0\% < \delta < 6.6\%$时,合金倾向于形成固溶体+金属间化合物型显微结构;当$6.6\% < \delta < 14.0\%$时,合金倾向于形成金属间化合物型显微结构;而当$\delta > 14\%$时,合金倾向于形成非晶相。

球磨态 Al Li Mg Ti Scx 系轻质高熵合金均形成了简单的固溶体相结构。其中,$(Al\ Li\ Mg_{0.5}Ti_{1.5})_{100-x}Scx$($x$=5,10,15,20)合金均形成了单相的 HCP 型固溶体相,$Al_{25}Li_{25}Mg_{12.5}Ti_{37.5}$ 形成了主要的 HCP 固溶体相+微量的 Al Li 相;$Al_{20}Li_{20}Mg_{10}Ti_{40}Zn_{10}$ 形成了主要的 HCP 固溶体相+一种未知相,$Al_{20}Li_{20}Mg_{10}Zr_{20}Ti_{30}$ 形成了双相的 HCP(HCP1+HCP2)固溶体相,$Al_{20}Li_{20}Mg_{10}V_{20}Ti_{30}$ 则形成了单相的 BCC 固溶体结构。

与球磨态 Al Li Mg Ti Scx 系轻质高熵合金相比,通过冷压烧结所得到的块体合金普遍具有比较复杂的显微组织结构。其中,550 ℃烧结的 $Al_{20}Li_{20}Mg_{10}Sc_{20}Ti_{30}$ 合金具有最简单的显微组织结构,由主要的 HCP 固溶体相和少量的 γ-$Al_{12}Mg_{17}$ 析出相组成。另外,除了 $Al_{20}Li_{20}Mg_{10}Zr_{20}Ti_{30}$ 合金在 650 ℃和 750 ℃烧结后均由双相的 HCP(HCP1+HCP2)固溶体相和少量的未知相组成外,烧结温度对 Al Li Mg Ti Scx 系其他轻质高熵合金的显微组织结构的影响普遍比较显著。

Ge 等通过机械合金化和放电等离子烧结的结合方式制备了块状 CuZrAlTi 轻质高熵合金,并研究了烧结温度对该合金的组织和性能的影响。研究发现,当烧结温度为 690 ℃时,合金的显微组织由球磨态的非晶相转变为 $CuTi_3$,Ti_2Zr 和 $AlTi_3$ 这 3 种金属间化合物,此时合金硬度为 857 HV;而当烧结温度为 1 100 ℃时,合金由 FCC1、FCC2 和 $CuTi_3$ 相组成,并且获得了 1 173 HV 的超高硬度。

思考题

1. 机械合金化的定义及球磨机制是什么?
2. 球磨机的本体结构有哪几类?各有何特点?
3. 用机械合金化技术制备纳米晶材料时,其工艺参数是如何选择的?
4. 反应球磨技术与机械合金化技术相比有何异同?
5. 什么是机械力化学?请解释一下机械力化学的作用过程及其机制。
6. 机械合金化制备电触头材料的特点是什么?
7. 简述机械合金化技术的工业化应用。

第 4 章　薄膜的制备

薄膜制备是一门迅速发展的材料技术，薄膜的制备方法综合了物理、化学、材料科学以及高科技手段。本章将简要介绍薄膜制备的基本方法和几类典型的高科技制膜技术，主要内容有真空蒸镀、溅射成膜、化学气相沉积、三束技术、溶胶-凝胶法。

4.1　物理气相沉积——真空蒸镀

真空蒸镀是将待成膜的物质置于真空中进行蒸发或升华，使之在工件或基片表面析出的过程。图 4-1 给出的是真空蒸镀设备，主要包括真空系统、蒸发系统、基片撑架、挡板和监控系统。

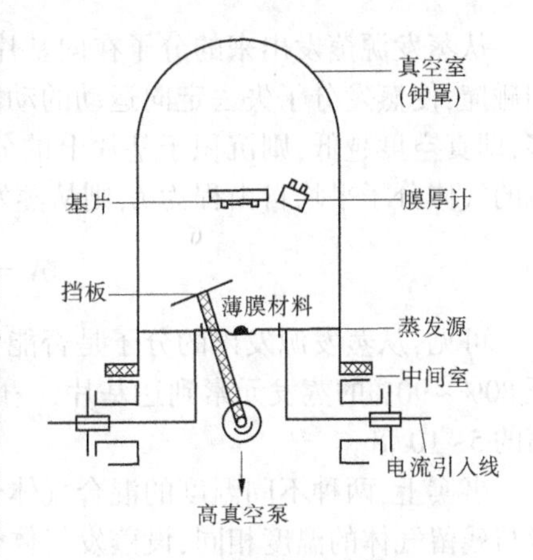

图 4-1　真空蒸镀设备的实例

4.1.1　蒸发的分子动力学基础

当密闭容器内存在某种物质的凝聚相和气相时，气相蒸气压 p 通常是温度的函数，表 4-1 是部分材料的蒸气压与温度的关系。在凝聚相和气相之间处于动态平衡时，从凝聚相表面不断向气相蒸发分子，同时也会有相当数量的气相分子返回到凝聚相表面。根据气体分子运动论，单位时间内气相分子与单位面积器壁碰撞的分子数，即气相分子的流量 J 可以表示为

$$J = \frac{1}{4}n\bar{v} = p(\pi mkT)^{-1/2} = \frac{A \cdot p}{(2\pi MRT)^{1/2}} = 4.68 \times 10^{24} \frac{2p}{\sqrt{MT}} \quad (\mathrm{cm}^2 \cdot \mathrm{s}) \tag{4-1}$$

式中：n 为气体分子的密度；$\bar{v}$ 为分子的最概然速率；m 为气体分子的质量；k 为玻尔兹曼常数；A 为阿伏加德罗常数；R 为普适常数；M 为相对分子质量。

表 4-1　系统在平衡蒸气压时的温度

蒸发源材料	熔点/K	平衡温度/K(蒸气压 133 Pa)		
		10^{-8}	10^{-5}	10^{-2}
钨	3 683	2 390	2 840	3 500
钽	3 269	2 230	2 680	3 330
钼	2 890	1 865	2 230	2 800
银	2 741	2 035	2 400	2 930

续表 4-1

蒸发源材料	熔点/K	平衡温度/K(蒸气压 133 Pa)		
		10^{-8}	10^{-5}	10^{-2}
铂	2 045	1 565	1 885	2 180
铁	1 808	1 165	1 400	1 750
镍	1 726	1 200	1 430	1 800

由于气相分子不断沉积于器壁与基片上,为保持热平衡,凝聚相不断向气相蒸发,若蒸发元素的分子质量为 m,则蒸发速率可用下式计算

$$\Gamma = mJ \approx 7.75\left(\frac{m}{T}\right)^{1/2} p \quad [\mathrm{kg/(m^2 \cdot s)}] \tag{4-2}$$

从蒸发源蒸发出来的分子在向基片沉积的过程中,还不断与真空中残留的气体分子相碰撞,使蒸发分子失去定向运动的动能,而不能沉积于基片。若真空中残留气体分子越多,即真空度越低,则沉积于基片上的分子越少。设蒸发源与基片间距离为 x,真空中残留的气体分子平均自由程为 L,则从蒸发源蒸发出的 N_0 个分子到达基片的分子数为

$$N = N_0 \exp\left(-\frac{x}{L}\right) \tag{4-3}$$

可见,从蒸发源发出的分子是否能全部达到基片,与真空中的残留气体有关。为了保证 80%~90%的蒸发元素到达基片,一般要求残留气体的平均自由程是蒸发源至基片距离的 5~10 倍。

事实上,两种不同温度的混合气体分子的平均自由程的计算比较复杂。假设蒸发元素与残留气体的温度相同,设蒸发气体分子半径为 r,残留气体分子半径为 r',残留气体压力为 p,则根据气体分子运动论,其平均自由程 L 为

$$L = \frac{4kT}{2\pi(r + r')^2 p} \tag{4-4}$$

式中,$k = 1.38 \times 10^{-24}$ J/K,压力以 Pa 计,原子半径以 m 计,则有

$$L = 3.11 \times 10^{-24} \frac{T}{(r + r')^2 p} \tag{4-5}$$

4.1.2 蒸发源

4.1.2.1 蒸发源的组成

蒸发源一般有三种形式,如图 4-2 所示。一般而言,蒸发源应具备三个条件:能加热到平衡蒸气压在 1.33~1.33×10^{-2}Pa 时的蒸发温度;要求坩埚材料具有化学稳定性;能承载一定量的待蒸镀原料。应该指出,蒸发源的形状决定了蒸发所得镀层的均匀性。

点源可以向各方向蒸发,如图 4-3 所示。若某段时间内蒸发的全部质量为 M_0,则在某规定方向的立体角 $d\omega$ 内,物质蒸发的质量为

$$dm_0 = \frac{M_0 d\omega}{4\pi} \tag{4-6}$$

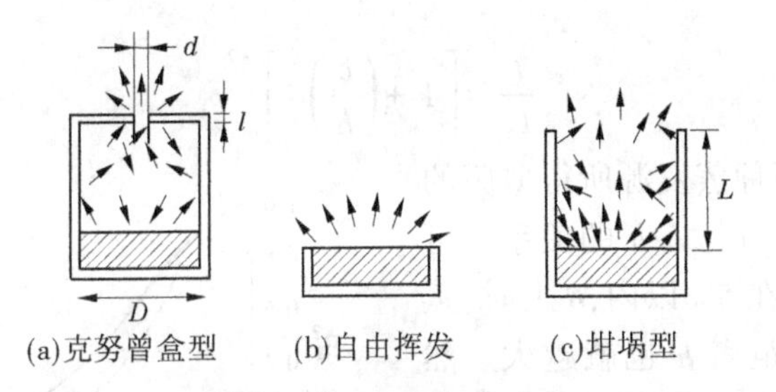

图4-2　几种典型的蒸发源

若基片离蒸发源的距离为 r,蒸发分子运动方向与基片表面法向的夹角为 θ,则基片上单位面积附着量 m_d 可由下式表示

$$m_d = S \cdot \frac{M_0 \cos\theta}{4\pi r^2} \tag{4-7}$$

式中,S 为附着系数。它表示蒸发后冲撞到基片上的分子中,不被反射而遗留于基片上的比率,即化学吸附比率。

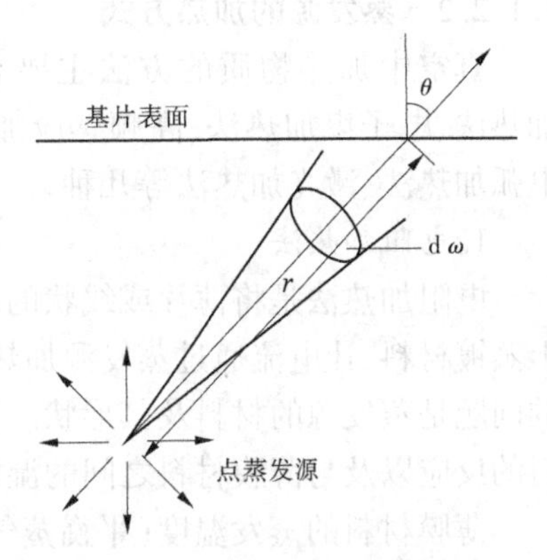

图4-3　点蒸发源的蒸发计算

克努曾盒(Knudsencell)蒸发源可以看作微面源,此时蒸发分子从盒子表面的小孔飞出,如图4-4所示。将此小孔看作平面,设在规定的时间内从小孔蒸发的全部质量为 M_0,则在与小孔所在平面的法线构成 φ 角方向的立体角 $d\omega$ 中,物质蒸发的质量 dm 为

$$dm = \frac{M_0 \cos\varphi d\omega}{\pi} \tag{4-8}$$

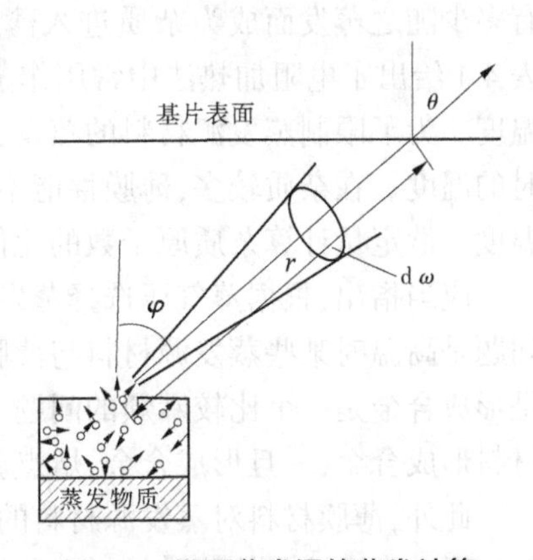

图4-4　微面蒸发源的蒸发计算

设基片离蒸发源的距离为 r,蒸发分子的运动方向与基片表面法线的夹角为 θ,则基片上单位面积上附着的物质 m_e 由下式给出

$$m_e = S \cdot \frac{M_0 \cos\varphi \cos\theta}{\pi r^2} \tag{4-9}$$

显然,欲实现在大基片上蒸镀,薄膜的厚度就要随位置而变化。假如,把若干个小基片放置在蒸发源的周围,一次性蒸镀多片薄膜,就可以知道附着量随着位置的不同而变化。对微小点源,其等厚膜是以点源为圆心的等距球面,所有方向都均匀蒸发;而对微面源,只是平面蒸发,并非所有方向上均匀蒸发,即在垂直于小孔平面的上方蒸发量最大时,在其他方向蒸发量只有此方向的 $\cos\varphi$ 倍,即式(4-8)给出的蒸发余弦关系。

若基片与蒸发源距离为 h,基片中心处的膜厚为 t_0,则距中心为 δ 距离的膜厚 t

点源

$$\frac{t}{t_0} = \left[1 + \left(\frac{\delta}{h}\right)^2\right]^{-\frac{3}{2}} \tag{4-10}$$

微面源

$$\frac{t}{t_0}=\left[1+\left(\frac{\delta}{h}\right)^2\right]^{-2} \tag{4-11}$$

图 4-5 给出了两种蒸发源所得薄膜的均匀性关系曲线(t/t_0)与 δ/h 的关系。可见,为了将 t/t_0 控制在 5%以内,δ 大时,蒸发源与基片之间的距离 h 也就越大。然而,h 太大时,蒸发源效率很低。

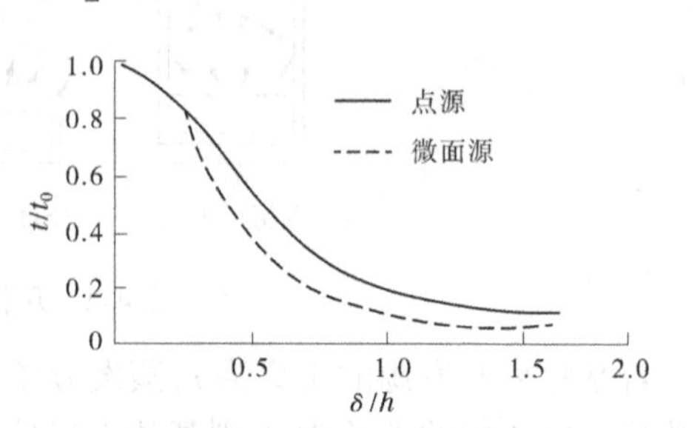

图 4-5　点源与微面源的膜厚分布的比较

4.1.2.2　蒸发源的加热方式

真空中加热物质的方法主要有电阻加热法、电子束加热法、高频感应加热法、电弧加热法、激光加热法等几种。

1. 电阻加热法

电阻加热法是将薄片或线状的高熔点金属,如钨、钼、钛等做成适当形状的蒸发源,装上蒸镀材料,让电流通过蒸发源加热蒸镀材料,使其蒸发。采用电阻加热法时通常要考虑的问题是蒸发源的材料及其形状。其中,蒸发源材料的熔点和蒸气压、蒸发原料与薄膜材料的反应以及与薄膜材料之间的湿润性等,都是选择蒸发源材料时要考虑的问题。

薄膜材料的蒸发温度(平衡蒸气压为 1.33 Pa 时的温度)多数在 1 000~2 000 K,所以蒸发源材料的熔点必须高于这一温度。在选择蒸发源材料时还必须考虑蒸发源材料大约有多少随之蒸发而成为杂质进入薄膜。因此,必须了解有关蒸发源常用材料的蒸气压,表 4-1 给出了电阻加热法中常用作蒸发源材料的金属熔点和达到规定的平衡蒸气压时的温度。为了限制蒸发源材料的蒸发,蒸发温度应低于表中蒸发源材料平衡蒸气压 1.33 Pa 时的温度。在杂质较多,薄膜性能不受影响的情况下,也可以采用与 1.33×10^{-6}Pa 对应的温度。欲定量计算杂质原子数的比值,则要采用式(4-2)进行计算。

应当指出,根据蒸气压选择蒸发源材料只是一个必要条件。电阻加热法中的关键性问题是高温时某些蒸发源材料与薄膜材料会发生反应和扩散而形成化合物或合金,特别是形成合金是一个比较麻烦的问题。高温时铝、铁、镍、钴等也会与钨、钼、钛等常用蒸发材料形成合金,一旦形成合金,熔点就会下降,蒸发源也就容易烧损。

此外,薄膜材料对蒸发源材料的湿润性也不能忽视,这种湿润性与材料表面的能量有关。通常高温熔化的薄膜材料在蒸发源材料上有扩散倾向时,就容易产生湿润,而有凝集接近于形成球形倾向时,就难以润湿,如图 4-6 所示。

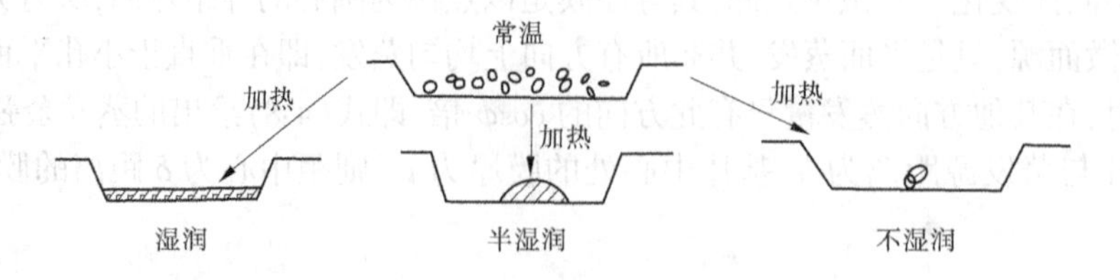

图 4-6　蒸发源材料和薄膜材料湿润状态示意

2. 电子束加热法

在电阻加热法中，薄膜原料与蒸发源材料是直接接触的，由于蒸发源材料的温度高于薄膜材料，会导致杂质混入薄膜中，使薄膜材料与蒸发源材料发生反应。为了克服电阻加热法的技术缺陷，可以采用电子束加热法。

如图4-7所示，在电子束加热装置中，把被加热的物质放置在水冷坩埚中，电子束只轰击其中很小的一部分，而其余部分在坩埚的冷却作用下处于很低的温度。因此，电子束加热蒸发沉积可以做到避免坩埚材料污染。通常阳极材料轰击法是电子束加热法中比较简单的一种。

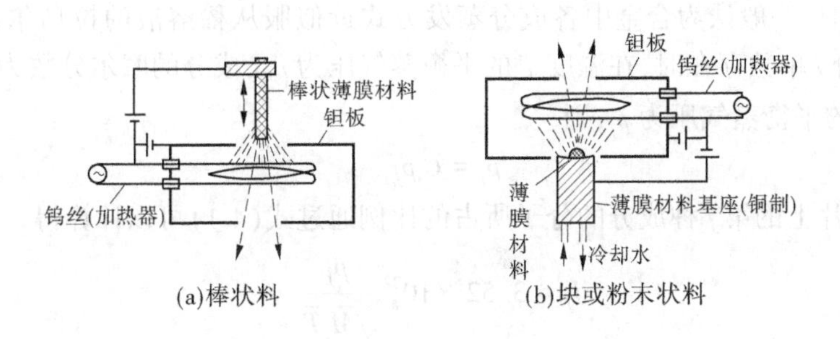

图4-7　阳极材料轰击法的电子轰击加热装置

若使电子束聚焦，可以提高加热效率。电子束聚焦通常用静电聚焦和磁场聚焦两种方式，如图4-8所示。

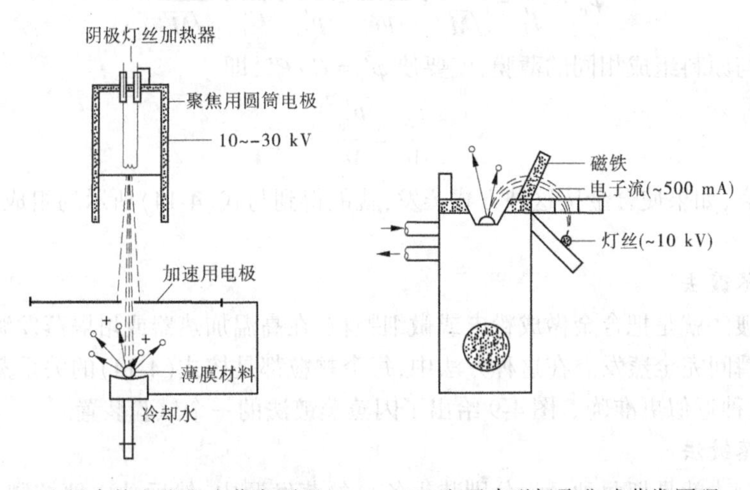

图4-8　电子束聚焦式蒸发装置原理

4.1.3　合金、化合物的蒸镀方法

当制备两种以上元素组成的化合物或合金薄膜时，仅仅使材料蒸发未必一定能获得与原物质具有同样成分的薄膜，此时需要通过控制原料组成制作合金或化合物薄膜。

对于 SiO_2 和 B_2O_3 而言，蒸发过程中相对成分难以改变，这类物质从蒸发源蒸发时，大部分是保持原物质分子状态蒸发的。蒸发 MgF_2 时，它们一般是以 MgF_2、$(MgF_2)_2$、$(MgF_2)_3$ 分子或分子团的形式从蒸发源蒸发的，也可以形成成分基本不变的薄膜。然而蒸发 ZnS、CdS、PdS 等硫化物时，这些物质的一部分或全部发生分解而飞溅，在蒸发物到达基片时又重新结合，只是大体上形成与原来组分相当的薄膜材料。试验结果也证实，这些物质的蒸镀膜与原来的薄膜材料并不完全相同。

4.1.3.1 合金的蒸镀——闪蒸蒸镀法和双蒸蒸镀法

1. 合金蒸镀条件

合金蒸发时，一般认为合金中各成分蒸发方式近似服从稀溶液的拉乌尔(Raoult)定律，即某种成分 j 单独存在时，在温度 T 的平衡蒸气压为 p_{j_0}，成分的摩尔分数为 C_j，在合金状态下成分 j 的平衡蒸气压为 p_j，则

$$p_j = C_j p_{j_0} \tag{4-12}$$

则从入射于基片上的第 j 种成分的分子所占的比例通过式(4-1)可以计算得

$$J_j = 3.52 \times 10^{22} \frac{p_j}{\sqrt{M_j T}} \tag{4-13}$$

设蒸发分子在基片上的附着率为 1，则 J_j 直接关系到薄膜的成分，也就是说蒸发由 j 与 j' 这两种成分分别以摩尔分数 C_j 和 C_j' 混合组成的合金时，从式(4-12)和式(4-13)就可以求得到达基片的分子数之比

$$\varphi_{jj} = \frac{J_j}{J_j'} = \frac{p_j}{\sqrt{M_j}} \cdot \frac{\sqrt{M_j'}}{p_j} = \frac{p_{j_0}}{p_{j_0}'} \cdot \frac{C_j}{C_j'} \cdot \frac{\sqrt{M_j'}}{\sqrt{M_j}} \tag{4-14}$$

要得到与原料组成相同的薄膜，就要使 $\varphi'_{jj} = C_j / C_j'$，即

$$\frac{p_{j_0}}{M_j} = \frac{p_{j_0}'}{M_j}$$

一般而言，如果使合金按这种方式蒸发，就能得到与式(4-14)所示的组成非常相近的薄膜。

2. 闪蒸蒸镀法

闪蒸蒸镀法就是把合金做成粉末或微细颗粒，在高温加热器或坩埚蒸发源中，使一个一个的颗粒瞬间完全蒸发。在这种方法中，每个颗粒都是按式(4-14)的关系蒸发的，对于微细颗粒，这种近似更准确。图 4-9 给出了闪蒸蒸镀法的一个试验装置。

3. 双蒸蒸镀法

双蒸蒸镀法就是把两种元素分别装入各自的蒸发源中，然后独立地控制各蒸发源的蒸发过程，该方法可以使到达基片的各种原子与所需要薄膜组成相对应。其中，控制蒸发源独立工作和设置隔板是关键技术，在各蒸发源发射的蒸发物到达基片前，绝对不能发生元素混合，如图 4-10 所示。

4.1.3.2 化合物蒸镀方法

化合物薄膜蒸镀方法主要有电阻加热法、反应蒸镀法、双蒸蒸镀法——三温度-分子束外延法。

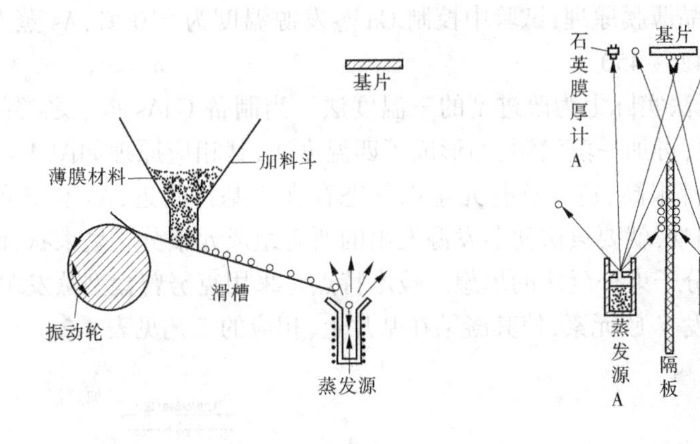

图 4-9　闪蒸蒸镀法原理　　　　图 4-10　双蒸蒸镀法原理

1. 反应蒸镀法

反应蒸镀即在充满活泼气体的气氛中蒸发固体材料，使两者在基片上进行反应而形成化合物薄膜。这种方法在制作高熔点化合物薄膜时经常被采用。例如，在空气或氧气中蒸发 SiO_2 来制备 SiO_2 薄膜；在氮气气氛中蒸发 Zr 制备 ZiN 薄膜；由 C_2H_4-Ti 系制备 TiC 薄膜等。

图 4-11 是反应蒸镀 SiO_2 薄膜的原理，即在普通真空设备中引入 O_2。要准确地确定 SiO_2 的组成，可从氧气瓶引入 O_2，或对装有 Na_2O 粉末的坩埚进行加热，分解产生 O_2 在基片上进行反应。由于所制备的薄膜组成与晶体结构随气氛压力、蒸镀速度和基片温度三个参量而改变，所以必须适当控制这三个参量，才能得到优良的 SiO_2 薄膜。

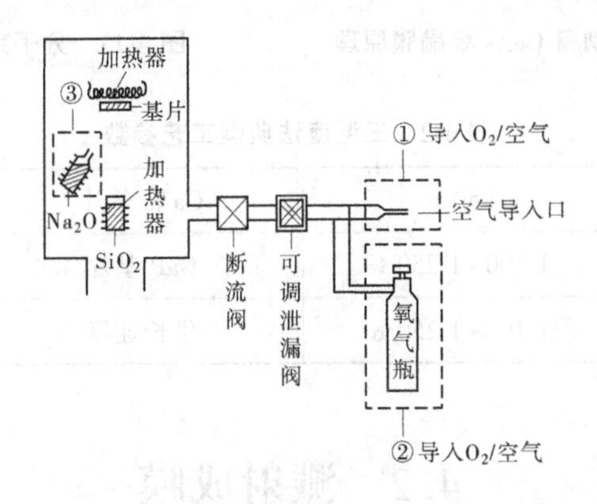

图 4-11　Si-O_2-空气反应制备 SiO_2 膜原理

2. 双蒸蒸镀——三温度法

三温度-分子束外延法主要用于制备单晶半导体化合物薄膜。从原理上讲，它就是双蒸蒸镀法。但二者也有区别，在制备薄膜时，必须同时控制基片和两个蒸发源的温度，所以也称三温度法。三温度法是制备化合物半导体的一种基本方法，它实际上是在Ⅴ族元素气氛中蒸镀Ⅲ族元素，从这个意义上讲非常类似于反应蒸镀。图 4-12 就是典型的三温度法制备 GaAs 单晶薄膜原理,试验中控制 Ga 蒸发源温度为 910 ℃,As 蒸发源温度为 295 ℃,基片温度为 425~450 ℃。

所谓分子束外延法实际上为改进型的三温度法。当制备 $GaAs_xP_{1-x}$ 之类的三元混晶半导体化合物薄膜时,再加一蒸发源,即形成了四温度法,其相应原理如图 4-13 所示。由于 As 和 P 的蒸气压都很高,造成这些元素以气态存在于基片附近,As 和 P 的量难以控制。为了解决上述困难,就要设法使蒸发源发出的所有组成元素分子呈束状,而不构成整个腔体气氛,这就是分子束外延法的思想。技术特点是采用克努曾盒型蒸发源,并使基片周围保持低温,再蒸发 V 族元素,使其凝结在基片上,相应的工艺见表 4-2。

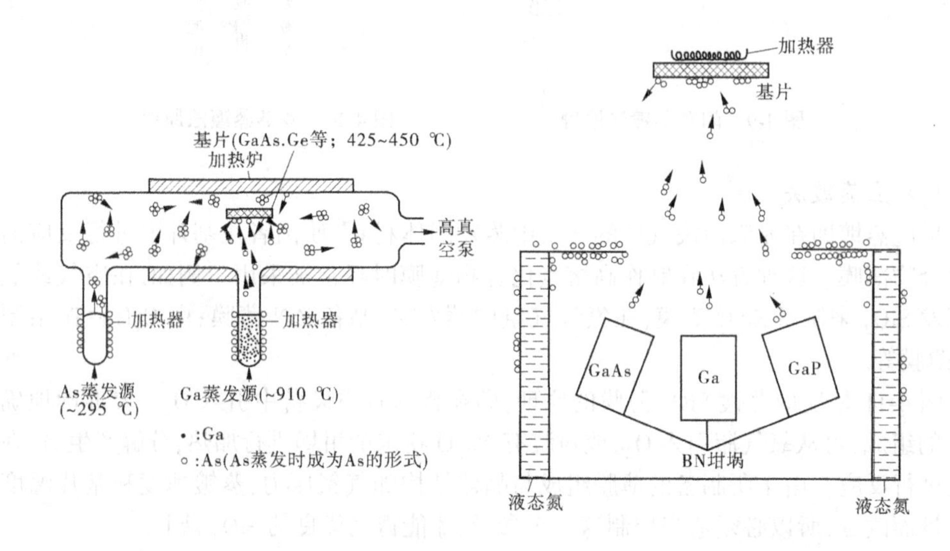

图 4-12　三温度法制备 GaAs 单晶膜原理　　　　图 4-13　分子束外延原理

表 4-2　三温度法典型工艺参数

Ga 蒸发源	950 K	GaAs 基片	>700 K
As 蒸发源($GaAs \to As_2$)	1 100~1 250 K	GaP 基片	>870~900 K
P 蒸发源($GaP \to P_2$)	1 100~1 250 K	生长速度	0.2~0.3 nm/s

4.2　溅射成膜

溅射是指荷能粒子(如正离子)轰击靶材,使靶材表面原子或原子团逸出的现象。逸出的原子在工件表面形成与靶材表面成分相同的薄膜。这种制备薄膜的方法称为溅射成膜。

溅射现象于 1842 年由 Grove 提出,1870 年开始将溅射现象用于薄膜的制备,但真正达到实用化却是在 1930 年以后。进入 20 世纪 70 年代,随着电子工业中半导体制造工艺的发展,需要制备复杂组成的合金。而用真空蒸镀的方法来制备合金膜或化合物薄膜,无法精确控制膜的成分。另外,蒸镀法很难提高蒸发原子的能量从而使薄膜与基体结合良好。例如,加热温度为 1 000 ℃时,蒸发原子平均动能只有 0. 14 eV 左右,导致蒸镀膜与基体附着强度较小,而溅射逸出的原子能量一般在 10 eV 左右,为蒸镀原子能量的 100 倍以上,与基体的附着力远优于蒸镀法。随着磁控溅射方法的采用,溅射速度也相应提高了很多,溅射镀膜得到了广泛应用。

4. 2. 1　溅射的基本原理

4. 2. 1. 1　气体放电理论

溅射通常采用的是辉光放电,利用辉光放电时正离子对阴极溅射。当作用于低压气体的电场强度超过某临界值时,将出现气体放电现象。气体放电时在放电空间会产生大量电子和正离子,在极间的电场作用下它们将做迁移运动形成电流。图 4-14 和图 4-15 分别给出了稳定放电测量回路和气体放电过程的伏安特性。图 4-15 中 Ⅰ 区为非自持放电(Townsend 放电),即外界条件作用下导致气体放电;当电压超过 B 点后,电流迅速增大,管电压稍有降低,即进入Ⅱ区,该区放电不取决于外界条件而能够持续,并发出暗光,称为自持暗放电;自持放电时若负载足够大则是稳定的,否则为不稳定的,导致电压降低而电流增加经Ⅲ区过渡而进入辉光放电区Ⅴ,在该区域内,电压降基本上保持不变,并发出一定颜色的辉光,Ⅵ区为反常辉光区,当电压超过 G 点时,即进入弧光放电过渡区Ⅶ,并迅速转入低电压大电流的弧光放电区Ⅷ。

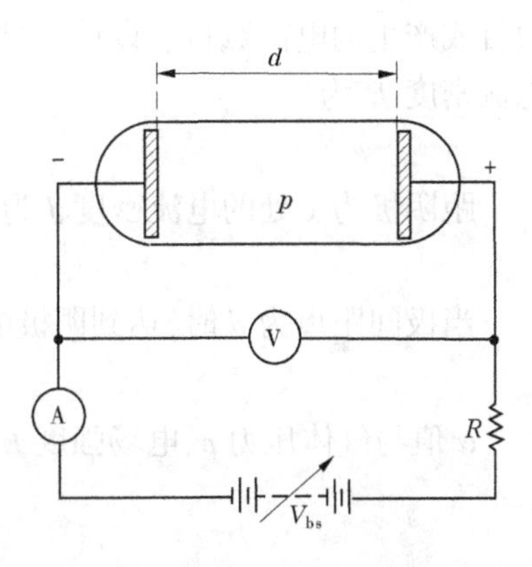

图 4-14　稳定放电测量回路

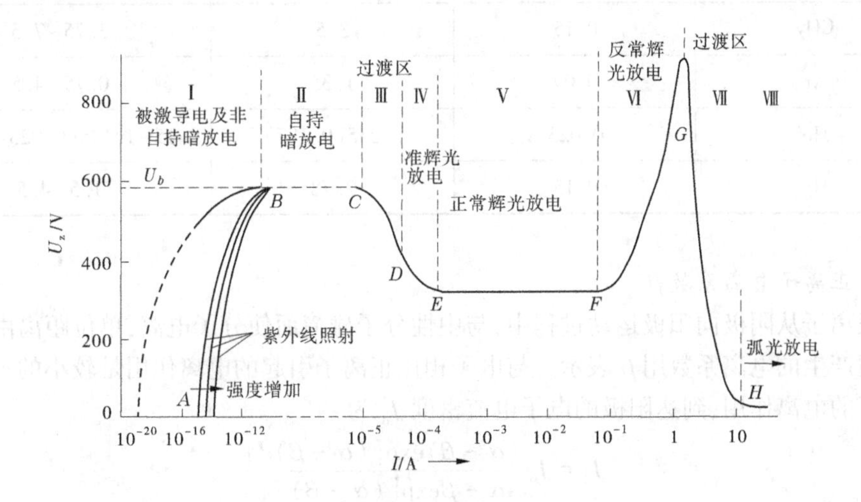

图 4-15　气体放电过程的伏安特性

低压气体放电是指由于电子获得电场能量,与中性气体原子碰撞引起电离的过程,Townsend 引入三个系数来分别表征放电管内存在的三个电离过程。

1. 电子的电离系数 α

在电场作用下，电子获得一定能量，在从阴极到阳极运动过程中与中性气体原子发生非弹性碰撞，使中性原子失去外层电子变成正离子和新的自由电子，这种现象会增殖而形成电子崩，电子电离系数就是表示自由电子经单位距离，由于碰撞电离而增殖的自由电子数目或产生的电离数目。设单位时间由阴极表面逸出电子的面密度为 n_0，则阴极的电子电流密度 J_0 为

$$J_0 = en_0 \tag{4-15}$$

距阴极为 x 处的电流密度 J 为

$$J = J_0 e^{\alpha x} \tag{4-16}$$

当极间距离为 d 时，达到阴极的电子电流密度 J_d 为

$$J_d = J_0 e^{\alpha d} \tag{4-17}$$

α 值与气体压力 p、电场强度 E 有关，经验公式为

$$\frac{\alpha}{p} = A\exp\left(-\frac{B}{E/p}\right) \tag{4-18}$$

式中：A、B 为试验常数，表 4-3 列出了几种气体的试验常数。

表 4-3　几种气体的试验常数 A 和 B

气体	$A/(\text{cm}\cdot\text{Pa})^{-1}$	$B/[\text{V}/(\text{cm}\cdot\text{Pa})]$	$E/p/[\text{V}/(\text{cm}\cdot\text{Pa})]$
N_2	0.09	2.57	0.75~4.5
H_2	0.037	0.98	1.125~4.5
空气	0.113	2.74	0.75~6.0
CO_2	0.15	3.5	3.75~7.5
Ar	0.09	1.35	0.75~4.5
He	0.023	0.255(0.187)	0.15~1.125(0.023~0.075)
Hg	0.15	2.78	1.5~4.5

2. 正离子电离系数 β

正离子从阴极向阳极运动过程中，与中性分子碰撞而使分子电离，单位距离由于正离子碰撞产生的电离系数用 β 表示。与电子相比正离子引起的电离作用是较小的。考虑到正离子的电离作用，到达阳极的电子电流密度 J_d 为

$$J_d = J_0 \frac{(\alpha-\beta)\exp[(\alpha-\beta)d]}{\alpha-\beta\exp[(\alpha-\beta)d]} \tag{4-19}$$

3. 二次电子发射系数

每个击中阴极靶面的正离子使阴极逸出的二次电子数称为二次电子发射。一般而言，气体的电离电位较高，阴极靶的电子逸出功较低时，则系数 γ 就越大，表 4-4 给出了几种靶材料的二次电子发射系数。

表4-4　二次电子发射系数

靶	入射离子	入射离子能量/eV		
		200	600	1 000
W	He^+	0.524	0.24	0.258
	Ne^+	0.258	0.25	0.25
	Ar	0.1	0.104	0.108
	Kr^+	0.05	0.054	0.058
	Xe^+	0.016	0.016	0.016
	He^+	0.215	0.225	0.245
	Ne^+	0.715	0.77	0.78
	He^+	—	0.6	0.84
	Ne^+	—	—	0.53
	Ar^+	—	0.09	0.156

由于二次电子的发射，增加了阴极附近的电子数量，则阴极的放电电流密度为

$$J_d = J_0 \frac{e^{ad}}{1-\gamma(e^{ad}-1)} \tag{4-20}$$

由非自持放电转化为自持放电的条件为

$$1-\gamma(e^{ad}-1)=0 \text{ 或 } \gamma(e^{ad}-1)=1 \tag{4-21}$$

若从非自持放电转化为自持放电的点燃电场为 E_S，则点燃电压为

$$V_S = E_S \cdot d \tag{4-22}$$

将自持放电条件式(4-21)代入式(4-18)得

$$V_S = \frac{Bpd}{\ln\left[Apd/\ln\frac{(1+\gamma)}{\gamma}\right]} \tag{4-23}$$

自持放电的点燃电压取决于 p 和 d 的乘积，在 V_S 和 pd 关系曲线上具有一个极小值，理论上和试验上都可以找出极值点，即在一定的 pd 值时点燃电压最小，称为巴欣(Padchen)定律，下面给出理论证明。

电子从阴极到阳极的全部路程 d 所引起的总碰撞次数 N_d 为

$$N_d = \frac{d}{\lambda e} \propto pd \tag{4-24}$$

而电子在一个单位自由程内，从电场获得的能量为

$$\varepsilon = eE\lambda e = e\frac{U}{d}\cdot\lambda e \propto \frac{1}{pd} \tag{4-25}$$

当 pd 值很小时，电子从阴极到阳极的全部路程上所引起的总碰撞次数 N_d 较少，而电子在每个自由程上获得的能量最大；随着 pd 值增加，N_d 将增加，所以点燃电压 V_S 随 pd 值的增加而降低。

当 pd 值很大时，由于电子在每个自由程中及从电场获得的能量减少，低能电子与中性原子的碰撞并不一定都能有效地碰撞电离，电离概率降低。因此，需要给予电子更大的能量才能促使其电离，即使点燃电压升高。当然，随着 pd 值增加，总碰撞次数也增加，但结合结果是使点燃电压增加。

对式(4-23)求导，可得巴欣曲线的极值点参数

$$V_{Smin} = 2.72\frac{B}{A}\ln\left(1+\frac{1}{r}\right) \tag{4-26}$$

$$(pd)_{min} = 2.72\frac{\ln\left(1+\frac{1}{r}\right)}{A} \tag{4-27}$$

表 4-5 列出了几种气体及靶材的最小点燃电压及相应的 pd 值，影响气体放电的点燃电压除与气体种类(A、B 参数)以及阴极材料及表面状态有关外，还与正离子电离、光电离、空间电场分布以及掺入气体等多种因素有关，它是一个由多种因素影响的复杂的量，但其主要因素则由巴欣定律给出。

表 4-5　某些气体-阴极的 V_{Smin} 和 $(pd)_{min}$ 值

气体	阴极	V_{Smin}/V	$(pd)_{min}$/(Pa · m)
He	Fe	150	33.3
Ne	Fe	244	40
Ar	Fe	265	20
N_2	Fe	275	10
O_2	Fe	450	9.3
空气	Fe	330	76
Hg	W	425	24
Hg	Fe	520	26.7
Hg	Hg	330	—
Na	Fe	335	0.53

4.2.1.2　辉光放电

当低压放电管外加电压超过点燃电压后，放电管只能自持放电，并发出辉光，这种放电现象称为辉光放电。从阴极到阳极可将辉光放电分成三个区域，即阴极放电区、正柱区及阳极放电区三个部分。其中阴极放电区最复杂，可分成阿斯顿(Aston)暗区、阴极辉光

层、克鲁斯(Crookes)暗区、负辉光区以及法拉第暗区几个部分,如图 4-16 所示。

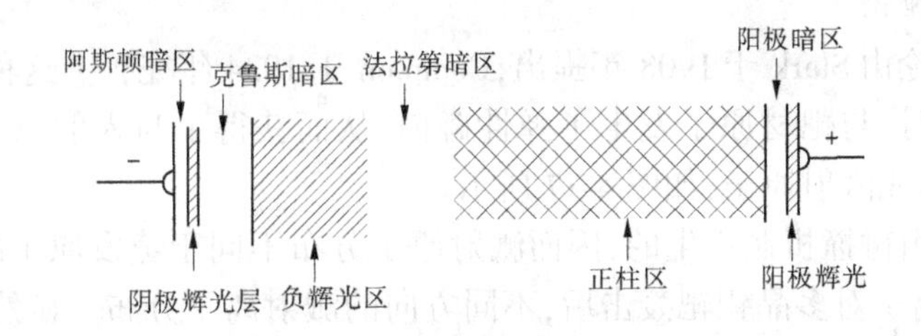

图 4-16　正常辉光放电的外貌示意

1. 阿斯顿暗区

该区紧靠阴极表面一层,由于电子刚刚从阴极表面逸出,能量较小,还不足以使气体激发电离,所以不发光,但电子在该区可获得激发气体原子所必需的能量。

2. 阴极辉光层

电子获得足够的能量后,能使气体原子激发而发光,形成阴极辉光层。

3. 克鲁斯暗区

随着电子在电场中获得的能量不断增加,气体原子产生大量的电离,在该区域内电子的有效激发电离随之减小,发光变得微弱,该区域称为克鲁斯暗区。

4. 负辉光区

由于从阴极逸出的电子经过多次非弹性碰撞,大部分电子能量降低,加上阴极暗区电离产生大量电子进入这一区域,导致负空间电荷堆积而产生光能,形成负辉光区。

5. 法拉第暗区

法拉第暗区即负辉光区至正柱区的中间过渡区,电子在该区内由于加速电场很小,继续维持其低能状态,发光强度较弱。

6. 阳极暗区

阳极暗区是正柱区和阳极之间的区域,它是一个可有可无的区域,取决于外电路电流大小及阳极面积和形状等因素。

以上辉光放电区域虽然具有不同的特征,但紧密联系,其中阴极区最重要,当阴极和阳极之间距离缩短时,首先消失的是阳极区,接着是正柱区和法拉第暗区。此外,极间距进一步缩小,则不能保证原子的离子化,辉光放电终止。

4.2.1.3　溅射机制

1. 溅射蒸发论

溅射蒸发论由 Hippel 于 1926 年提出,后由 Sommereyer 于 1935 年进一步完善。基本思想是:溅射的发生是由于轰击离子将能量转移到靶上,在靶上产生局部高温区,使靶材从这些局部区域蒸发。按这一观点,溅射率是靶材升华热和轰击离子能量的函数,溅射原子成膜应该与蒸发成膜一样呈余弦函数分布。早期的试验数据支持这一理论。然而进一步的试验证明,上述理论存在严重缺陷,主要有以下几点:①溅射粒子的分布并非余弦规律;②溅射量与入射离子质量和靶材原子质量之比有关;③溅射量取决于入射粒子的方向。

2. 动量转移理论

动量转移理论由 Stark 于 1908 年提出，Compton 于 1934 年完善。这种观点认为，轰击离子对靶材轰击时，与靶材原子发生了弹性碰撞，从而获得了与入射原子相反方向的动量，撞击表面而形成溅射原子，如图 4-17 所示。

由于溅射是由碰撞机制产生的，因而溅射原子分布不同于蒸发原子的分布。图 4-18 是不同能量 Hg 离子对多晶钼靶轰击后，不同方向的溅射离子分布。显然，它是非余弦分布。然而，当轰击离子能量增加时，其角度分布逐渐趋于余弦分布。

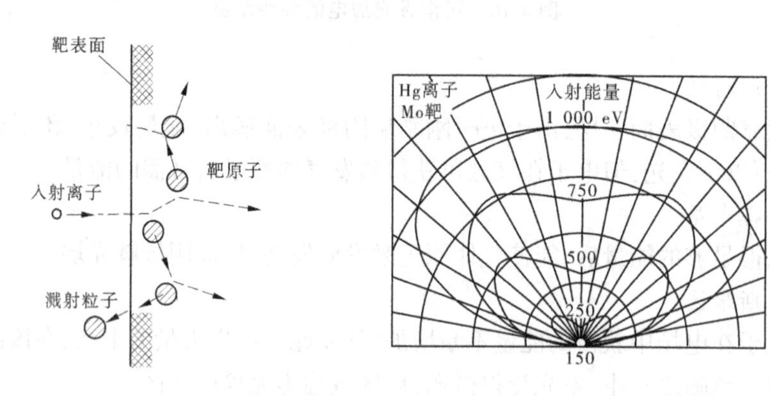

图 4-17 入射离子与靶材原子碰撞示意　　图 4-18 多晶靶溅射离子分布

这里，高能离子与靶材表面原子碰撞，表面原子获得的最大能量可以写成

$$w_2 = 4 \cdot \frac{m_1 m_2}{(m_1 + m_2)^2} w_1 \tag{4-28}$$

式中：m、w 分别为高能离子质量与能量。

然而应该指出，由于经过多次表面原子的碰撞，真正变成溅射离子的能量要远小于上式的理论值，图 4-19 是溅射离子平均能量与入射离子能量的关系。可以看出，随着入射离子能量的增加，溅射粒子能量也增加。当斜入射时，溅射粒子能量更大。一般而言，溅射粒子的能量符合玻尔兹曼分布，并且绝大部分溅射粒子能量为 0～10 eV。

4.2.1.4 溅射率及其影响因素

通常，一个入射于靶面的离子，使靶面溅射出来的原子数称为溅射率，用 S 表示。可见，溅射率是决定溅射成膜快慢的主要因素之一。影响溅射率大小的主要因素有入射离子能量、入射角度、靶材及表面晶体结构，其中入射离子能量起决定性的作用。图 4-20 为溅射率和入射离子能量的关系。可以看出，离子轰击存在阈值 E_0，只有 $E>E_0$ 时，才会产生溅射粒子。表 4-5 列出了各种靶材的阈值能量。从动量传递理论推算，在入射离子与靶面原子发生碰撞过程中，当获得传递能量的溅射粒子大于靶材的升华热时，靶材原子可以从靶面飞出，所以阈值能量与升华热具有相同的数量级。

从图 4-20 还可以看出，入射离子能量在 100 eV 以下时，$S \propto E_0^2$；入射离子能量为 100～400 eV 时，$S \propto E_0$；入射离子能量为 400～500 eV 时，$S \propto \sqrt{E_0}$；入射离子能量为 10～100

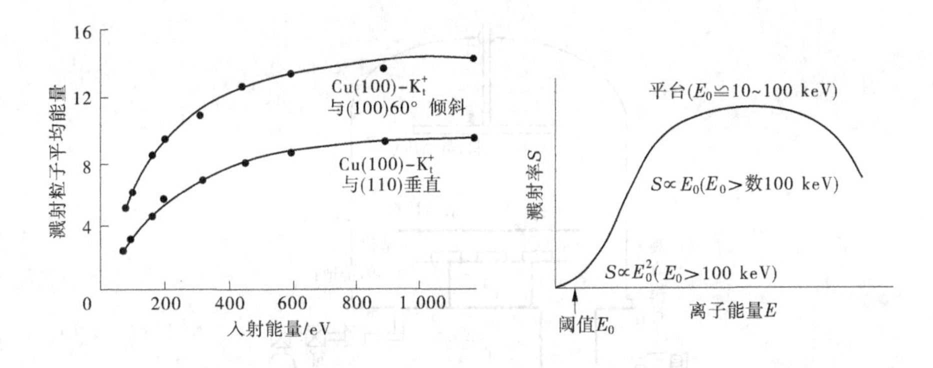

图 4-19　溅射离子平均能量与入射离子的关系　图 4-20　溅射率与入射离子能量关系示意

keV 时,溅射率出现平台。

事实上,溅射率 S 的大小还取决于正离子的种类,靶材为 Ag,加速电压为 45 kV 时,溅射率随正离子原子序数呈周期变化,而惰性气体呈现出峰值。所以,通常溅射时多用 Ar。此外,靶材不同对溅射影响也较大,随着原子序数增大,溅射率也周期性变化,如 Cu、Ag、Au 都具有最大的溅射率。表 4-6 给出了各种物质的溅射率。

表 4-6　各种物质的溅射率

靶	Ne^+				Ar^+			
	100 eV	200 eV	300 eV	600 eV	100 eV	200 eV	300 eV	600 eV
Be	0.012	0.1	0.26	0.56	0.074	0.19	0.29	0.80
Al	0.031	0.024	0.43	0.83	0.11	0.35	0.65	1.24
Si	0.034	0.13	0.25	0.54	0.07	0.18	0.31	0.53
Ti	0.008	0.22	0.30	0.45	0.081	0.22	0.33	0.58
V	0.006	0.17	0.36	0.55	0.11	0.31	0.41	0.70

4.2.2　溅射设备

4.2.2.1　直流溅射

典型的直流二极溅射设备原理如图 4-21 所示,它由一对阴极和阳极组成的二极冷阴极辉光放电管组成。阴极相当于靶,阳极同时起支撑基片作用。Ar 气压保持在 13.3~0.133 Pa,附加直流电压在千伏数量级时,则在两级之间产生辉光放电,于是 Ar^+ 由于受到阴极位降而加速,轰击靶材表面,使靶材表面溢出原子,溅射出的粒子沉积于阳极处的基片上,形成与靶材组成相同的薄膜。

影响直流溅射成膜的主要参数有阴极位降、阴极电流、溅射气体压力等。随着溅射气压升高,两极间距的增加,从靶材表面到基片飞行中的溅射粒子因不断与气体分子或离子碰撞损失动能而不能到达基片,所以到达基片的物质总量可折算为

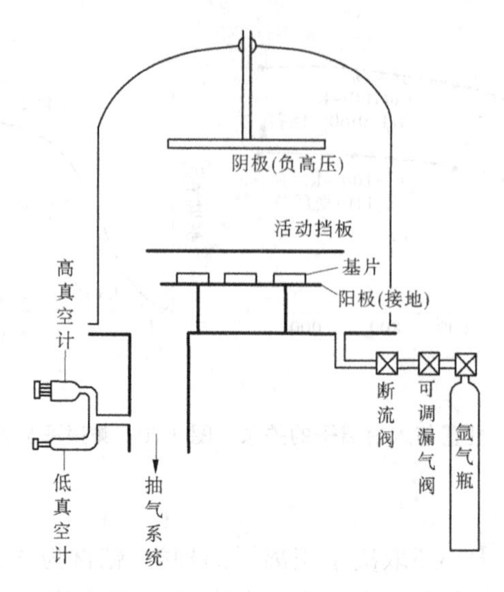

图 4-21　典型的二极直流溅射设备

$$Q = \frac{k_1 Q_0}{pd} \tag{4-29}$$

式中：Q_0 为靶材表面溅射飞出原子的总量，可以写为

$$Q_0 \approx (I_i/e) St (A/N_0) \tag{4-30}$$

式中：I_i 为轰击靶材的离子流；A 为溅射粒子的原子量；N_0 为阿伏加德罗常数；t 为溅射时间。通常情况下，近似地有 $I_s = I_i$（I_s 为放电电流），S 正比于 V（放电电压），所以

$$Q_0 \approx K_2 V_0 I_s t \tag{4-31}$$

式中：K_2 也取决于溅射物质。最后有

$$Q \cong K_1 K_2 V I_s t/(pd) \tag{4-32}$$

从式(4-32)可以看出，溅射的物质量 Q 正比于溅射装置所消耗的电功率 I_s，反比于气压和极间距。

直流二极溅射是溅射方法中最简单的方法，然而其有很多缺点，其中最主要的是放电不够稳定，需要较高起辉电压，并且由于局部放电常会影响制膜质量。此外，二极溅射以靶材为阴极，所以不能对绝缘体进行溅射。

4.2.2.2　高频溅射

采用高频电压时，可以溅射绝缘体靶材。由于绝缘体靶表面上的离子和电子的交互撞击作用，使靶表面不会蓄积正电荷，因而同样可以维持辉光放电。与直流相比，高频放电管的点燃电压（巴欣电压）可以写成以下形式

$$V_s = f(pd, w) \tag{4-33}$$

一般而言，高频放电的点燃电压远低于直流或低频时的放电电压。图 4-22 是高频溅射的示意，与直流溅射相比，区别在于附加了高频电源。

4.2.2.3　磁控溅射

与蒸镀法相比，二极或高频溅射的成膜速率都非常小，大约 50 nm/min，这个速率约

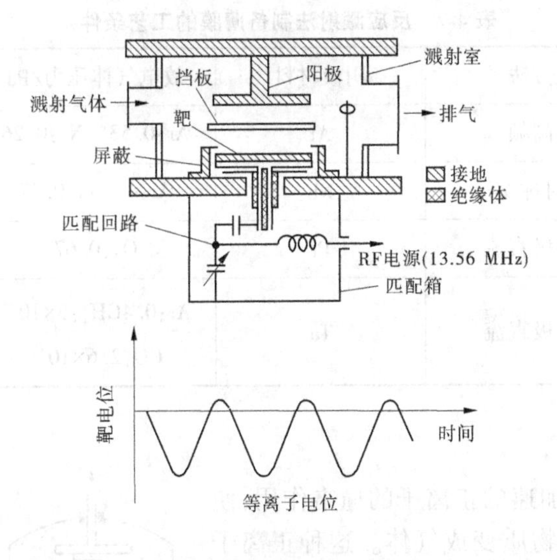

图 4-22　高频溅射仪原理图

为蒸镀速度的1/5~1/10,因而大大限制了溅射技术的推广应用。为了提高溅射速度,后来又发展了磁控溅射。在溅射装置中附加磁场,由于洛仑兹力作用,可以使溅射速度成倍提高。当电场与磁场方向平行时,电子运动方向决定了其两种运动倾向。其一是不受洛仑兹力作用,此时电子速度平行于磁场方向;其二是做螺旋运动,此时电子速度与磁场成 θ 角。无论哪种情形,在磁场作用下,电子的运动都被封闭在电极范围内,大大减少了电子与腔体的复合损耗,同时电子的螺旋运动都增加了电子从阴极到阳极的运动路程,有效增加了气体的电离。当磁场与电场正交时,电子在阴极附近做摆线运动,而后返回到阴极,增加了碰撞电子数量,从而有效增加了气体分子的电离。这刚好与增加反应室气体压力具有相同的效果。设工作室实际气压为 p,附加正交磁场后有效气压为 p_e,则有

$$p_e/p = \{[1 + (\omega\tau)^2]\}^{1/2} \tag{4-34}$$

式中:ω 为电子角速度;τ 为电子平均碰撞时间。

由式(4-34)可见,$\omega\tau \gg 1$ 时,正交磁场的作用明显。

4.2.2.4　反应溅射

在溅射中,如果将靶材做成化合物来制备化合物薄膜,则薄膜的成分一般与靶材化合物的成分偏差较大。为了溅射化合物薄膜,通常在反应气氛下来实现溅射,即将活性气体混入放电气体中,就可以控制成膜的组成和性质,这种方法叫反应溅射方法。

反应溅射装置中一般设有引入活性气体的入口,并且基片应预热到500 ℃左右的温度。此外,要对溅射气体与活性气体的混合比例进行适当控制。通常情况下,对于二极直流溅射,氩气加上活性气体后的总压力为1.3 Pa,而在高频溅射时一般为0.6 Pa左右。表4-7是利用反应溅射法制备化合物薄膜的常用工艺参数。

表 4-7　反应溅射法制备薄膜的工艺条件

目标薄膜	方法	阴极材料	放电气体压力/Pa	基片温度/℃
AlN	高频	Al	Ar:0.53　N_2:0.26	~250
NbN	非对称交流	Nb	Ar:4　N_2:0.27	~600
PtO_2	二极直流	Pt	O_2:0.67	~400
TaC	二极直流	Ta	Ar:0.4CH_4:5×10^{-3} CO:2.6×10^{-3}	~400

4.2.2.5　**离子镀膜**

溅射法是利用被加速的正离子的撞击作用，使蒸气压低而难蒸发的物质变成气体。这种正离子若打到基片上，还会起到表面清洗的作用，提高薄膜质量。然而，这样又带来一个新的问题，就是成膜速度受到一定限制。为了解决这一难题，将真空蒸镀与溅射结合起来，利用真空蒸镀来镀膜，利用溅射来清洗基片表面，这种制膜方法被称为离子镀膜。图 4-23 给出了离子镀膜装置原理。

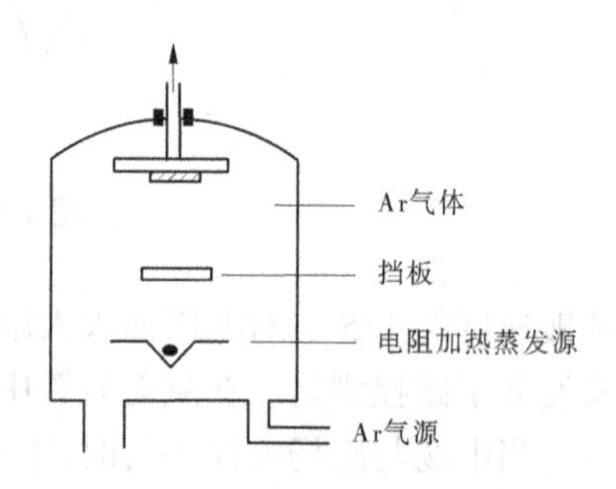

图 4-23　离子镀膜装置原理

将基片放在阴极板上，在基片和蒸发源之间加高电压，真空室内充入 1.3×10^{-2} Pa 放电气体。与放电气体成比例的蒸发分子，由于强电场作用而激发电离，离子加速后打到基片上，而大部分中性蒸发分子不能加速而直接到达基片上。采用这种方法制备的薄膜与基体结合强度大。若加之磁场控制溅射，或在两极间加高频电场或混入反应性气体，可以制备多种单质或化合物薄膜。

4.3　化学气相沉积(CVD)

当形成的薄膜除从原材料获得组成元素外，还在基片表面与其他组分发生化学反应，获得与原成分不同的薄膜材料，这种存在化学反应的气相沉积称为化学气相沉积(CVD)。采用 CVD 法制备薄膜是近年来半导体、大规模集成电路中应用比较成功的一种工艺方法，可以用于生长硅、砷化镓材料、金属薄膜、表面绝缘层和硬化层。

4.3.1　CVD 反应原理

应用 CVD 方法原则上可以制备各种材料的薄膜，如单质、氧化膜、硅化物、氮化物等薄膜。根据要形成的薄膜，采用相应的化学反应及适当的外界条件，如温度、气体浓度、压力等参数，即可制备各种薄膜。

4.3.1.1　热分解反应法制备薄膜材料

典型的热分解反应薄膜制备是外延生长多晶硅薄膜，如利用硅烷 SiH_4 在较低温度下分解，可以在基片上形成硅薄膜，还可以在硅膜中掺入其他元素，控制气体混合比，即可以控制掺杂浓度，相应的反应如下

$$SiH_4 \xrightarrow{\Delta} Si+2H_2$$

$$PH_3 \xrightarrow{\Delta} P+\frac{3}{2}H_2$$

$$B_2H_6 \xrightarrow{\Delta} 2B+3H_2$$

4.3.1.2　氢还原反应制备薄膜材料

氢还原反应制备外延层是一种重要的工艺方法，可制备硅膜，反应式如下

$$SiCl_4+2H_2 \xrightarrow{\Delta} Si+4HCl$$

各种氯化物还原反应有可能是可逆的，取决于反应系统的自由能、控制反应温度、氢与反应气的浓度比、压力等参数，对于正反应进行是有利的。如利用 $FeCl_2$ 还原反应制备 α - Fe 的反应中，就需要控制上述参数

$$FeCl_2+H_2 \xrightarrow{\Delta} Fe+2HCl$$

4.3.1.3　氧化反应制备氧化物薄膜

氧化反应主要用于在基片表面生长氧化膜，如 SiO_2、$A1_2O_3$、TiO_2、TaO_5 等。使用的原料主要有卤化物、氯酸盐、氧化物或有机化合物等，这些化合物能与各种氧化剂进行反应。为了生成氧化硅薄膜，可以用硅烷或四氯化硅和氧反应，即

$$SiH_4+O_2 \xrightarrow{\Delta} SiO_2+2H_2$$

$$SiCl_4+O_2 \xrightarrow{\Delta} SiO_2+2Cl_2$$

为了形成氧化物，还可以来用加水反应，即

$$SiCl_4+2H_2O \xrightarrow{\Delta} SiO_2+4HCl$$

$$2AlCl_3+3H_2O \xrightarrow{\Delta} Al_2O_3+6HCl$$

4.3.1.4　利用化学反应制备薄膜材料

利用化学反应可以制得氮化物、碳化物等多种化合物覆盖层薄膜，相应的化学反应式为

$$TiCl_4+2H_2+\frac{1}{2}N_2 \xrightarrow{\Delta} TiN+4HCl$$

$$TiCl_4+CH_4 \xrightarrow{\Delta} TiC+4HCl$$

$$SiH_2Cl_2+\frac{4}{3}NH_3 \xrightarrow{\Delta} \frac{1}{3}Si_3N_4+2HCl+2H_2$$

$$SiH_4+\frac{4}{3}NH_3 \xrightarrow{\Delta} \frac{1}{3}Si_3N_4+4H_2$$

4.3.1.5　物理激励反应过程

利用外界物理条件使反应气体活化，促进化学气相沉积过程，或降低气相反应的温

度，这种方法称为物理激励，主要方式如下：

1. 利用气体辉光放电

将反应气体等离子化，从而使反应气体活化，降低反应温度。例如，制备 Si_3N_4 薄膜时，采用等离子体活化可使反应体系温度由 800 ℃降低至 300 ℃左右，相应的方法称为等离子体强化气相沉积(PECVD)。

2. 利用光激励反应

光的辐射可以选择反应气体吸收波段，或者利用其他感光性物质激励反应气体。例如，对 SiN_4-O_2 反应体系，使用水银蒸气为感光物质，用紫外线辐射，其反应温度可降至 100 ℃左右，制备 SiO_2 薄膜；对 SiH_4-NH_3 体系，同样用水银蒸气作为感光材料，经紫外线辐照，反应温度可降至为 200 ℃，制备 Si_3N_4 薄膜。

3. 激光激励

同光照射激励一样，激光也可以使气体活化，从而制备各类薄膜。

4.3.2　影响 CVD 薄膜的主要参数

4.3.2.1　反应体系成分

CVD 原料通常要求室温下为气体，或选用具有较高蒸气压的液体或固体等材料。在室温蒸气压不高的材料也可以通过加热，使之具有较高的蒸气压。表 4-8 中列出的是几种常用的原料。

表 4-8　CVD 法制膜的几种原料

材料	化合物原料	CVD 薄膜
氢化物	SiH_4、PH_3、B_2H_6	Si、P、B
氧化物	SiH_4O_2	SiO_2
卤化物	$SiCl_4$	
	$SiH_2Cl_2-H_2$	Si
金属有机化合物	$Fe(CO)_5$	Fe
	$Fe(CO)_5-O_2$	Fe_2O_3
	$Al_2(C_2H_5)_3-O_2$	Al_2O_3

4.3.2.2　气体的组成

气体成分是控制薄膜生长的主要因素之一。对于热分解反应制备单质材料薄膜，气体的浓度控制关系到生长速度。例如，采用 SiH_4 热分解反应制备多晶硅，700 ℃时可获得最大的生长速度。加入稀释气体氧，可阻止热分解反应，使最大生长速度的温度升高到 850 ℃左右；当制备氧化物和氮化物薄膜时，必须适当过量附加 O_2 及 NH_3 气体，才能保证反应进行。用氢还原的卤化物气体，由于反应的生成物中有强酸，其浓度控制不好，非但不能成膜，反而会出现腐蚀。

可见，当 HX 浓度较高时，后两种反应会显露出来，一直使 Si 的成膜速度降低，甚至为零。

4.3.2.3　压力

CVD 制膜可采用封管法、开管法和减压法三种。其中,封管法是在石英或玻璃管内预先放置好材料以便生成一定的薄膜;开管法是用气源气体向反应器内吹送,保持在一个大气压的条件下成膜,由于气源充足,薄膜成长速度较大,但缺点是成膜的均匀性较差;减压法又称为低压 CVD,在减压条件下,随着气体供给量的增加,薄膜的生长速率也增加。

4.3.2.4　温度

温度是影响 CVD 的主要因素。一般而言,随着温度升高,薄膜生长速度也增加,但在一定温度后,生长即增加缓慢。通常要根据原料气体和气体成分及成膜要求设置 CVD 温度。CVD 温度大致分为低温、中温和高温三类,其中低温 CVD 反应一般需要物理激励,如表 4-9 所示。

表 4-9　CVD 膜形成温度范围

成长温度	反应系统	薄膜
低温　室温~200 ℃	紫外线激励 CVD	SiO_2　Si_3N_4
~400 ℃	等离子体激励 CVD	SiO_2　Si_3N_4
~500 ℃	SiH_4-O_2	SiO_2
中温　~800 ℃	SiH_4-NH_3	Si_3N_4
	SiH_4-CO_2-H_2	SiC_2
	SiH_4-CO_2-H_2	
	SiH_2Cl_2-NH_3	Si_3N_4
	SiH_4	多晶硅
高温　~1 200 ℃	SiH_4-H_2	
	$SiCl_4$-H_2	Si 外延生长
	SiH_2Cl_2-H_2	

4.3.3　CVD 设备

CVD 设备一般分为气相反应室、加热方法、气体控制系统和排气处理系统等四个部分,下面分别做简要介绍。

4.3.3.1　气相反应室

反应室设计的核心问题是使制得的薄膜尽可能均匀。由于 CVD 反应是在基片的表面进行的,所以也必须考虑如何控制气相中的反应,以对基片表面能充分供给反应气。此外,反应生成物还必须能方便放出。表 4-10 列出了各种 CVD 装置的反应室。

表 4-10　各种 CVD 装置形式

形式	加热方法	温度范围/℃	原理简图
水平型	板状加热方式 反应加热 红外辐射加热	≃500 ≃1 200	气体 托架
垂直型	板状加热方式 感应加热	≃500 ≃1 200	托架 气体 气体
圆筒型	诱导加热 红外辐射加热	≃1 200	气体 托架 气体
连绕型	板状加热方法 红外辐射加热	≃500	气体 传送带
管状炉型	电阻加热 (管式炉)	≃1 000	加热器 气体 真空

从表 4-10 可以看出,气相反应室有水平型、垂直型、圆筒型等几种。其中,水平型的生产量较高,但沿气流方向膜厚及浓度分布不太均匀;垂直型生产的膜均匀性好,但产量不高;后来开发的圆筒型则兼顾了二者的优点。

4.3.3.2　加热方法

CVD 基片的加热方法一般有四类(见表 4-11),常用的加热方法是电阻加热和感应加热,其中感应加热一般是将基片放置在石墨架上,感应加热仅加热石墨,使基片保持与石墨同一温度。红外辐射加热是近年来发展起来的一种加热方法,采用聚焦加热可以进一步强化热效应,即使基片或托架局部迅速加热。激光束加热是一种非常有特色的加热方法,其特点是在基片上微小的局部使温度迅速升高,通过移动束斑来实现连续扫描加热的目的。

表4-11　CVD装置的加热方法

加热方法	原理图	应用
电阻加热	板状加热方式 基片 金属 埋入	低于500 ℃时的绝缘膜,等离子体
	管状炉 加热线圈 瓷套管	各种绝缘膜,多线(低压CVD)
高频感应加热	石墨托架 管式反应器 RF加热用线圈	硅外运及其他
红外辐射加热(用灯加热)	基片 托架(石墨) 灯盒 灯盒 基板 托架(石墨)	硅外运及其他
激光束加热		选择性CVD

4.3.3.3　**气体控制系统**

在CVD反应体系中使用了多种气体,如原料气、氧化剂、还原剂、载气等,为了制备优质薄膜,各种气体的配比应予以精确控制。目前使用的监控元件主要有质量流量计和针型阀。

4.3.3.4　**排气处理系统**

CVD反应气体大多有毒性或强烈的腐蚀性,因此需要经过处理才可以排放。通常采用冷吸收,或通过淋水水洗后,经过中和反应后排出。随着全球环境恶化,排气处理系统在先进CVD设备中已成为一个非常重要的组成部分。

4.4　三束技术与薄膜制备

20世纪60~70年代,激光束、等离子体束和离子束或电子束(简称“三束”)技术逐步进入薄膜制备和表面加工领域,并发挥着其特有的功能。下面就分别介绍三束技术的原理及在薄膜制备方面的应用。

4.4.1　激光辐照分子外延(LaserMBE)

4.4.1.1　激光分子束外延的基本原理

分子束外延(MBE)已有40多年的研究历史。外延成膜过程在超高真空中实现束源流的原位单原子层外延生长,分子束由加热束源得到。然而,早期的分子束外延不易得到高熔点分子束,并且在低的分压下也不适合制备高熔点氧化物、超导薄膜、铁电薄膜、光学晶体及有机分子薄膜。

1983 年,J. T. Cheng 首先提出激光束外延概念,即将 MBE 系统中束源炉改换成激光靶,采用激光束辐照靶材,从而实现了激光辐照分子束外延生长。1991 年,日本 M. Kanai 等提出了改进的激光分子束外延技术(L-MBE),被誉为薄膜研究中的重大突破。

图 4-24 是计算机控制的激光分子束外延系统示意。系统的主体是一个配有反射式高能电子衍射仪(RHEED)、四极质谱仪和石英晶体测厚仪等原位监测的超高真空室(10^{-8}Pa)。脉冲激光源为准分子激光器(ArF 或 KrF),其脉冲宽度约 20~40 ns,重复频率 2~30 Hz,脉冲能量大于 200 mJ。真空室由生长室、进样室、涡轮分子泵、离子泵、升华泵等组成。生长室配有可旋转的靶托架和基片加热器。进样室内配有样品传递装置。靶托架上有 4 个靶盒,可根据需要随时换靶。加热器能使基片表面温度达到 850~900 ℃。整个 L-MBE 系统均可由计算机精确控制,并可实时进行数据采集与处理。

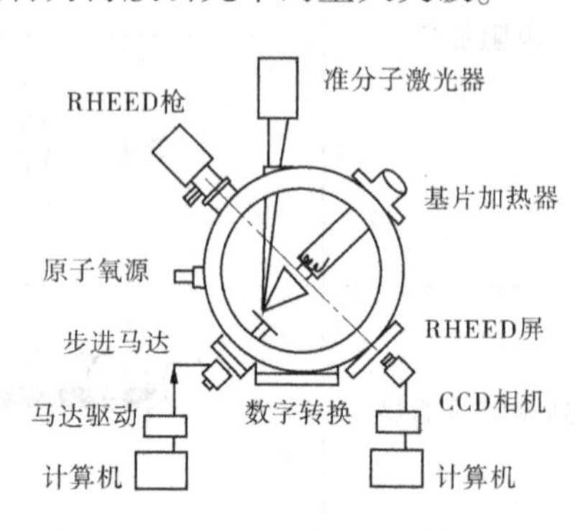

图 4-24　激光分子束外延系统示意

4.4.1.2　L-MBE **生长薄膜的基本过程**

L-MBE 生长薄膜的基本过程是,一束强激光脉冲通过光学窗口进入生长室,入射到靶上,使靶材局部瞬间加热。当入射激光能量密度为 1~5 J/cm^2 时,靶面上局部温度可达 700~3 200 K,从而使靶面融熔蒸发出含有靶材成分的原子、分子或分子团簇;这些原子、分子团簇由于进一步吸收激光能量而立即形成等离子体羽辉。通常,羽辉中物质以极快的速度(~10^{5}cm/s)沿靶面法线射向基片表面并沉积成膜,通过 RHEED 的实时监测等,实现以原子层或原胞层的精确控制膜层外延生长。若改换靶材、重复上述过程,就可以在同一基片上周期性地沉积成膜或超晶格。对不同的膜系,可通过适当选择激光波长、光脉冲重复频率与能量密度、反应气体的气压、基片的温度和基片与靶材的距离等,得到合适的沉积速率及成膜条件,辅以恰当的退火处理,则可以制备出高质量的外延薄膜。

4.4.1.3　L-MBE **生长薄膜的机制**

L-MBE 方法的本质是在分子束外延条件下实现激光蒸镀,即在较低的气体分压下使激光羽辉中的物质的平均自由程远大于靶与基片的距离,实现激光分子束外延生长薄膜。目前,日本、美国等先进国家已开始对 L-MBE 方法成膜机制进行研究。

高质量的 L-MBE 膜的主要特征是它们的单相性、表面平滑性和界面完整性。这"三性"在很大程度上决定了外延薄膜的结构,也影响薄膜的性能。采用多种分析手段原位监测薄膜的生长过程,精确控制薄膜以原子层尺度外延,有利于对形膜动态机制进行研究。目前的研究结果表明,RHEED 条纹图案的清晰和尖锐程度反映了膜层表面的平滑性,条纹越清晰、尖锐,则膜层的表面越平滑。形膜过程中,基片温度、工作气压、沉积速率和基片表面的平整度等都能影响外延膜表面的平滑性。已经发现，在 $Co_{1-x}Sr_xCuO_2$ 外延生长中 RHEED 强度随时间呈周期性振荡，表明膜系中存在原胞层的逐层生长结构，并且随着沉积膜厚的增加，膜的粗糙度增加。此外，RHEED 强度振荡也表明，成膜过程中存在晶格再造过程，即经过形核和表面扩散，膜层有从粗糙到平坦转变的生长过程。如果能结合成膜过程对激光羽辉物质进行实时光谱、质谱和物质粒子飞行速度与动能分布监测分析，将会更加深入地了解成膜的动态机制。

4.4.1.4　L-MBE 方法的技术特点

L-MBE 方法集中了 MBE 和 PVD 方法的优点，具有很大的技术优势。综合分析，该方法有以下技术特点：

(1)可以原位生长为与靶材成分相同的化学计量比的薄膜，即使靶材成分比较复杂，如果靶材包含 4 种、5 种或更多的元素，只要能形成致密的靶材，就能够制成高质量的 L-MBE 薄膜。

(2)可以实时原位精确地控制原子层或原胞层尺度的外延膜生长，适合于进行薄膜生长的人工设计和剪裁，从而有利于发展功能性的多层膜、结型膜和超晶格。

(3)由于激光羽辉的方向性好，污染小，便于清洗处理，更适合在同一台设备上制备多种材料薄膜，如超导薄膜、各类光学薄膜、铁电薄膜、铁磁薄膜、金属薄膜、半导体薄膜，甚至是有机高分子薄膜等，特别有利于制备各种含有氧化物结构的薄膜。

(4)由于系统配有 RHEED 质谱仪和光谱仪等实时监测分析仪器，便于深入研究激光与物质的相互作用动力学过程和成膜机制等物理问题。

4.4.1.5　L-MBE 方法应用举例

T. Frey 等用 L-MBE 方法在 $SiTiO_3$ 基片上以原胞层的精度制备了 $PrBa_2Cu_3O_7/YBa_2Cu_3O_7/PrBa_2Cu_3O_7$ 多层膜，获得了零电阻温度为 $T_c=86$ K 的高温超导多层薄膜。主要工艺控制参数为生长气氛、基片温度、激光的热温度等，表 4-12 是典型的参考工艺条件。

表 4-12　L-MBE 方法制备超导多层膜的工艺参数

基片温度/℃	激光的热温度/℃	氧分压/×133.3 Pa
730~750	2 000~3 000	10^{-10}

蒸镀原理及典型工艺：

准分子激光频率处于紫外波段，许多材料，如金属、氧化物、陶瓷、玻璃、高分子、塑料等都可以吸收这一频率的激光。1987 年，美国贝尔实验室用准分子激光蒸发技术沉积高温超导薄膜。其原理类似于电子束蒸发法。主要区别是用激光束加热靶材，图 4-25 为激光蒸发沉积系统示意，系统主要包括准分子激光器、高真空腔、涡轮分子泵。

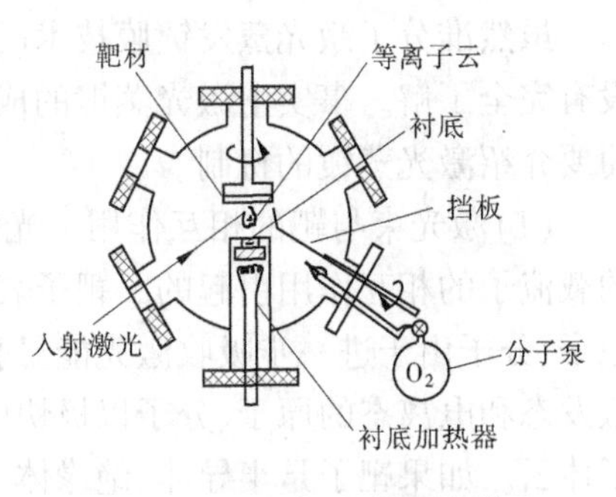

图 4-25　准分子激光蒸发镀膜原理

准分子激光蒸镀主要过程是，激光束通过石英窗口入射到靶材表面，由于吸收能量，靶表面的温度在极短时间内升高到沸点以上，大量原子从靶面蒸发出来，以很高的速成度直接喷射于衬底上凝结成膜。利用准分子激光蒸镀可以制备 $YBa_2Cu_3O_{7-x}$、$Bi_2Sr_2Ca_2Cu_3O_{10+x}$、$Tl_2Ba_2Ca_2Cu_3O_{10+x}$ 高温超导薄膜，典型工艺参数如表 4-13 所示。

表 4-13 准分子激光蒸镀的工艺参数

入射能量密度/(J/cm²)	脉冲频率/Hz	靶材原子比	氧分压/×0.133 Pa	衬底温度/℃	退火温度/℃
1~3	5~20	Y:Ba:Cu=1:2:3	100~200	400(一次膜) 600~800(二次膜)	450~850

1. 准分子激光蒸镀的工艺特点

准分子激光蒸镀与传统的热蒸发和电子束蒸发相比具有许多优点，归纳起来有以下几点。

(1)激光辐照靶面时，只要入射激光的能量超过一定阈值，靶上各种元素都具有相同的脱出率，也就是说薄膜的组分与靶材一致，从而克服了多元化合物镀膜时成分不易控制的难点。

(2)蒸发粒子中含有大量处于激发态和离化态的原子、分子，基本上以等离子体的形式射向衬底。从靶面飞出的粒子具有很高的前向速度(约 3×10^5 cm/s)，大大增强了薄膜生长过程中原子之间的结合力，特别是氧原子的结合力。

(3)在激光蒸发过程中，粒子的空间分布与传统的热蒸发不同，激光蒸镀中，绝大多数粒子都具有前向速度，即沿靶面的法线方向运动，与激光束入射角无关，所以只要衬底位于靶的正前方，就能得到组分正确且均匀的薄膜。

(4)激光蒸镀温度较高，而且能量集中，沉积速率快，通常情况下每秒沉积数纳米薄膜。

(5)由于在激光蒸发过程中，各种元素主要以活性离子的形式射向衬底，所以生长出的薄膜表面光洁度高。

2. 准分子激光蒸发的动力学过程

虽然准分子激光蒸发镀膜技术已被广泛用于制备高温超导薄膜，但对其成膜机制还没有完全了解。事实上激光蒸镀的成膜机制远比人们想象的要复杂。下面从动力学过程简要介绍激光蒸镀的机制。

(1)激光束与靶的相互作用。光辐照靶面时产生的热效应，主要是由光子与靶材中的载流子的相互作用引起的。靶子表面在准分子激光辐照下迅速被加热，从靶面喷出的原子、分子由于进一步吸收激光能量会立即转变为等离子体，靶面附近产生的高压使处于激发态和电离态的原子、分子以极快的速度沿靶面法线方向向前运动，形成火焰状的等离子体云。如果靶子是半导体、绝缘体或陶瓷，则激光的吸收取决于束线载流子，当激光光子能量大于靶材某带宽度 E_g 时，同样有强吸收作用。此时，在激光辐射作用下，价电子跃迁到导带，自由光电子浓度逐渐增大，并将其能量迅速传递给晶格。

(2) 高温等离子体的形成。当入射激光能量被靶面吸收时，温度可达 2 000 K 以上，从靶面蒸发出的粒子中有中性原子、大量的电子和离子，在靶面法线方向喷射出火焰。可以把准分子激光的蒸发过程在脉冲持续时间内看成是一个准静态的动力学过程。由于靶表面的加热层很薄，所含热量也只占整个入射激光脉冲能量很小一部分，因此认为入射激光能量全部用于靶物质的蒸发、电离或加速过程。若入射激光能量密度超过蒸发阈值，蒸发温度可以相当高，足以使更多的原子被激发和电离，导致等离子体进一步升温。但这种效应并不能无限制地进行下去，因为等离子体吸收的能量越多，入射到靶上的激光能量就越少，从而使蒸发率降低。这两种动态平衡决定了整个过程的动力学特征。此外，等离子体吸收能量后，会以很高的速度向前推移膨胀，其密度也随离开靶面的距离增加而急剧下降，最终将达到自匹配的准静态分布。这种过程可以用热扩散和气体动力学中的欧拉方程来描述。

(3) 等离子体的绝热膨胀过程。当激光脉冲停止后，蒸发粒子的数目将不再增加，也不能连续吸收能量。此时蒸发粒子的运动可以看作是高温等离子体的绝热膨胀过程。试验发现，在膨胀过程中，等离子体的温度有所下降。由于各种离子的复合又会释放能量，所以等离子体温度下降并不剧烈。当各种原子、分子和离子喷射到加热衬底表面时，仍具有较大的动能，使得原子在衬底表面迁移并进入晶格位置。

4.4.2　等离子体法制膜技术

4.4.2.1　等离子体增强化学气相沉积薄膜

20 世纪 70 年代末和 80 年代初，低温低压下化学气相沉积金刚石薄膜获得突破性进展。最初，苏联科学家发现由碳化氢气和氢的混合气体在低温、低压下沉积金刚石的过程中，若利用气体激活技术（如催化、电荷放电或热丝等），则可以产生高浓度的原子氢，从而可以有效抑制石墨的沉积，导致金刚石薄膜沉积速率提高。此后，日本、英国和美国等广泛开展了化学气相沉积金刚石薄膜技术和应用研究。目前，已发展了高频等离子体增强 CVD 技术、直流等离子体辅助 CVD 技术和电子回旋共振微波等离子体 CVD 技术。

1. 高频等离子体增强 CVD 技术

产生的等离子体激发或分解碳化氢和氢的混合物，从而完成沉积。图 4-26(a) 给出的是微波产生的筒状 CVD 系统。在这种技术中，矩形波导将微波限制在发生器与薄膜生长之间，衬底被微波辐射和等离子体加热。图 4-26(b) 给出的是钟罩式微波等离子体增强 CVD 系统。该设备中增加了圆柱状对称谐振腔，能独立对衬底进行温度控制，具有均匀和大面积沉积特点，表 4-14 所示的是高频等离子体增强 CVD 制膜的典型工艺条件。

2. 直流等离子体辅助 CVD 技术

直流等离子体喷射沉积也是近年来发展起来的一种 CVD 制膜技术。在这种技术中，由于碳化氢和氢气的混合物先进入圆柱状的两电极之间，电极中快速膨胀的气体由喷嘴直接喷向衬底，因而可以得到较高的沉积速率。图 4-27 所示的是直流等离子体喷射 CVD 的原理。

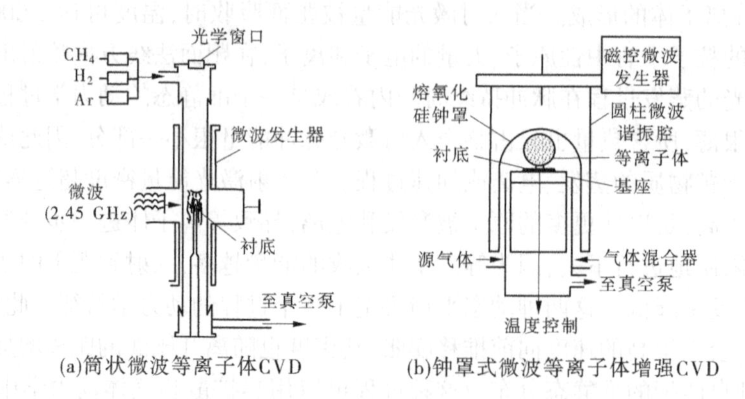

(a)筒状微波等离子体CVD　(b)钟罩式微波等离子体增强CVD

图 4-26　等离子体增强 CVD 系统原理

表 4-14　高频等离子体增强 CVD 制膜的典型工艺条件

等离子体源 H_2	等离子体温度/℃	衬底温度/℃	混合气体 CH_2 体积分数/%	薄膜生长速率/(μm/h)
2.45	2 000~3 000	800~1 100	0.1~2	1~5

3. 电子回旋共振微波等离子体 CVD 技术

电子回旋共振微波等离子体 CVD 技术，简称 ECR-PCVD。由于该技术沉积速率快，沉积的薄膜质量好，已经引起人们的普遍重视。图 4-28 给出的是一种典型的 ECRP-CVD 装置原理，它包括放电室、沉积室、微波系统、磁场线圈、气路与真空系统等几个主要部分。其中，放电室也是微波谐振腔，沉积室内的样品可由红外灯加热，微波由矩形波导通过石英窗口引入放电室，反应气体分两路分别进入放电室和沉积室。CVD 生长过程中，进入放电室的气体在微波作用下电离，产生的电子和离子在静磁场中做回旋运动，当微波频率与电子回旋运动频率相同时，电子发生回旋共振吸收，可获得 5 eV 的能量。此后，高能电子与中性气体分子或原子碰撞，化学键被破坏发生电离或分解，形成大量高活性的等离子

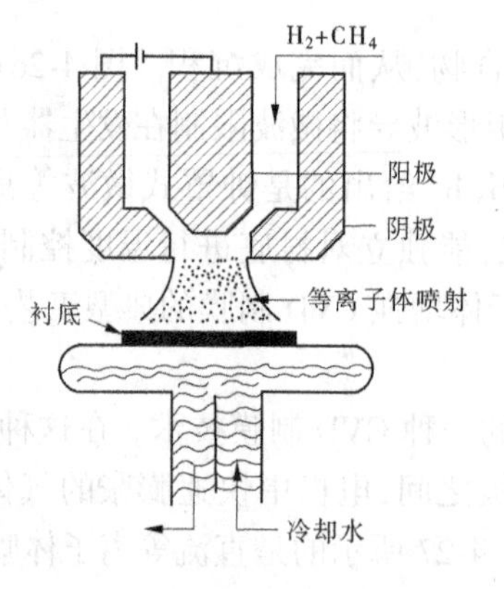

图 4-27　直流等离子体喷射 CVD

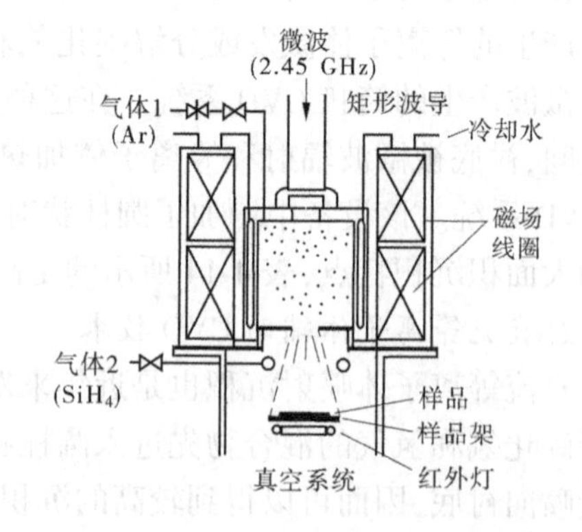

图 4-28　典型 ECR-PCVD 系统

体。进入沉积室的气体与等离子体充分作用并发生多种反应，如电离、聚合等，从而实现薄膜的沉积。表 4-15 是 ECR-PCVD 的典型的工艺条件。

表 4-15　ECR-PCVD 的典型的工艺条件

微波功率/W	微波频率/GHz	衬底温度/℃	沉积室压力/Pa	Ar 流量/(cm^3/s)	SiH_4 流量/(cm^3/s)	磁感应强度/T
100~500	2.45	室温~300	$9\times10^{-2}\sim1.6\times10^{-1}$	5	210	0.875

与其他等离子体 CVD 技术相比，处于回旋共振条件下的电子能有效地吸收微波能量，能量转换效率高，因此电子回旋共振微波等离子 CVD 制膜具有以下技术优势。

(1)可获得大于 10%的等离子体电离度和约 $10^{13}cm^{-3}$ 的电子密度，而通常 REP-CVD 电离度仅为 10^{-4}，电子密度仅为 $10^{11}cm^{-3}$。

(2)工作气体的离解效率大，可在低压下获得较高的沉积速率，并且无需对衬底加热。

(3)垂直于样品表面的发散磁场使离子向样品做加速运动，增强了离子对样品表面的轰击能量，促进了薄膜的生长，同时也使膜与衬底结合力提高。

(4)由于沉积与放电分室设置，样品直接处于等离子体区，高能粒子对样品表面的损伤显著减少。

4.4.2.2　微波 ECR 等离子体辅助物理气相沉积法制膜

一般的蒸发镀膜原理是在真空室中加热膜料使之汽化，然后汽化原子直接沉积到基片上。这种工艺最大的缺点是膜层的附着力低，致密性很差。而采用弱等离子体介入蒸发镀，附着力和致密性都有很大改善，但仍然不能满足技术发展的要求。后来，有人研究开发了微波电子回旋共振(ECR)等离子体蒸发镀膜装置来实现蒸发镀，如图 4-29 所示。微波 ECR 蒸发镀膜参考工艺条件(Ti、Cu 膜)见表 4-16。

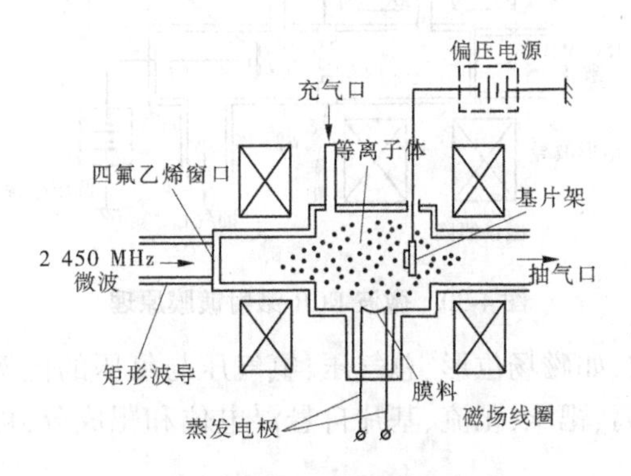

图 4-29　微波 ECR 蒸发镀膜原理

表 4-16　微波 ECR 蒸发镀膜参考工艺条件(Ti、Cu 膜)

波源频率/GHz	微波功率/kW	Ar 气压/Pa	基片温度/℃	等离子体温度/℃	沉积率/(nm/min)
2.45	0~2	0.01	50~150	2 000	50

微波电子回旋共振等离子体辅助物理气相沉积的主要过程是：一台磁控管发射机将0~2 kW 的微波功率通过标准波导管传输至磁镜的端部，经聚四氟乙烯窗口入射至真空室中。在适当磁场下，波与自由电子并振，被电子加速，自由电子与充入真空室的 Ar 气原子碰撞，形成高密度等离子体。待蒸镀的膜料通过加热蒸发汽化，进入 ECR 放电区，形成含膜料成分的等离子体。膜料离子被磁力线约束，在基片电压的作用下打上基片，形成被镀膜层。

4.4.2.3 微波电子回旋共振等离子体溅射镀

蒸发镀膜具有一定的局限性，难以用于高熔点、低蒸气压材料和化合物薄膜的制作，而溅射镀刚好弥补了蒸发镀的缺点。但是传统溅射镀技术仍存在不足之处，即在薄膜形成过程中，反应所需能量不能被恰当地选择和控制。特别是在金属和化合物薄膜形成过程中，经典溅射膜层形成速度慢。基于此，中国科学院等离子体物理研究所阮兆杏等开发了微波电子回旋共振等离子体溅射镀新技术，试验系统见图 4-30。该技术的基本过程如下：微波由矩形波导管传输，经石英窗口入射到作为微波共振腔的等离子体室，其周围的磁场线圈提供了 ECR 共振所需的磁场，使等离子体能在约 0.05 Pa 气压下有效地吸收微波能量。溅射靶放置在等离子体流的引出口。在等离子室内充 Ar 气，在样品室内充反应气体（O_2、N_2、CH_4 等），在溅射靶上加负偏置高压（0~1 kV），使 Ar 离子在负偏置压的作用下轰击靶上产生溅射。溅射出来的靶原子进入等离子体中，被做回旋运动的电子碰撞电离。离子在磁场的约束下，受到基片电场的加速，被吸收到基片表面。而 Ar 也同样以离子态打到基片上。由于较高的电离度和离子轰击效应，增强了溅射和薄膜形成中的反应，因而该技术可以在低温下成膜，而且薄膜的性能远优于其他溅射镀和蒸发镀。

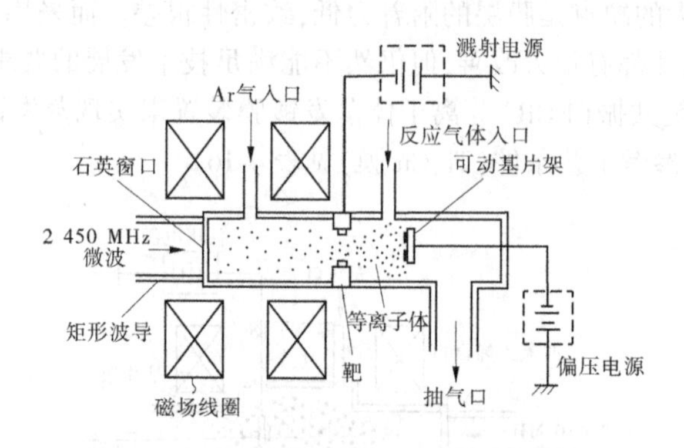

图 4-30 微波 ECR 溅射镀膜原理

通过调整工艺参数，如磁场位形、总气压、氩气压与氧压的比例、微波功率、共振面位置、靶和基片之间的距离、靶压、靶流、基片自悬浮电位和靶成分，可以研究薄膜的性能和薄膜的表观质量。

4.4.3 离子束增强沉积表面改性技术

4.4.3.1 离子束增强沉积原理

离子束增强抗积（IBED）又称为离子束辅助沉积（IAD），是一种将离子注入及薄膜沉积两者融为一体的材料表面改性和优化新技术。其主要思想是在衬底材料上沉积薄膜的同时,用十万到几十万电子伏特能量的离子束进行轰击,利用沉积原子和注入离子间一系列的物理和化学作用,在衬底上形成具有特定性能的化合物薄膜,从而达到提高膜强度和改善膜性能的目的。离子束增强沉积具有以下几方面的突出优点。

(1)原子沉积和离子注入各参数可以精确地独立调节,分别选用不同的沉积和注入元素,可以获得多种不同组分和结构的合成膜。

(2)可以在较低的轰击能量下,连续生长数微米厚的组分均一的薄膜。

(3)可以在常温下生长各种薄膜,避免了高温处理时材料及精密工件尺寸的影响。

(4)薄膜生长时,在膜和衬底界面形成连续的混合层,使黏着力大大增强。

4.4.3.2　离子束增强沉积的设备及应用

从工作方式来划分,离子束增强沉积可分为动态混合和静态混合两种方式。前者是指在沉积同时,伴随一定能量和束流的离子束轰击进行薄膜生长;后者是先沉积一层数纳米厚的薄膜,然后进行离子轰击,如此重复多次生长薄膜。目前,较多采用低能离子束增强沉积,通过选择不同的沉积材料、轰击离子、轰击能量、离子/原子比率、不同的衬底温度及靶室真空度等参数,可以得到多种不同结构和组分的薄膜。离子束增强沉积材料表面改性和优化技术在许多领域已得到应用,使原材料表面性能得到很大程度的改善。

4.5　溶胶-凝胶法(Sol-Gel法)

胶体(colloid)是一种分散相粒径很小的分散体系,分散相粒子的重力可以忽略,粒子之间的相互作用主要是短程作用力。溶胶(Sol)是具有液体特征的胶体体系,分散的粒子是固体或者大分子,分散的粒子大小在1~1 000 nm之间。凝胶(Gel)是具有固体特征的胶体体系,被分散的物质形成连续的网络结构,结构空隙中充有液体或气体,凝胶中分散相的含量很低,一般在1%~3%。

溶胶-凝胶法是指有机或无机化合物经过溶液、溶胶、凝胶而固化,再经过高温热处理而制成氧化物或其他化合物固体的方法。早在19世纪中期,Ebelman和Graham就发现了硅酸乙酯在酸性条件下水解可以得到"玻璃状透明"的SiO_2,并且可以从此黏性的凝胶中制备出纤维及光学透镜片,但由于凝胶易碎性限制了该技术的应用。19世纪末到20世纪初,凝胶中出现的Liesegang环现象(在适当的条件下,难溶解的凝胶中进行沉淀凝胶反应时,所生成的不溶物在凝胶中呈现的一种空间周期性图案,通常称为Liesegang环带)导致大量学者对溶胶-凝胶过程中的周期性沉淀现象进行研究,但是对溶胶-凝胶物理化学过程未给予足够重视。直到20世纪五六十年代,Roy等才注意到溶胶-凝胶体系高度的化学均匀性,并成功地用此方法合成了大量用常规方法所不能制备的新型陶瓷复合材料。自从1971年德国Dislich报道了通过溶胶-凝胶技术制成多元氧化物固体材料以来,溶胶-凝胶技术引起了材料科学家极大的兴趣和重视,发展很快。近几十年来,溶胶-凝胶技术在薄膜、超细粉、复合功能材料、纤维及高熔点玻璃的制备等方面均展示出了广阔的应用前景。

4.5.1 溶胶-凝胶法的技术特点

溶胶-凝胶技术之所以越来越引人注目，是因为它具有其他一些传统的无机材料制备方法无可比拟的优点。

(1)操作温度远低于玻璃熔融度，使得材料制备过程易于控制，并且可以制得一些传统方法难以或根本得不到的材料，如无机/有机杂化材料、生物活性陶瓷、各种复合材料等。

(2)从溶液反应开始，使得制备的材料能在分子水平上达到高度均匀，同时可以通过准确控制反应物成分配比而严格控制材料的组成，这对于控制材料的物理化学性质是至关重要的。

(3)可制备块状、棒状、管状、粒状、纤维、膜等各种形状材料，显示该方法应用的灵活性。

(4)制备的气溶胶是一种结构可以控制的新型轻质纳米多孔非晶固态材料，具有许多特殊性质。

溶胶-凝胶技术的缺点是薄膜的致密性较差。

4.5.2 溶胶-凝胶法的制备过程

凝胶体的制备有三种方法：①胶体溶液的凝胶化；②醇盐或硝酸盐前驱体的水解聚合继之超临界干燥得到凝胶；③醇盐前驱体的水解聚合再在适宜环境下干燥、陈化。其中以第三种方法最为常用，此溶胶-凝胶过程包括水解和聚合形成溶胶、溶胶的凝胶化为湿凝胶、湿凝胶陈化和干燥等几个步骤，其典型的工艺流程如图4-31所示。

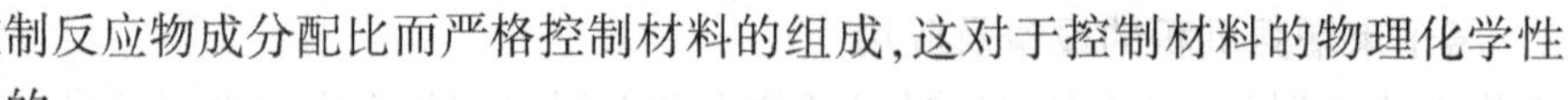

金属醇盐 —乙醇/水→ 均匀溶胶 —凝胶化→ 湿凝胶 —陈化/干燥→ 干凝胶

图4-31 金属烷氧基化合物得溶胶-凝胶过程

具体制备过程如下：

4.5.2.1 水解反应

溶胶的形成过程由三步反应组成，即水解、缩合和聚合。首先是金属或半金属醇盐前驱体的水解反应形成羟基化的产物和相应的醇。其中前驱体多选用低分子量的烷氧基硅烷，如四甲氧基硅烷(TMOS)、四乙氧基硅烷(TEOS)或相应的有机金属醇盐。由于烷氧基硅与水不互溶，所以要使用一种共同的溶剂以保持溶液的均一性，该过程可以被酸或碱催化。水解过程可以表示为

$$M(OR)_4+H_2O \rightarrow M(OH)_4+ROH$$

$$M=Si,Ti,Al,B,Zr,Ce$$

4.5.2.2 缩聚反应

未羟基化的烷氧基与羟基或两羟基间发生缩合形成胶体状的混合物，该状态下的溶液称为溶胶。水解和缩合过程常是同时进行的，通过分子之间不断地进行缩合反应，形成硅氧烷链的网状聚合物。聚合物的增长包括长大和再结合过程，长大过程主要发生在聚

合的开始阶段,由部分水解的单体、二聚体、三聚体之间进行缩合反应,此时缩合物增长较慢,随着单体、二聚体等低聚物和水的减少,增长过程减弱,但出现了较大分子之间的再结合过程,聚合物增长迅速。聚合反应不断地进行,最终导致 SiO_2 网络的形成,即形成了凝胶。缩聚反应可以表示为图4-32。

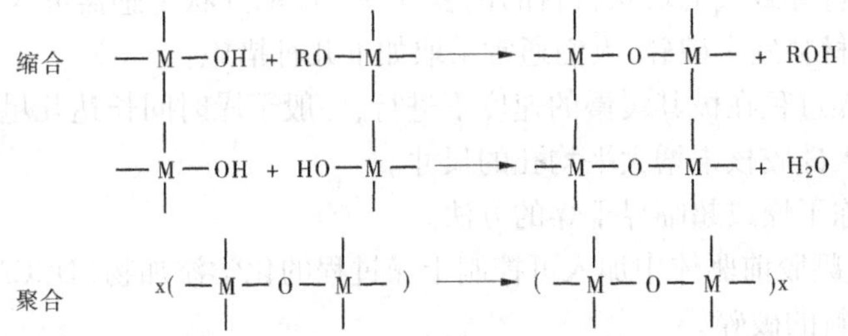

缩合　$-M-OH + RO-M- \longrightarrow -M-O-M- + ROH$

$-M-OH + HO-M- \longrightarrow -M-O-M- + H_2O$

聚合　$x(-M-O-M-) \longrightarrow (-M-O-M-)_x$

图4-32　缩聚反应

4.5.2.3　凝胶化

金属烷氧化物的水解反应和缩合反应同时进行,其总反应如下

$$M(OR)_4+2H_2O \rightarrow MO_2+4HOR$$

在聚合反应的初始阶段,由于胶粒表面负电荷之间的排斥作用而使溶胶得以稳定。但随着水解和缩合过程的进行,溶剂不断蒸发,水被不断消耗,胶粒浓度随之增大,溶液被浓缩以及悬浮体系的稳定性遭到破坏,从而发生胶凝化。胶粒间的聚合反应最终将形成多孔的、玻璃状的、具有三维网状结构的凝胶。凝胶的形成是指当整个体系都被交联的时刻。

凝胶态的特征有:新鲜凝胶为透明状,胶凝时溶液黏度急剧增大,通过时间参数可以明确凝胶的形成。凝胶网络的物理特性取决于胶粒的大小和胶凝前交联的程度。放置时间较长时,缩聚反应进行得较彻底,交联度高,使得网络的孔径非常均匀,故有利于制备性能优良的凝胶。通过时间来控制溶液的黏度,可以制备出不同构型的凝胶,如块状、薄膜、粉体和纤维等。同时,在不同的介质中放置时,也会得到不同的凝胶干缩结构,如在酸性介质中得到的凝胶结构致密,孔径较小。形成凝胶时,由于液相被包裹于骨架中,整个体系失去流动性。

4.5.2.4　陈化过程

当反应混合液中的凝胶放置老化后,固态网络自发进行收缩。一般陈化过程包含四个步骤,即缩合、胶体脱水收缩、粗糙化和相转变。在缩合步骤中,连续的缩合反应不断进行,网络键(合)数不断增加;脱水收缩是指凝胶中小的颗粒溶解,重新沉积到大颗粒上;在相转变过程中,固体可以从溶液中局部分离出来,或者液态被分为两相或多相。陈化的最终结果使凝胶的强度增大,且陈化的时间越长,网络的强度就越大。

4.5.2.5　干燥

在凝胶化的最后阶段,水和有机溶剂不断蒸发,固态基质的体积逐渐缩小。在干燥阶段,去除网孔中的液体包含了一系列过程:最初,固体收缩的体积与蒸发掉的液体体积相当,此时,液/气界面仅在固体的外表面存在。随着干燥时间增长,固体的硬化程度增加,当其不能再继续进行收缩时,液体将进入固体内部,被分隔在一个个网孔中。此时,只有当内部的液体开始蒸发并扩散到固体外部时,进一步的干燥作用才能发生。当内部液体在常温常压下干燥时,得到的终产物为干凝胶。当内部液体在超临界状态下蒸发时,终产物为气凝胶。在某些情况下,干凝胶的终体积比最初凝胶体积的10%还要小。

在干燥期间,大孔中的溶剂和水蒸发了,而小孔中仍有残留溶剂,这样将产生大的内压梯度。该压力将导致大的块状材料的龟裂以及干燥的片状传感器进入水溶液之后的破碎。为防止合成材料发生破碎,人们通常采取如下几种措施:

(1)控制干燥过程在极其缓慢的速度下进行,一般干燥时间长达几星期甚至几个月。

(2)通过引入硅胶核来增大平均孔的尺寸。

(3)采用冷冻干燥或超临界干燥的方法。

(4)在溶胶-凝胶前驱体中加入可控制干燥过程的化学添加物(DCCAs)、表面活性剂等来防止制备材料的破碎。

此外,添加阳离子表面活性剂如季铵盐化合物(如十六烷基吡啶基溴化物)也可以防止凝胶化过程以及反复干-湿循环过程中单片的破裂。溶胶-凝胶过程终止于干凝胶或气凝胶态,干凝胶和气凝胶呈透明或半透明状,具有大的比表面积和小的孔尺寸。若在凝胶形成之前将电活性物质加入溶胶或溶胶-凝胶溶液中,可以使电活性物质在交联的二氧化硅网络结构中得以均匀分布并实现固定化。由此制备的含电活性物质的溶胶-凝胶敏感元件,是组成电化学传感器的关键部件之一。干燥后的凝胶便可以应用在分析测试中。溶胶-凝胶对电活性物质的包埋与固定过程可用图4-33表示。

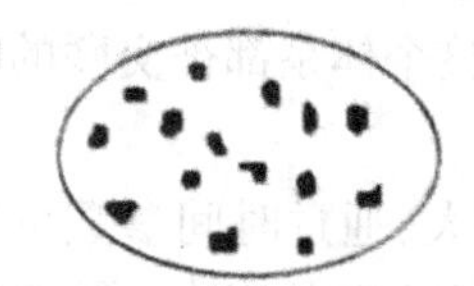

(a)水解、聚合初期形成Sol颗粒

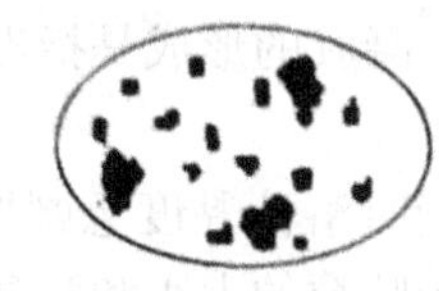

(b)电活性物质加到Sol中

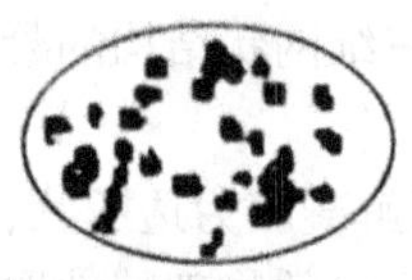

(c)硅网络生长开始包埋电活性物质

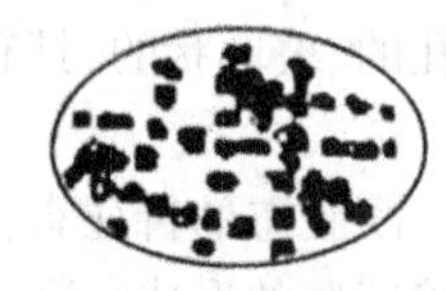

(d)电活性物质分子被凝胶固定

图4-33　Sol-Gel包埋固定化电活性物质过程的示意图

4.5.2.6　烧结

烧结是指在高表面能的作用下,使凝胶内部孔度缩小的致密化过程。由于凝胶内部的固-液界面面积很大,故可在相对较低的温度下(<1 000 ℃)进行烧结。烧结温度与孔半径、孔连接程度和凝胶的比表面积有关。凝胶烧结的机制与凝胶收缩相同,包括毛细管收缩、缩合、结构释放和黏性烧结等四种机制。虽然高温处理可使材料致密化,或可得到所需的结晶结构,但是,在溶胶-凝胶基质传感器或分析应用中,一般不必进行高温烧结处理。

4.5.3　反应参数的影响

溶胶-凝胶技术的优点在于可调控多孔材料的物理化学性能。大量的过程参数可用于控制生成材料的平均孔大小及分布、比表面积、质量分数大小、Si-OH的浓度以及干凝胶的其他结构特征,这一膜性质的可调性对于制备各种孔度或孔大小的薄膜材料及其应用具有重要的指导意义。其中最主要的两个过程参数为pH值和水与硅酯类的比值

R:$R=H_2O/[Si(OR)_4]$。此外,还有其他参数,如溶剂和添加剂的种类、温度、前驱体的种类等。

4.5.3.1　pH 值的影响

在高 pH 下,水解和缩合步骤的速率加快,SiO_2 粒子的溶解程度加剧,同时还将导致粒子去质子化的表面电荷增多,从而使团聚和凝胶化过程推延。因此,在高 pH 环境的溶胶体系中可以制得高孔隙率、大孔径及高比表面积的产物。在极低的 pH(<2)条件下,SiO_2 粒子的溶解可以忽略,水解和缩合过程因酸的催化而加速,而此时的凝胶化过程因粒子带正电荷的质子化表面而受阻。因此,在强酸环境中的聚合过程类似于有机物的聚合过程。该条件下制得的产物致密且比表面积小。由于 pH 影响溶胶-凝胶的孔隙率、孔径和比表面积,在生物大分子的固定化中,要求溶胶-凝胶膜提供适合生物活性物质的孔隙率、孔径、比表面积和微观环境。而适当的酸性区域有利于水解反应的进行,缩合反应主要为生成水的缩合反应,在这种条件下制备的聚合物具有较窄的孔和较大的比表面积,可满足生物分子固定化的基本要求。所以,分析中用于制备固定化材料时,一般采用酸催化。

4.5.3.2　水与硅酯类的比值 R 的影响

一般来说,当水与硅酯类的比值 R 大于 4 时,能加速硅酯键的水解,易形成分子量大的网状聚合物,聚合物的孔隙度和比表面积较大。当比值 R 小于 4 时,聚合反应将由缩合反应的速率来控制,硅酯键水解不充分,易形成分子量小、链状结构、网孔较小的聚合物,同时残留大量的有机物于结构中。为使溶胶澄清透明、放置稳定和具有良好的性能,一般采取水和硅酯类的比值 $R\leqslant 4$,这样可防止干燥过程较长产生较大的收缩张力。

4.5.3.3　其他过程参数的影响

Sol-Gel 前驱体的选择直接影响整个反应过程和凝胶的结构及性能。不同前驱体对 Sol-Gel 过程的影响已有大量研究报道。通常使用大而长链的烷氧基硅烷单体来降低水解和缩合速度。一些添加剂如胺、氨、氟离子等加入可以加快水解和缩合反应过程从而改变其比表面积。表面活性剂的加入可以降低表面张力,稳定更小的胶粒,从而提高产物的比表面积。升高温度有利于提高溶胶的稳定性以及增大干凝胶的孔隙密度和比表面积。

4.5.4　非硅溶胶-凝胶材料

目前,研究开发新型非硅凝胶材料用于电极表面固定酶和电活性物质,合成新的催化剂或功能材料,是溶胶-凝胶材料发展的一个新趋势。Glezer 和 Lev 利用 V_2O_5 凝胶的良好导电性来设计葡萄糖生物传感器;邓家祺等制备了 Al_2O_3 凝胶,用于电极表面固定酶,制成了葡萄糖和酚的电化学生物传感器。TiO_2 也是一种可以通过溶胶-凝胶过程来制备的材料。TiO_2 溶胶-凝胶材料在光电池、水的电化学光解、半导体材料方面已经有广泛的应用。在分析领域,TiO_2 多孔微球被用于高效液相色谱柱的填充材料。Yamada 等利用自组装和表面溶胶-凝胶技术研究了卟啉-二氧化钛-富勒烯自组装薄膜的光电流响应。Castillo 等通过溶胶-凝胶技术制备了一种 Pt/TiO_2 催化剂,用于催化 NO 的还原。纳米晶态二氧化钛粒子也常常利用溶胶-凝胶过程来制备,它们常被用于光电敏感材料、合成新的催化剂。由于二氧化钛纳米粒子具有良好的生物相容性,可以用它作为蛋白质的吸附剂。然而,以上这些二氧化钛溶胶-凝胶材料的制备过程中都必须经过高温烧结,而且温度至少在 300 ℃以上。一种改进的方法是将钛酸丁酯乙醇溶液与硅酸乙酯甲醇溶液混合,使其在强酸性的条件下水解,制成 TiO_2/SiO_2 复合凝胶膜,这种方法已成功地用于固定钴(Ⅱ)卟啉。Milella 等先将钛酸异丙酯与硝酸混合,然后向其中加入羟磷灰石甲醇溶液,从而制得二氧化钛/羟磷灰石膜。很明显,这些方法虽然经过改进,但仍然需要在强酸性介质中才能得到 TiO_2 凝胶表面。所得到的凝胶膜虽然能够对某些分子进行固定,但在酶等生物分子的包埋固定方面并没有得到应用,这是因为绝大多数酶在强酸性条件下会失去活性,尤其是那些对酸敏感的酶,因此限制了其应用。南京大学鞠晃先研究小组提出了一种气相沉积的新方法,该方法能够在中性介质中比较适宜的温度下制备二氧化钛溶胶-凝胶材料。气相沉积法简化了二氧化钛凝胶膜的合成过程,从而避免了传统的二氧化钛溶胶-凝胶制备过程中由酸性催化剂及高温锻烧所产生的缺点。

4.6　薄膜制备应用

4.6.1　溶胶凝胶

4.6.1.1　Snx Sy 化合物薄膜

半导体化合物材料,种类繁多,应用广泛,具有优异的半导体性能。同时 $Sn_x S_y$ 化合物的组成元素在地球上储量丰富,价格较低,具有良好的环境兼容性。

翟晓娜等以 $SnCl_2 \cdot 2H_2O$ 为 Sn 源,CH_4N_2S 为 S 源,S/Sn=1,采用溶胶-凝胶法制备了 Sn_2S_3 薄膜并系统地研究了退火温度对所制备 Sn_2S_3 薄膜物理性能的影响。结果表明:退火温度主要影响薄膜的物相进而影响薄膜的其他物理性能。

以 $SnCl_2 \cdot 2H_2O$ 为 Sn 源,CH_4N_2S 为 S 源,S/Sn=1.4,采用溶胶-凝胶法制备了 SnS 薄膜并系统地研究了退火气氛对所制备 SnS 薄膜物理性能的影响。研究发现:所有薄膜的主要物相均为 SnS 相。当退火气氛由 Ar 气氛转变为 H_2 气氛时,SnS 相的择优取向由(040)转变为了(101)。而随着择优取向的不同,薄膜表面的片状形貌有所不同。此外,通过分析发现所制备的薄膜禁带宽度最窄为 1.10 eV。而所制备的 SnS 薄膜对近红外区有一定的反射作用。

以 $SnCl_4 \cdot 5H_2O$ 为 Sn 源,CH_4N_2S 为 S 源,S/Sn=2,采用溶胶-凝胶法制备了 SnS_2 薄膜并系统地研究了热解温度、退火温度对所制备 SnS_2 薄膜物理性能的影响。结果表明:所有制备出的薄膜物相都具有六角晶系结构的 SnS_2 单相。所制备 SnS_2 薄膜都是疏松多孔形貌,并且热解温度对形貌的影响较大,热解温度越低,孔洞越大。此外,热解温度对光电性能也产生了比较大的影响。而退火温度对溶胶-凝胶法制备出的 SnS_2 薄膜物理性能影响不大。本书采用溶胶-凝胶法制备出了质量良好的 SnS、SnS_2 薄膜样品,并探索了以上薄膜制备的最佳工艺参数,为基于溶胶-凝胶法制备高质量 $Sn_x S_y$ 薄膜的相关研究及应用奠定了基础。

4.6.1.2　β-Ga_2O_3 薄膜

β-Ga_2O_3 作为超宽禁带半导体(~4.9 eV),其带隙和巴利加优值远大于 GaN 和 SiC,

能提供更高的击穿电压和更低的导通电阻，具有优良的紫外透光特性，在光电子器件、日盲紫外光电探测器以及超高压高效低损耗器件等方面具有独特优势。除作为高性能器件半导体材料外，由于与氮化镓（GaN）的晶格失配较小（~2.6%），β-Ga_2O_3还可以用作外延 GaN 的衬底材料。

程菲等采用溶胶-凝胶法和旋涂工艺在 c 面蓝宝石衬底上成功制备了 2 in 具有（201）择优取向的 β-Ga_2O_3单晶薄膜，其（201）特征峰的摇摆曲线半高宽为 0.831°。β-Ga_2O_3薄膜表面光滑，在近紫外-可见光区域具有高透射率且其光学带隙约为 4.8 eV，并且研究了不同溶胶浓度制备（201）取向 β-Ga_2O_3薄膜的工艺规律。低溶胶浓度制备时，β-Ga_2O_3薄膜只有一个微弱的（201）衍射峰。随着溶胶浓度升高，β-Ga_2O_3薄膜出现（402）和（603）衍射峰，同时（201）衍射峰的强度逐渐增强，薄膜表现出明显的（201）择优取向的单晶薄膜特征，但薄膜晶体质量较低。溶胶浓度过高时，β-Ga_2O_3薄膜的均匀性和透光性变差。

4.6.1.3　钛酸钡基薄膜的制备

钙钛矿氧化物表现出丰富的结构相，承载着不同的物理现象，从而产生多种技术应用。钛酸钡基薄膜材料的兴起为探索磁电及铁电光伏机制并提高其功率转换效率提供了新思路，成为目前凝聚态物理研究领域的热点之一。

徐蕾等采用溶胶-凝胶结合快速热处理工艺，在成功制备了钛酸钡（$BaTiO_3$，BTO）的过渡金属元素 Mn、Zr 掺杂系列薄膜的基础上，对其结构、形貌、电及光学性能进行了翔实的表征。然后，从中挑选出性能更加优异的 Mn 掺杂钛酸钡（$BaTi_{0.9}Mn_{0.1}O_3$，BTMO），用其作为铁电相与铁酸铋（$BiFeO_3$，BFO）进行复合，得到 2-2 型 $BaTi_{0.9}Mn_{0.1}O_3/BiFeO_3$（BTMO/BFO）复合结构薄膜，并对其性能进行了系统的表征。研究发现 BTMO/BFO 异质结构薄膜磁参数（2 Mr=3.84 emu/cc）有了明显的增加，并且与 BTO 薄膜相比，其具有更好的铁电性能。此外，在 450 nm 以下具强吸收带，既可以吸收一定的可见光，也具有较低的光带隙（E_g=2.36 eV），从而获得更好的铁电 PV 响应，获得了 0.25 V 开路电压和 18.15 μA/cm^2 的短路电流。

4.6.2　溅射薄膜

侯大寅等研究表明，利用 RF 磁控溅射沉积的纳米 ZnO 薄膜，其成膜方式是一种多层生长模式，薄膜颗粒中只含有 Zn、O 两种元素；沉积的 ZnO 颗粒具备纳米级尺度，且颗粒分布均匀、膜层致密。利用紫外可见分光光度计测试表明：形成的 ZnO 薄膜对紫外线具有很好的吸收能力，对可见光的透过基本没有影响。纯铝薄膜被广泛用作 TFT-LCD 的金属电极，但纯铝薄膜在热工艺中容易产生小丘，对 TFT 的阵列工艺的良率有较大影响。刘晓伟等的研究结果表明，纯铝成膜温度提高，薄膜的晶粒尺寸增大，退火后产生小丘的密度和尺寸明显降低，温度-应力曲线中屈服点温度也相应提高。量产中适当提高成膜温度，可以有效抑制小丘的发生，提高 TFT 阵列工艺的量产良率。

4.6.3　真空蒸镀

在短短十几年时间之内，有机-无机杂化金属卤化物钙钛矿太阳能电池的光电转换效率已超过 25%。然而,钙钛矿组分中所含的有机阳离子极大地损害了器件的光热稳定性。利用无机铯离子完全取代有机基团从而形成 $CsPbX_3$ 卤化物钙钛矿,被认为是从根本上解决器件稳定性问题的有效方法。其中 $CsPbBr_3$ 具有良好的结构稳定性、光稳定性以及湿稳定性。

采用真空蒸镀工艺,华婧辰等从工艺制备、材料特性以及优化钙钛矿材料组分着手,通过一系列测试手段,探究了高效、稳定、低迟滞的 $CsPbBr_3$ 钙钛矿太阳能电池的制备条件及原理。其提出采用四层连续蒸镀以及二次阶梯退火的方法,来增加反应物接触面积并促进反应持续进行,从而改善 $CsPbBr_3$ 薄膜质量。将四层连续蒸镀工艺制备的 $CsBr-PbBr_2$ 复合膜在 335 ℃退火 20 min,继续在 290 ℃中退火 30 min 后,所获得的 $CsPbBr_3$ 薄膜晶粒明显增大并且更加致密,其对应的器件性能也得到了改善。提出高压辅助退火工艺。固体粉末在高气压下会表现出一些非牛顿流体性质,会促使反应均匀彻底的进行;另外高气压可有效地抑制 $PbBr_2$ 的熔融,从而进一步改善 $CsPbBr_3$ 薄膜质量。结果证实,10 MPa 气压下退火生成的 $CsPbBr_3$ 薄膜显示出致密且均匀的大晶粒形貌。基于这些薄膜,获得了 7.22%的最佳光电转换效率。研究发现,掺杂 Rb 离子可以显著地改善薄膜形貌以及器件性能,从而获得 7.53%的最佳光电转换效率,并且无明显迟滞现象。相比之下,K 离子虽然可以改善器件的迟滞现象,但损害了器件的光电转换效率。而 Na 和 Li 离子则完全损害了器件性能。

思考题

1. 试说明蒸发的分子动力学理论。
2. 试比较电阻加热与电子束加热两种方法的技术特点。
3. 什么叫三温度法/四温度法?
4. 什么叫溅射? 影响溅射率的主要因素是什么?
5. 说明溅射机制的动能转移论。
6. 比较溅射与蒸发的特点。
7. 说明影响 CVD 的参数。
8. 说明什么叫分子束外延(MBE)。
9. 说明激光辐照分子束外延的机制。
10. 说明激光分子束外延的系统构成及示意图。
11. 说明微波电子回旋共振 CVD 原理、技术及应用。
12. 简述溶胶-凝胶的原理。

第 5 章　单晶材料的制备

单晶体因具有优良的综合性能而广泛应用于航空航天、高能物理、武器、电子电气、医学等许多高科技领域。现代科技,特别是机械制造和自动控制业、空间科技领域等的飞速发展,为单晶的发展奠定了良好的技术基础,提供了广阔的应用空间。Fe 基、Co 基、Ni 基高温合金具有优良的高温力学性能,以及抗氧化性能,已成为航空发动机涡轮叶片、导向叶片、燃烧室等高温部件的核心材料。本章扼要介绍常用的单晶制备方法,包括固相-固相平衡的晶体生长、液相-固相平衡的晶体生长、气相-固相平衡的晶体生长。

5.1　固相-固相平衡的晶体生长

固相生长法是指利用再结晶实现材料基体结构的重组,获得仅有几个大尺寸晶粒的多晶或单晶体。相比于熔体生长法,固相生长法具有以下突出的优势:

(1) 固相生长过程仅仅涉及晶界的迁移而不会引起溶质原子的再分布,避免了溶质成分偏聚,有利于生长成分均匀的合金单晶。

(2) 固相生长单晶有助于制备特定形状的单晶试样,生长晶体的形状是预先固定的。所以,丝、片等形状的晶体容易生长,取向也容易控制,可有效避免后续加工过程中引入的应变。

(3) 应变退火生长得到的单晶比熔体生长质量好,没有亚结构和亚晶界等缺陷存在。

(4) 能在较低温度下生长。

缺点是难以控制成核以形成大晶粒。

5.1.1　形变再结晶理论

5.1.1.1　**再结晶驱动力**

用应变退火方法生长单晶,通常是通过塑性变形,然后在适当的条件下加热等温退火,温度变化不能剧烈,结果使晶粒尺寸增大。平衡时生长体系的吉布斯自由能为零;对于自发过程,生长体系的吉布斯自由能小于零;对任何过程有

$$\Delta G = \Delta H - T\Delta S \tag{5-1}$$

在平衡态时 $\Delta G=0$,即

$$\Delta H = T\Delta S \tag{5-2}$$

这里 ΔH 是热焓的变化,ΔS 是熵变,T 是绝对温度。由于在晶体生长过程中,产物的有序度比反应物的有序度要高,所以 $\Delta S<0$,$\Delta H<0$,故结晶通常是放热过程。对于未应变到应变过程,有

$$\Delta E_{1-2} = W - q \tag{5-3}$$

这里 W 是应变给予材料的功,q 是释放的热,且 $W>q$。

$$\Delta H_{1-2} = \Delta E_{1-2} + \Delta(pV) \tag{5-4}$$

由于 $\Delta(pV)$ 很小,近似得

$$\Delta H_{1-2} = \Delta E_{1-2} \tag{5-5}$$

$$\Delta G_{1-2} = W - q - T\Delta S \tag{5-6}$$

而在低温下 $T\Delta S$ 可忽略,故

$$\Delta G_{1-2} \approx W - q < 0 \tag{5-7}$$

因此,使结晶产生应变不是一个自发过程,而退火是自发过程。在退火过程中提高温度只是为了提高速度。

经塑性变形后,材料承受了大量的应变,因而储存大量的应变能。在产生应变时,发生的自由能变化近似等于做功减去释放的热量。该热量通常就是应变退火再结晶的主要推动力。

大部分应变自由能驻留在构成晶粒间界的位错行列中,由于晶粒间界具有界面自由能,所以它也提供过剩自由能。小晶粒的溶解度高,小液滴的蒸气压高,小晶粒的表面自由能也高,这是相同的。但是,只有在微晶尺寸相当小的情况下,这种效应作为再结晶的动力才是最重要的。此外,晶粒间界能也依赖于彼此形成晶界的两个晶粒的取向。能量低的晶粒倾向于吞并那些取向不合适的(能量高的)晶粒而长大。因此,应变退火再结晶的推动力由下式给出

$$\Delta G = W - q + G_S + \Delta G_0 \tag{5-8}$$

这里 W 是产生应变或加工时所做的功(W 的大部分驻留在晶粒间界中),q 是作为热而释放的能量,G_S 是晶粒的表面自由能,ΔG_0 是试样中不同晶粒取向之间的自由能差。减少晶粒间界的面积便能降低材料的自由能。产生应变的样品相对未产生应变的样品来说在热力学上是不稳定的。在室温下材料消除应变的速度一般很慢。但是,若升高温度来提高原子的迁移率和点阵振动的振幅,消除应变的速度将显著提高。退火的目的是加速消除应变。这样,在退火期间晶粒的尺寸增加,一次再结晶的发生,可以通过升高温度而加速。

使晶粒易于长大的另一些重要因素是跨越正在生长着的晶界的一些原子的黏着力和存在于点阵中及晶界内的杂质。已经证实原子必须运动才能使晶粒长大,并且晶界处的原子容易运动,晶粒也容易长大。材料应变后退火,能够引起晶粒的长大。

5.1.1.2　晶粒长大

晶粒长大可以通过现存晶粒在退火时的生长或通过新晶粒成核,然后在退火时生长的方式发生,焊接一颗大晶粒到多晶试样上,并且是大晶粒吞并邻近的小晶粒而生长,就可以有籽晶的固相-固相生长,即形核—焊接—吞并晶粒长大是通过晶粒间的迁移,而不是像液相-固相或气相-固相生长中通过捕获活泼的原子或分子而实现的。其推动力是储存在晶粒间界的过剩自由能的减少,因此晶界间的运动起着缩短晶界的作用,晶界能可以看做晶界之间的一种界面张力,而晶粒的并吞是这种张力减小。显然,从诸多小晶粒开始的晶粒长大很快,如图 5-1 所示。

在大晶粒并吞小晶粒而长大时,如果 σ_{S-S} 为小晶粒之间的界面张力,σ_{S-L} 为小晶粒和大晶粒之间的界面张力,那么小晶粒要长大则有

$$\Delta A_{S-L}\sigma_{S-L} < \Delta A_{S-S}\sigma_{S-S} \tag{5-9}$$

式中：ΔA_{S-S} 为小晶粒间界面面积的变化；ΔA_{S-L} 为大晶粒和小晶粒之间界面面积的变化。

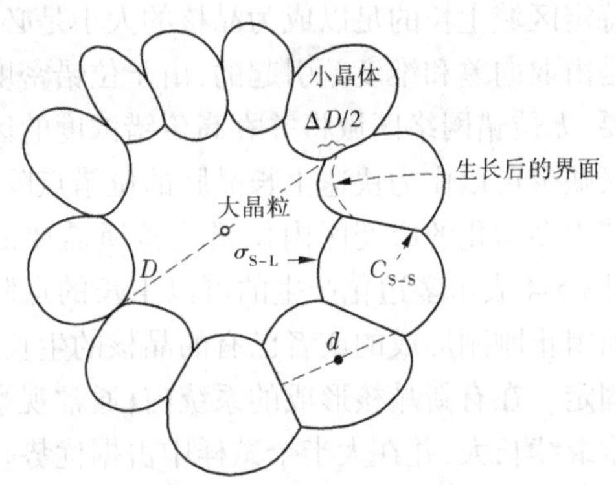

图 5-1　晶粒长大的示意图

如果假定晶粒大体上为圆形，大晶粒的直径为 D，则

$$\Delta A_{S-S} = \frac{\Delta D}{2}n \tag{5-10}$$

$$\Delta A_{S-L} = \pi \Delta D \tag{5-11}$$

式中：n 为与大晶粒接触的小晶粒的数目；d 为小晶粒的平均直径，则有

$$n \approx \frac{\pi(D + d/2)}{d} \approx \frac{D}{d} \tag{5-12}$$

这是由于式中分子作为小晶粒中心轨迹的圆的四周，还因为 $D \gg d$，由式(5-9)得

$$D > \frac{2\sigma_{S-L}d}{\sigma_{S-S}} \tag{5-13}$$

以上讨论中，假定了界面能与方向无关，事实上，晶粒间界具有与晶粒构成的方向以及界面相对于晶粒的方向有关的一些界面能 σ 值，晶界可以是大角度的，也可以是小角度的，并且可能包含着晶粒之间的扭转和倾斜。在生长晶体时，人们注意的是晶界迁移率。晶界迁移速度为

$$V \propto (\sigma/R)M \tag{5-14}$$

式中：R 为晶粒半径；σ 为界面能；M 为迁移率。

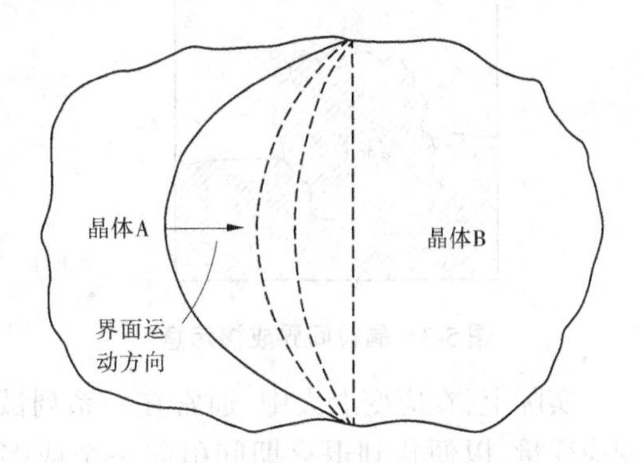

图 5-2　与晶界曲率相关的晶界运动

当晶界朝着曲率半径方向移动时，它的面积减小，如图 5-2 所示。

根据晶界和晶粒的几何形状，晶界的运动可能包含滑移、滑动及需要有位错的运动。如果还须使个别原子运动，过程将缓慢。

若有一个晶粒很细微的强烈的织构包含着几个取向稍微不同的较大的晶体，则有利于二次再结晶。若材料具有显著的织构，则晶体的大部分将择优取向。因此，再结晶的推动力是由应变消除的大小差异和欲生长晶体的取向差异共同提供的。其原因在于式(5-8)中的 W、G_S、ΔG_0 都比较大。特别是在一次再结晶后，G_S 和 ΔG_0 仍然大得足够提供主要的推动力，明显的织构将保证只有几个晶体具有取向上的推动力。

在许多情况下不需要成核也可以发生晶粒长大，这些情形下，通常要生长的晶核也是已存在的晶粒。应变退火生长是要避免在很多潜在的中心上发生晶粒长大。但是，在某些条件下，观察到在退火期间有新的晶粒成核，这些晶粒随着吞并相邻晶粒而长大，研究这种情况的一种办法是考虑点阵区，这些点阵可以最终作为晶核，作为晶胚的相似物，这

对特定区域生长的足以成为晶核的大小是必要的,在普通大小的晶粒中这种生长的推动力是由取向差和维度差引起的,由于位错密度差造成的内能差所引起的附加推动力也很重要,无位错网络区域将并吞高位错浓度的区域而生长,在多边化条件下,存在取向不同但又缺少可以作为快速生长晶胚的位错点阵区,在一些系统中成核所需要的孕育期就是在产生多边化的应变区内位错成核所需要的时间。图 5-3 表示晶粒间成核而产生新晶粒,图 5-4 表示多边化产生的可以生长的点阵区。已经查明,杂质阻止晶核间接的运动,因而阻止刚刚形成的或者已有的晶核的生长,由于杂质妨碍位错运动,所以它有助于位错的固定。在有新晶核形成的系统内,通常观察到新晶核吞并已存在的晶体而生长。它们常常继续长大,并在大半个试样中占据优势。一旦它们长大到一定的大小,继续长大就比较困难,因为这是它们的大小和正要被吞并的晶粒的大小差不多,它们生长引起应变能的减小,也不再大于已有晶粒生长所引起的应变能的减小。若要进一步长大,则要靠晶粒取向差的自由能变化,在具有明显织构的材料中尤其如此。在这样的材料中,几乎所有旧的晶粒都是高度取向的,因此按新取向形成的新晶核容易长大。

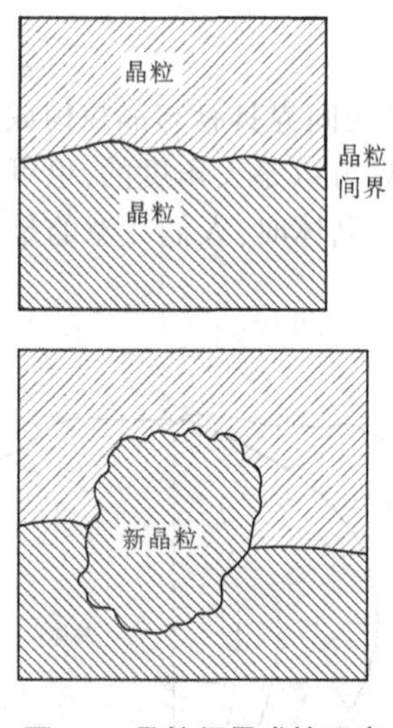

图 5-3 晶粒间界成核示意

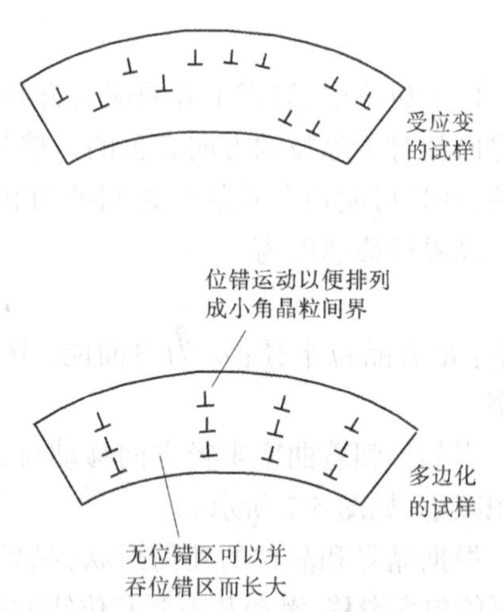

图 5-4 多边化示意

实际上,在应变退火中,通常在一系列试样上改变应变量,以便找到退火期间引起一个或多个晶粒生长所必需的最佳应变或临界应变。一般而言,1%~10%的应变足够满足要求,相应的临界应变控制精度不高于 0.25%,经常用锥形试样寻找其特殊材料的临界应变,因为这种试样在受到拉伸力时自动产生一个应变梯度。在退火之后,可以观察到晶粒生长最好的区域,并计算出该区域的应变。如图 5-5 所示,让试样通过一个温度梯度,将它从冷区移动到热区。试样最先进入热区的尖端部分,开始扩大性晶粒长大,在最佳条件下,只有一颗晶粒长大

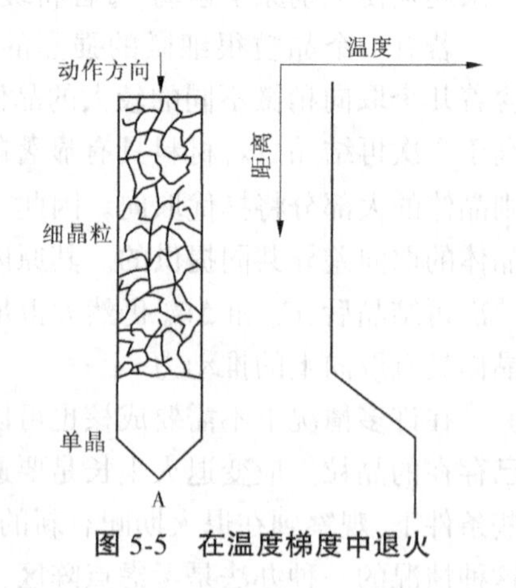

图 5-5 在温度梯度中退火

并占据整个截面,有时为了促进初始形核,退火前使图5-5的A区严重变形。

应该指出,用应变退火法生长非金属材料比生长金属晶体困难,其原因在于使非金属塑性变形很不容易,因此通常是利用晶粒大小差作为推动力,通常退火可提高晶粒尺度,即烧结。

5.1.2 应变退火及工艺设备

5.1.2.1 应变退火

应变退火,包括应变和退火两个部分。对于金属构件,在加工成型过程中本身就已有变形,刚好与晶体生长有关。下面介绍几种典型的金属构件。

1. 铸造件

铸造件是把熔融金属注入铸模内,然后使其凝固,借助重力充满或者离心力使铸模充满。晶粒大小和取向取决于纯度、铸件的形状、冷却速度和冷却时的热交换等。铸造出来的材料不包括加工硬化引起的应变,但由于冷却时的温度梯度和不同的收缩可能产生应变,而这一应变在金属中通常很小,在非金属材料中一般很大,借助塑性变形很难使非金属材料产生应变,所以这种应变成为后来再结晶的主要动力。

2. 锻造件

锻造件会引起应变,还可以引起加工硬化。锻打时,受锻打面的整个面积往往不是被均匀地加工,即使它们被均匀地加工,也存在一个从锻打表面开始的压缩梯度,因而锻造件的应变一般是不均匀的,锻造件往往不仅是用于应变退火的原材料,而且可用于晶体生长中使材料产生应变。

3. 滚轧件

使用滚轧时,金属的变形要比用其他方法均匀,因而借助滚轧可以使材料产生应变和织构。

4. 挤压件

挤压可以用来获得棒体和管类,相应的应变是不均匀的,因此一般不用挤压来作为使晶粒长大的方法。

5. 拉拔丝

拉拔过程一般用来制备金属丝,制得的材料经受相当均匀的张应变,晶体生长中常采用这种方法引进应变。

5.1.2.2 应变退火法生长晶体

采用应变退火法可以方便地生长单相铝合金,即多组分系统固相-固相生长,由于不存在熔化现象,因此也不存在偏析,故单晶能保持原注定的成分,为了得到更好的再结晶,退火生长需要较大的温度梯度。

1. 应变退火法

应变退火法是通过对多晶材料施加一定的临界应变并退火使个别晶粒异常长大成为大尺寸晶粒以至于形成单晶体。该晶体生长方法历史悠久,最早用于生长铝单晶体,随后相继用于生长纯铁单晶和硅铁合金单晶。由于此法所需设备简单、操作容易、单晶质量完好,在生长锆铪等难熔金属单晶领域也得到广泛应用。

西北有色金属研究院对经过两次无坩埚悬浮区熔施加临界应变并等温退火 100 h 制备得到尺寸达 ϕ 10 mm×50 mm、纯度为 99.997 5%的高纯钛金属单晶。Dickson 和 Craig 采用应变退火法成功生长出 20 mm 长、横截面尺寸为 6.0 mm × 2.5 mm 和 9.00 mm× 3.25 mm 的锆单晶。布朗大学 Bereford 等首次报道了应变退火生长铪单晶。试验原料为铪多晶棒，以不同的应变量在 950 ℃热轧，然后 1 700 ℃真空退火 8 h，制得最大晶粒直径为 5 mm，晶面摇摆曲线半高宽为 180′的单晶。研究还发现通过调整应变量可以控制晶粒的取向。

2. 循环加热相变

循环加热相变是将锆铪多晶试样在相变点上下反复加热保温若干次，多次相变产生一个临界的应变使得低温 α 相正好形核，最后在略低于相变点温度长时间退火过程中 α 相不断生长得到单晶体，这实质上是应变退火法的另一种形式，其生长工艺如图 5-6 所示。这种方法除具有固相生长单晶的一般优点外，还具有不需要施加额外塑性变形、后续加工处理操作简单的优势，特别适合生长一些特殊复杂形状的单晶。

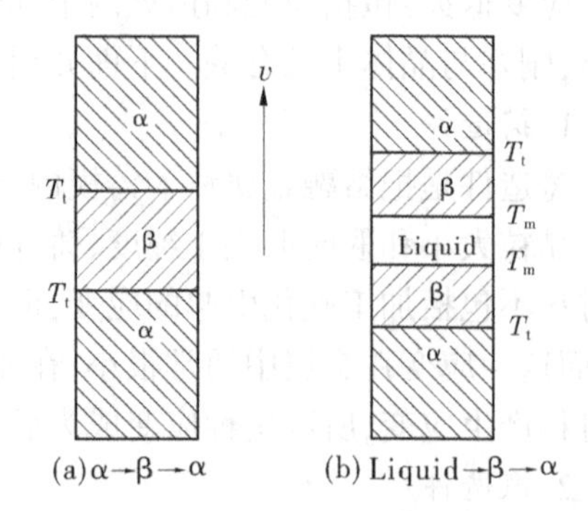

注：T_t 和 T_m 分别是相变温度和熔点

图 5-6　定向退火相分布示意图

Higgins 和 Soo 采用循环加热相变法生长得到长达 37 mm 的大尺寸锆单晶，晶体由两种靠近基面取向的变体组成。研究结果表明，此法的生长机制是特定相变变体的择优生长，最终长时间 840 ℃退火可以消除晶体中的亚结构。Dickson 和 Craig 研究发现晶界向远离形核核心及晶界曲率中心的方向迁移，这表明晶粒生长的驱动力是应变能。Sugano 和 Gilmore 提供了一种改进的快速生长 Ti 单晶的方法，即将细小晶粒的 α 相在固态相变点(882 ℃)短时间退火，使得只有少数 β 相形核，然后快速空冷到室温，β 相发生马氏体相变形成 α′相，接着在 920 ℃退火 2 h，β 相将在 α′相上形核并快速生长成为大晶粒，冷却到室温后又形成大尺寸的 α′相晶粒，最后在 860 ℃退火几个小时生长得到直径达 6 mm 的 α 相大晶粒。该方法主要是通过控制相变来促进晶粒异常生长。

3. 定向退火

此法是将多晶试样缓慢通过一个温度梯度，试样逐渐远离高温区，在冷却过程中发生固态相变，即从高温 β 相转变成为低温 α 相。如果控制合适使得试样的移动速率小于相变前沿的移动速率，这样 β→α 相界面将逐渐通过整个试样，β 相晶粒不断被新的 α 相晶粒所覆盖，最终得到 α 相单晶体。

Mills 利用该法生长锆单晶，将锆多晶棒试样以 1～10 mm/h 的速率缓慢通过最高温度梯度为 500～600 ℃/cm 的电子束炉。达到稳态后试样相界面示意图如图 5-6(a)所示，中间热区为 β 相，两端为 α 相，热区温度约为 1 450 ℃。该法生长得到 20～30 mm 长的锆单晶，微观组织可观察到亚结构的存在，位错密度为 $0.8\times10^6 \sim 5\times10^6/cm^2$。Dickson 和 Graig 用上述相同的方法生长条带状锆单晶，探究了最佳生长条件，当热区最高温度达到 1 800 ℃、试样移动速率为 2 mm/h 时，单晶生长成功率最高，约为 30%；当热区最高温度较低或移动速率大于8 mm/h时,难以成功生长单晶。Braichotte等将锆多晶板缓慢通过一个温度梯度可控的感应加热炉生长锆单晶,当温度梯度为200 ℃/cm、移动速率为12.5 mm/h时,生长得到的单晶尺寸最大,质量最好。更重要的是该方法可以通过改变温度梯度和试样移动速率实现对生长取向的控制。Akhtar利用熔体凝固得到的β相通过固态相变生长α相锆单晶,这种情况下β→α转变为块状相变,其稳态下的相分布示意图如图5-6(b)所示。由于块状相变难以形核,一旦α新相形成,将生长进入β相基体而不生成新的α相核心。该方法生长得到直径为6 mm,最高达200 mm的锆单晶,单晶质量完好,无亚晶界,位错密度为$1\times10^5\sim2\times10^5/cm^2$。因为在区熔生长阶段允许较高的移动速率,所以与前述方法相比,该方法的突出优势是生长速率快,可达200 mm/h。

5.1.3 利用烧结体生长晶体

烧结就是加热压实多晶体。烧结过程中晶粒长大的推动力主要是由残余应变、反向应变和晶粒维度效应等因素引起的。其中,后两种因素在无机材料中应该是最重要的,因为它们不可能产生太大的应变。因此,烧结仅用于非金属材料中的晶粒长大。若加热多晶金属时观察到的晶粒长大,该过程一般可看成是应变退火的一种特殊情况,因为此时应变不是有意识引起的。

一个典型的非金属材料烧结生长的实例是石榴石晶体。5 mm大的石榴石晶体通常是在1 450 ℃以上烧结多晶体钇铁石榴石$Y_3Fe_5O_{12}$(YIG)形成的。同样,采用烧结法,BeO、Al_2O_3、Zn都可以生长到相当大的晶粒尺寸。也就是说,利用烧结使晶粒长大一般在非金属中较为有效。

无机陶瓷中的气孔比金属中多,气孔可以阻止少数晶粒以外的大多数晶粒长大,所以多孔材料中容易出现大尺寸晶粒。在Al_2O_3中添加MgO、在Au中添加Ag可以组织烧结作用,添加物也可以加速晶粒长大。热压是在压缩下烧结,它主要用于陶瓷的致密化。在一般情况下,为了引起陶瓷的致密化,压力需要足够高,也要既足以提供一个合理的气孔消除温度,又不引起显著的晶粒长大。但是,如果热压中升高温度,烧结引起的晶粒显著长大,有可能得到有用的单晶,可以增加到应变退火所能达到的值。

5.2 液相-固相平衡的晶体生长

单组分液相-固相平衡的单晶生长技术是目前使用最广泛的生长技术,其基本方法是控制凝固而生长,即控制成核,以便使一个晶核(最多只有几个)作为籽晶,让所有的生长都在它上面发生。通常是采用可控制的温度梯度,从而使靠近晶核的熔体局部区域产生最大的过冷度,引入籽晶使单晶沿着要求的方向生长。

5.2.1 从液相中生长晶体的一般理论

在单元复相系统中,相平衡条件是系统中共存相的摩尔吉布斯自由能相等,即化学势相等;在多元系统中,相平衡条件是各组元在共存的各相中的化学势相等。系统处于非平衡态,其吉布斯自由能为最低。若系统处于平衡态,则系统中的相称为亚稳相,相应地,有过渡到平衡态的趋势,亚稳相也有转变为稳定相的趋势。然而,能否转变,以及如何转变,这是相变动力学的研究内容。

在亚稳相中新相能否出现,以及如何出现是第一个问题,即新相的成核问题。新相一旦成核,会自发地长大,但是如何长大,或者说新相与旧相的界面以怎样的方式和速率向旧相中推移,这是第二个问题。

一般而言,亚稳相转变为稳定相有两种方式:其一,新相与旧相结构上的差异是微小的,在亚稳相中几乎是所有区域同时发生转变,其特点是变化程度十分微小,变化的区域异常大,或者说这种相变在空间上是连续的,在时间上是不连续的;其二,变化程度很大,变化空间很微小,也就是说新相在亚稳相中某一区域内发生,而后通过相界的位移使新相逐渐长大,这种转变在空间方面是不连续的,在时间方面是连续的。

若系统中空间各点出现新相的概率都是相同的,称为均匀形核;反之,新相优先出现于系统中的某些区域,称为非均匀形核。应当指出,这里提及的均匀是指新相出现的概率在亚稳相中空间各点是均等的,但出现新相的区域仍是局部的。

5.2.1.1 相变驱动力

熔体生长系统的过冷熔体及溶液生长系统中的过饱和溶液都是亚稳相,而这些系统中的晶体是稳定相,亚稳相的吉布斯自由能较稳定相高,是亚稳相能够转变为稳定相的原因,也就是促使这种转变的相变驱动力存在的原因。

晶体生长过程实际上是晶体流体界面向流体中推移的过程。这个过程之所以会自发地进行,是由于流体相是亚稳相,因而其吉布斯自由能较高。如果晶体流体的界面面积为 A,垂直于界面的位移为 Δx,过程中系统的吉布斯自由能的降低为 ΔG,界面上单位面积的驱动力为 f,则上述过程中驱动力所做的功为

$$f \cdot A \cdot \Delta x = -\Delta G \tag{5-15}$$

也就是说,驱动力所做之功等于系统的吉布斯自由能的降低,则有

$$f = -\frac{\Delta G}{\Delta \mu}$$

式中:$\Delta\mu = A \cdot \Delta x$ 为上述过程中生长的晶体体积,故生长驱动力在数值上等于生长单位体积的晶体所引起的系统的吉布斯自由能的变化,式中负号表示界面向流体中位移引起系统自由能降低。

若单个原子由亚稳流体转变为晶体所引起吉布斯自由能的降低为 Δg,单个原子的体积为 Ω_S,单位体积中的原子数为 N,则有

$$\Delta G = N \cdot \Delta g$$

$$v = N\Omega_S$$

将上两式代入式(5-15)得

$$f = -\frac{\Delta g}{\Omega_S} \tag{5-16}$$

若流体为亚稳相,$\Delta g<0$,$f>0$,表明 f 指向流体,此时 f 为生长驱动力;若晶体为亚稳相,则 f 指向晶体,此时 f 为熔化、升华或溶解驱动力。由于 Δg 和 f 成比例关系,因而往往将 Δg 也称为相变驱动力。

1. 气相生长系统中的相变驱动力

在气相生长过程中，假设蒸气为理想气体，在(p_0, T_0)状态下两相处于平衡态，则p_0为饱和蒸气压。此时晶体和蒸气的化学势相等，晶体的化学势为

$$\mu(p_0, T_0) = \mu^0(T_0) + RT_0 \ln p_0 \tag{5-17}$$

在T_0不变的条件下，$p_0 \to p$，化学势为

$$\mu(p_0, T_0) = \mu^0(T_0) + RT_0 \ln p \tag{5-18}$$

$p>p_0$，因此p为过饱和蒸气压，此时系统中气相的化学势大于晶体的化学势，则增量为

$$\Delta\mu = -RT_0 \ln(p/p_0) \tag{5-19}$$

考虑$\Delta\mu = N_0 \Delta g$，$R = N_0 K$，则单个原子由蒸气-晶体引起的吉布斯自由能的降低为

$$\Delta g = -KT_0 \ln(p/p_0) \tag{5-20}$$

令$\alpha = p/p_0$（饱和比），$\sigma = \alpha - 1$，当σ较小时，有$\ln(1+\sigma) \approx \sigma$，则

$$\Delta g = -KT_0 \ln(p/p_0) \approx -KT_0 \sigma \tag{5-21}$$

故

$$f = -\Delta g/\Omega_S = KT_0 \sigma/\Omega_S \tag{5-22}$$

2. 溶液生长系统中的相变驱动力

设溶液为稀溶液，在(p, T, C_0)状态下两相平衡，则C_0为溶质在该温度压强下的饱和浓度，此时溶质在晶体中的化学势相等，晶体中溶质的化学势为

$$\mu = g(p, T) + RT \ln C_0 \tag{5-23}$$

在温度压强不变的条件下，溶液中的浓度由C_0增加到C，溶液中溶质的化学势为

$$\mu' = g(p, T) + RT \ln C \tag{5-24}$$

由于$C>C_0$，故C为饱和浓度，此时溶质在溶液中的化学势大于晶体中的化学势，其差值为

$$\Delta\mu = -RT \ln(C > C_0) \tag{5-25}$$

同样，可得单个溶质原子由溶液相转变为晶体相所引起的吉布斯自由能的降低为

$$\Delta g = -KT \ln(C/C_0) \tag{5-26}$$

类似地，定义$\alpha = C/C_0$为饱和比，$\sigma = \alpha - 1$为过饱和度，则有

$$\Delta g = -KT \ln(C/C_0) = -KT \ln\alpha \approx -KT\sigma \tag{5-27}$$

若在溶液生长系统中，生长的晶体为纯溶质构成，将式(5-27)代入式(5-16)得溶液生长系统中的驱动力为

$$f = \frac{KT}{\Omega_S} \ln(C/C_0) = \frac{KT}{\Omega_S} \ln\alpha \approx KT \frac{\sigma}{\Omega_S} \tag{5-28}$$

3. 熔体生长系统中的相变驱动力

在熔体生长系统中，若熔体温度T低于熔点T_m，则两相的摩尔分子自由能不等，设其差值为$\Delta\mu$，根据摩尔分子吉布斯自由能的定义$\mu = h - TS$，可得

$$\Delta\mu = \Delta h(T) - T\Delta S(T) \tag{5-29}$$

式中：$\Delta h(T)$和$\Delta S(T)$是温度为T时两相摩尔分子熵和摩尔分子熵的差值，它们通常是温度的函数，但在熔体生长系统中，在正常情况下，T略低于T_m，也就是说过冷度$\Delta T = T_m - T$较小，因而近似地认为$\Delta h(T) \approx \Delta h(T_m)$，$\Delta S(T) \approx \Delta S(T_m)$，当温度为$T$时，两相摩尔分子吉布斯自由能的差值为

$$\Delta\mu = -\varphi\frac{\Delta T}{T_m} \tag{5-30}$$

故温度为 T 时单个原子由熔体转变为晶体时吉布斯自由能的降低为

$$\Delta g = -l\frac{\Delta T}{T_m} \tag{5-31}$$

式中：$gl=\varphi/N_0$ 为单个原子的熔化潜热；ΔT 为过冷度。于是将式(5-31)代入式(5-16)，可得熔体生长的驱动力为

$$f = \frac{l\Delta T}{\Omega_S T_m} \tag{5-32}$$

在通常的熔体生长系统中，式(5-31)和式(5-32)已经足够精确了，但在晶体与溶体的定压比热相差较大时，或是过冷度较大时，有必要得到驱动力更为精确的表达式

$$\Delta g = -l\frac{\Delta T}{T_m} + \Delta C_p\left(\Delta T - T\ln\frac{T_m}{T}\right) \tag{5-33}$$

式中：$\Delta C_p = C_p^l - C_p$ 为两相定压比热的差值。

可以看出，当 ΔC_p 较小及 T 和 T_m 比较接近时，式(5-33)退化为式(5-32)。

4. 亚稳态

在温度和压强不变的情况下，当系统没有达到平衡态时，可以把它分成若干个部分，每一部分可以近似地认为已达到了区域平衡，因而可存在吉布斯自由能函数，整个系统的吉布斯自由能就是各部分的总和。而整个系统的吉布斯自由能可能存在几个极小值，其中最小的极小值就相当于系统的稳定态，其他较大的极小值相当于亚稳态。

对于亚稳态，当无限小地偏离它们时，吉布斯自由能是增加的，因此系统立即回到初态，但有限地偏离时，系统的吉布斯自由能却可能比初态小，系统就不能回复到初态；相反地，就有可能过渡到另一种状态，这种状态的吉布斯自由能的极小值比初态的还要小。显然，亚稳态在一定限度内是稳定的状态。

如果吉布斯自由能为一连续函数，在两个极小值间必然存在一极大值。这就是亚稳态转变到稳定态所必须克服的能量位垒。亚稳态间存在能量位垒，是亚稳态能够存在而不立即转变为稳定态的必要条件，但是亚稳态迟早会过渡到稳定态。例如，生长系统中的过饱和蒸气、过饱和溶液或过冷熔体，终究会结晶。在这类亚稳态系统中结晶的方式只能是由无到有，从小到大。亚稳系统中晶体产生都是由小到大，这就给熔体转变为晶体设置了障碍，这种障碍来自界面。若界面能为零，在亚稳相中出现小晶体就没有困难，实际上，亚稳相中一旦出现了晶体，也就出现了相界面，因此引起系统中的界面能增加。也就是说，亚稳态和稳定态间的能量位垒来自界面能。

5.2.1.2 非均匀形核

相变可以通过均匀形核实现，也可以通过非均匀形核实现。在实际的相变过程中，非均匀形核更常见，然而只有研究了均匀形核之后，才能从本质上揭示形核规律，更好地理解非均匀形核，所谓均匀形核是指在均匀单一的母相中形成新相结晶核心的过程。

1. 均匀形核的简要回顾

在液态金属中，时聚时散的进程有序原子集团是形核的胚芽叫晶胚。在过冷条件下，

形成晶胚时,系统的变化包括转变为固态的那部分体积引起的自由能下降和形成晶胚与液相之间的界面引起的自由能(表面能)的增加。设单位体积引起的自由能下降为ΔG_V($\Delta G_V<0$),单位面积的表面能(比表面能)为σ,晶胚为半径为r的球体,则过冷条件下晶胚形成时,系统自由能的变化为

$$\Delta G = \frac{4}{3}\pi r^3 \Delta G_V + 4\pi r^2 \sigma \tag{5-34}$$

由热力学第二定律可知,只有使系统的自由能降低时晶胚才能稳定地存在并长大,当$r<r^*$时,晶胚的长大使系统的自由能增加,这样的晶胚不能长大;当$r>r^*$时,晶胚的长大使系统自由能下降,这样的晶胚可以长大;当$r=r^*$时,晶胚的长大趋势消失,称r^*为临界核半径。令$\frac{\mathrm{d}\Delta G}{\mathrm{d}r}$,则有

$$r^* = -\frac{2\sigma}{\Delta G_V} \tag{5-35}$$

由热力学可证明,在恒温恒压下,单位体积的液体与固体的自由能差为

$$\Delta G_V = -\frac{L_m \Delta T}{T_m} \tag{5-36}$$

式中:ΔT为过冷度;T_m为平衡结晶温度;L_m为熔化潜热。

由式(5-35)得

$$r^* = \frac{2\sigma}{L_m \Delta T} \tag{5-37}$$

可以看出,r^*与ΔT成反比,意味着随过冷度增加,临界核半径减小,形核概率增加。从图5-7可以看出,$r>r^*$的晶核长大时,虽然可以使系统自由能下降,但形成一个临界晶核本身要引起系统自由能增加ΔG^*,即临界晶核的形成需要能量,称之为临界晶核形核功。

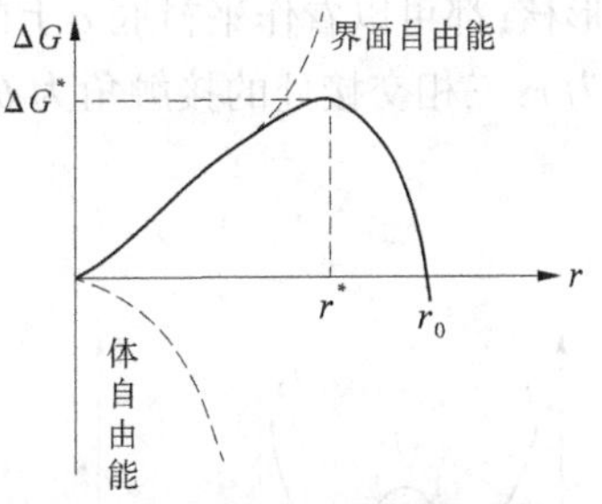

图5-7　晶胚形成时系统自由能的变化与半径的关系

将式(5-35)代入式(5-34)有

$$\Delta G^* = \frac{16\pi\sigma^3}{3(\Delta G_V)^2} \tag{5-38}$$

由式(5-36)得

$$\Delta G^* = \frac{16\pi\sigma^3 T_m^2}{3(L_m \Delta T)^2} \tag{5-39}$$

式(5-39)表明临界晶核形核功取决于过冷度,由于临界晶核表面积$A^*=4\pi(r^*)^2$,则有

$$\Delta G^* = \frac{1}{3}A^* \cdot \sigma \tag{5-40}$$

可以看出,形成临界晶核时,液、固相之间的自由能差能供给所需要的表面能的2/3,另1/3则需由液体中的能量起伏提供。

综上所述,均匀形核必备的条件为:①必须过冷,过冷度越大形核驱动力越大;②必须具备与一定过冷相适应的能量起伏 ΔG^* 或结构起伏 r^*,当 ΔT 增大时,ΔG^* 和 r^* 都减小,此时的形核率增大,下面着重介绍均匀形核率 N。

均匀形核率通常受两个矛盾的因素控制:一方面随着过冷度增大,ΔG^* 和 r^* 减小,有利于形核;另一方面随过冷度增大,原子从液相向晶胚扩散的速率降低,不利于形核,因此形核率可表示为

$$I = I_1 \cdot I_2 = k\mathrm{e}^{-(\Delta G^*/RT)} \cdot \mathrm{e}^{-(Q/RT)} \tag{5-41}$$

式中:I 为总形核率;I_1 为受形核功影响的形核率因子;I_2 为受扩散影响的形核率因子;ΔG^* 为形核功;Q 为扩散激活能;R 为气体常数。

图 5-8 为 I_1、I_2、I-ΔT 关系曲线。可以看出,在过冷度不很大时,形核率主要受形核功因素的控制,随过冷度增大,形核率增大;在过冷度非常大时,形核率主要受扩散因素的控制,此时形核率随过冷度的增加而下降,后一种情形更适合于盐、硅酸盐,以及有机物的结晶过程。

2. 非均匀形核

多数情况下,为了有效降低形核位垒加速形核,通常引进促进剂。在存有形核促进剂的亚稳系统中,系统空间各点形核的概率也不均等,在促进剂上将优先形核,这也是所谓的非均匀形核。在晶体生长中,有时要求提高形核率,有时又要对形核率进行控制,这就要求我们了解非均匀形核的基本过程和原理。

(1)平衬底球冠核的形成及形核率。在坩埚壁上的非均匀形核或异质外延时的非均匀形核,都可以看作平衬底 c 上的非均匀形核,形成了球冠形晶体胚团 s,此球冠的曲率半径为 r,三相交接处的接触角为 θ,如图 5-9 所示,设诸界面能 γ 为各向同性的,则

$$m = \cos\theta = \frac{\gamma_{cf} - \gamma_{sc}}{\gamma_{sf}} \tag{5-42}$$

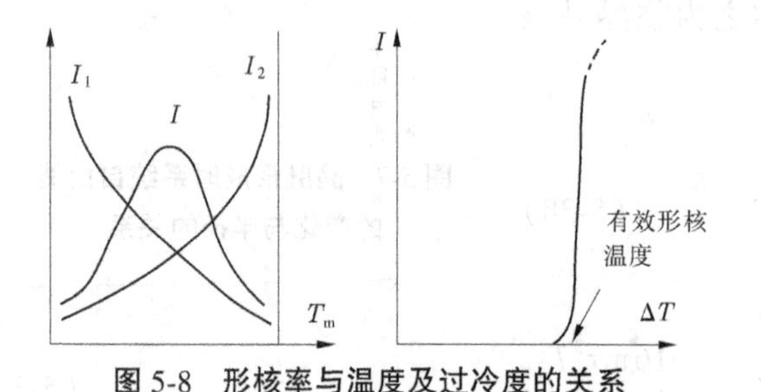

图 5-8 形核率与温度及过冷度的关系

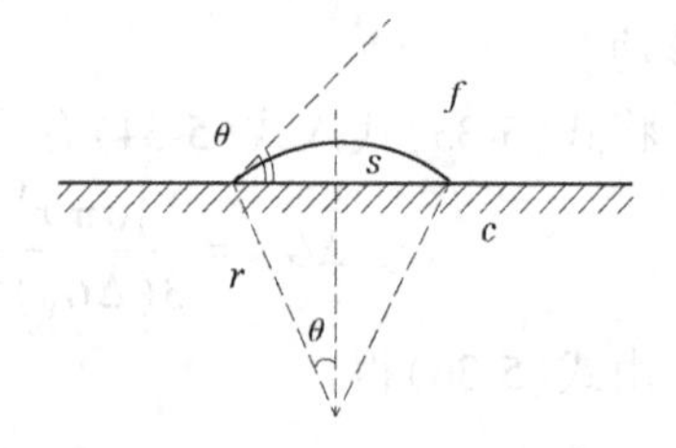

图 5-9 平衬底上球冠核示意

这里,胚团体积为 V_s,由几何关系得

$$V_s = \frac{4\pi r^3}{3}(2 + m)(1 - m)^2 \tag{5-43}$$

$$A_{sf} = 2\pi r^2(1 - m) \tag{5-44}$$

$$A_{sc} = \pi r^2(1 - m^2) \tag{5-45}$$

球冠形的胚团在平衬底上形成后,在系统中引起的吉布斯自由能的变化为

$$\Delta G(r)=\frac{V_s}{\Omega_S}\Delta g+(A_{sf}\gamma_{sf}+A_{sc}\gamma_{sc}-A_{sc}\gamma_{cf}) \tag{5-46}$$

式中,括号中的诸项为球冠胚团形成时所引起的界面能的变化。球冠胚团形成时产生了两个界面,即胚团-流体界面 A_{sf} 和胚团-衬底界面 A_{sc},使面积为 A_{cf} 的衬底-流体界面消失,若 γ_{cf} 较大,有

$$A_{sf}\gamma_{sf}+A_{sc}\gamma_{sc}\leqslant A_{sc}\gamma_{cf} \tag{5-47}$$

则界面能位垒消失,由式(5-46)可以看出,流体自由能项和界面能项都是负的,亚稳流体可自发地在衬底上转变为晶体而无须形核,这是一种极端情形。

由上述诸式,还可以化简式(5-46),即

$$\Delta G(r)=\left(\frac{4\pi r^3}{3\Omega_S}\Delta g+4\pi r^2\gamma_{sf}\right)(2+m)(1-m)^2/4 \tag{5-48}$$

由式(5-48)可以看出,平衬底上球冠团形成能是球冠曲率半径的函数,对 r 求微商,令其为零,得到

$$\frac{dG(r)}{dr}=0,r^*=\frac{2\gamma_{sf}\Omega_S}{\Delta g} \tag{5-49}$$

可见,式(5-49)与均匀形核的晶核半径表达是完全相等,相应地有

$$\Delta G^*=\frac{16\pi\Omega_S^2\gamma_{sf}^3}{3(\Delta g)^2}\cdot f_1(m) \tag{5-50}$$

其中

$$f_1(m)=(2+m)(1-m)^2/4 \tag{5-51}$$

将式(5-50)与均匀形核的球核形成能表达式相比较可以发现两式只差个因子 $f_1(m)$。

$f_1(m)$的变量 $|m|=|\cos\theta|\leqslant1$,则 $0\leqslant f_1(m)<1$。可知衬底具有降低晶核形成能(ΔG^*)的通性,即在衬底上形核比均匀形核容易,这也说明温度均匀的纯净溶液或熔体总是倾向于往坩埚壁上“爬”,优先结晶。从式(5-42)和式(5-51)可以看出,$f_1(m)$的大小完全取决于衬底、流体与晶体间的界面能的大小,或者说取决于三相间的接触角 θ,主要有以下规律:①$\theta=0$,$f_1(m)=0$,$\Delta G^*=0$,表明不需要形核,在衬底上流体可立即变为晶体,这在物理上容易被理解,因为 $\theta=0$ 说明晶体完全浸润衬底,在衬底上覆盖一层具有宏观厚度的晶体薄层,等价于籽晶生长或同质外延;②$\theta=180°$,$f_1(m)=1$,此时衬底上非均匀形核的形成能与均匀形核的形成能完全相等,衬底对形核完全没有贡献,由于 $\theta=180°$是完全不浸润的情形,此时胚团与衬底只切于一点,球冠胚团完全变成球团胚团,因而与均匀成核的情况没有差别。

由此可知,在生长系统中具有不同接触角的衬底在形核过程中所起的作用不同,可根据实际需要来选择衬底。例如,要防止在坩埚或容器上结晶,可使用 θ 接近180°的坩埚材料;而在外延生长中,尽量选用 θ 近于0°的材料作为衬底。应当指出,实际坩埚或衬底材料的选择还取决于其他工艺或设备因素。

对气相生长系统,球冠核的表面积近似取为 πr^{*2},因而捕获原子的概率为

$$B = p(2\pi mkT)^{-1/2} \cdot \pi r^{*2} \tag{5-52}$$

根据式(5-49)、式(5-50)和式(5-52),可以得到平衬底上球冠核的形核率为

$$I = np(2\pi mKT)^{-1/2} \cdot \pi\left[\frac{2\gamma\Omega_S}{KT\ln(p/p_0)}\right]^2 \cdot \exp\left[-\frac{16\pi\Omega_S^3 r^2 f_1(m)}{3K^3T^3(\ln p/p_0)^2}\right] \tag{5-53}$$

同理,可得熔体生长系统平衬底上的球冠核的形核率为

$$I = nv_0\exp\left(-\frac{\Delta q}{KT}\right) \cdot \exp\left[-\frac{16\pi r^2\Omega_S^3 T_m^2}{3KT\ln^2(\Delta T)^2} \cdot f_1(m)\right] \tag{5-54}$$

可以看出,衬底对形核率的影响也是通过$f_1(m)$起作用的。

(2)平衬底上表面凹陷的影响。实际上,衬底上往往存在一些表面凹陷,对非均匀形核的影响较大。下面根据近似模型来说明它们对形核的影响。

如前所述,在衬底上形成胚团时,将一部分衬底与流体的界面转变为衬底与流晶体的界面。若γ_{cf}大于衬-晶界面能γ_{sc},由式(5-46)可知,形成的衬-晶界面面积A_{sc}越大,则胚团的形成能越小。衬底上的表面凹陷能有效增加晶体与衬底间的界面面积,因此能有效地降低胚团的形成能,使胚团在过热或不饱和的条件下得到稳定。

为了说明衬底上的凹陷效应,考虑图5-10所示的模型,由几何知识得胚团体积V_s和胚团-流体界面面积A_{sc}分别为

$$V_s = \pi r^2 h \tag{5-55}$$

$$A_{sf} = 2\pi r^2\left(1 - \sqrt{1 - m^2}\right)/m^2 \tag{5-56}$$

$$A_{sc} = 2\pi rh + \pi r^2 \tag{5-57}$$

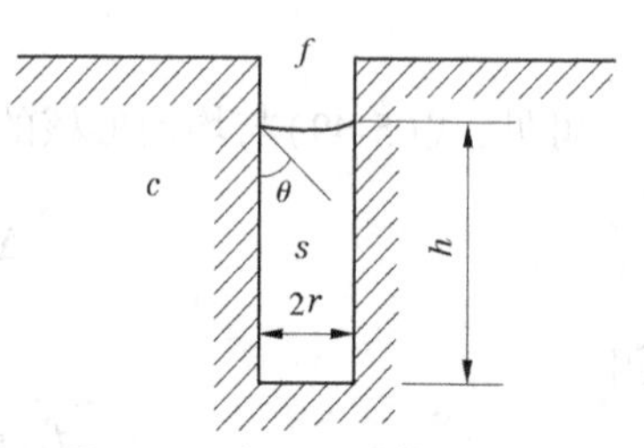

图5-10　表面凹陷的柱孔模型

将式(5-57)代入式(5-46),利用式(5-51),则得柱形空腔中胚团的形成能

$$\Delta G = \frac{\pi r^2 h}{\Omega_S}\Delta g + 2\pi r\gamma_{sf} \cdot \left[r\left(1 - \sqrt{1 - m^2}\right)/m^2 - m\left(h + \frac{r}{2}\right)\right] \tag{5-58}$$

由于r固定,因而ΔG是h的函数。由式(5-58)可看出,若h足够大,表面能项可为负值;若流体为过冷或过饱和流体,即$\Delta G<0$,则随h的增加,ΔG总是减小的,因而胚团将自发长大,这等价于籽晶生长的情况;若流体为不饱和或过热流体,即$\Delta G>0$,胚团也可能是稳定的。事实上,$\Delta G>0$时,若ΔG随h增加而减小,即

$$\frac{\mathrm{d}\Delta G}{\mathrm{d}h} < 0 \tag{5-59}$$

胚团就是稳定的。由此可得胚团的稳定条件

$$\frac{\pi r^2}{\Omega_S}\Delta g - 2\pi rm\gamma_{sf} < 0 \tag{5-60}$$

或

$$r < \frac{2\gamma_{sf}\Omega_S m}{\Delta g} \tag{5-61}$$

由此可见,空腔的半径越小,胚团越稳定。

(3)衬底上的凹角形核。衬底上的凹角形核已有过不少应用,如用贵金属沉积在碱

金属卤化物的表面台阶的凹角处,可以显示单原子高度的表面台阶,研究台阶运动的动力学。

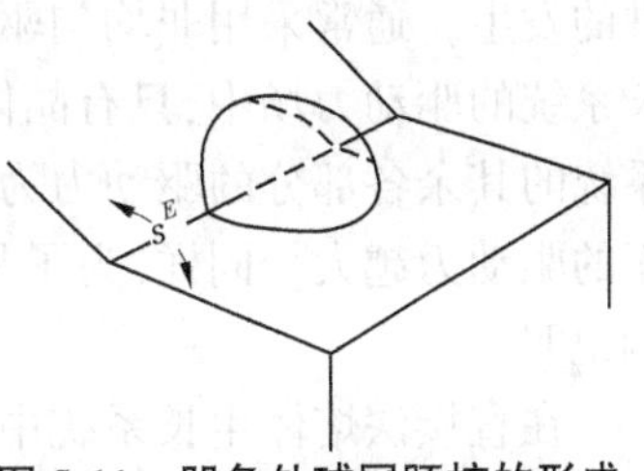

图 5-11 凹角处球冠胚核的形成

考虑一球冠胚团在凹角处形核,用 ζ 表示凹角的角度,如图 5-11 所示。当 $\zeta = 90°$时,存在解析解,即凹角处球冠胚团的晶核半径和球冠形核能分别为

$$r^* = \frac{2\Omega_S \gamma_{sf}}{\Delta g}, \Delta G^* = \frac{16\pi\Omega_S^2\gamma_{sf}^3}{3\Delta g^2} \cdot f_2(m) \quad (5\text{-}62)$$

式中:f_2 仍为接触角的余弦的函数,即

$$f_2(m) = \frac{1}{4}\left\{(\sqrt{1-m^2} - m) + \frac{2}{\pi}m^2(1-2m^2)^{1/2} + \frac{2}{\pi}m(1-m^2)\sin^{-1}\left(\frac{m^2}{1-m^2}\right)^{1/2} - m(1-m^2) - \frac{2}{\pi\gamma^*}\int_{m\gamma^*}^{(1-m^2)^{1/2}\gamma^*} \sin^{-1}\left[\frac{\gamma^* m}{(\gamma^* - \gamma^2)}\right]\mathrm{d}\gamma\right\} \quad (5\text{-}63)$$

进一步可得凹角处球冠胚团形核率,与平衬底上球冠胚团形核率表达式相似,为了便于比较,这里给出二者的比值

$$\ln\left(\frac{I_{凹}}{I_{平}}\right) = \frac{16\pi\Omega_S^2\gamma_{sf}^2}{3\Delta g^2}[f_1(m) - f_2(m)] \quad (5\text{-}64)$$

综上所述,可以认为,在光滑界面上孪晶的凹角处,台阶的二维形核比较容易,这可用来解释蹼状晶体的生长。

(4)悬浮粒子的形核。考虑悬浮粒子大小的影响,将悬浮粒子看作半径为 r 的球体,忽略界面的各向异性,同样按上述方法分析,可以得到

$$\Delta G^* = \frac{16\pi\Omega_S^2\gamma_{sft}^3}{3\Delta g^2} \cdot f_3(m,x) \quad (5\text{-}65)$$

$$x = \frac{r}{r^*} = \frac{r\Delta g}{2\gamma_{sf}\,\Omega_S} \quad (5\text{-}66)$$

$$f_3(m,x) = 1 + \left(\frac{1-mx}{g}\right)^3 + x^3\left[2 - 3\left(\frac{x-m}{g}\right) + \left(\frac{x-m}{g}\right)^3\right] + 3mx^2\left(\frac{x-m}{g} - 1\right) \quad (5\text{-}67)$$

这里,$g = (1+x^2-2mx)^{1/2}$,m 仍为接触角的余弦,如果要求得每个悬浮粒子上的成核率,那么

$$I = np(2\pi mKT)^{-\frac{1}{2}} \cdot 4\pi r^2\left[\frac{2\,\Omega_S r}{KT\ln(p/p_0)}\right]^2 \cdot \exp\left[\frac{-16\pi\,\Omega_S^3 r^2}{K^3T^3(\ln p/p_0)^3} \cdot f_3(m,x)\right] \quad (5\text{-}68)$$

弗莱彻对不同 m 值的粒子,求得了 1 s 内成为晶核所应用的临界饱和比与粒子半径的关系,即一个悬浮粒子要成为有效的凝化核,这个粒子不但要相当大,而且其接触角要小。

(5)晶体生长系统中形核率的控制。在人工晶体生长系统中,必须严格控制形核事

件的发生。通常采用非均匀驱动力场控制的方法,该驱动力场按空间分布。而合理的生长系统的驱动力场中,只有晶体-流体界面邻近存在生长驱动力(负驱动力或 $\Delta g<0$),而系统的其余各部分的驱动力为正(熔化,溶解或升华驱动力),并且在流体中越远离界面,正的驱动力越大。同样,为了晶体发育良好,还要求驱动力场具有一定的对称性。下面举例说明。

在直接法熔体生长系统中,要求熔体的自由表面的中心处存在负驱动力(熔体具有一定的过冷度),熔体中其余各处的驱动力为正(为过热熔体),并且越远离液面中心,其正驱动力越大,还要求驱动力场具有对称性。在这样的驱动力场中,若用籽晶,就能保证生长过程中不会发生形核事件;若不用籽晶,也能保证晶体只形核于液面中心,并且生长成单晶体而不生长成其他晶核。在这样的驱动力场中,可以用金属丝引晶,并用产生颈缩的方法来生长第一根(无籽晶)单晶体。由熔体生长系统中的生长驱动力表达式可以看出,生长驱动力与熔体中的温度场相对应,因而可以用改变温度场的方法获得合理的驱动力场。在驱动力场设计不合理的直接法生长系统,在引晶阶段有时出现"漂晶",即液面上的小晶体往往形核于液面。这是因为该处不能保持正的驱动力(熔体过热),在熔体中的飘浮粒子上产生了非均匀形核。

在气相生长系统中或溶液生长系统中,对驱动力场的要求原则上与上述相同。驱动力场取决于饱和比,由于饱和蒸汽压以及溶液的饱和浓度与温度有关,故调节温度场可使生长系统中局部区域的蒸气或溶液成为过饱和,而使其他区域为不饱和。这样就能保证只在局部区域形核及生长,这对通常助熔剂生长晶体过程尤为重要,因为在这种生长系统中如不控制形核率,则虽然所得晶体甚多,但晶体的尺寸很小。如果在同样的条件,精确控制形核率,使之只出现少数晶核,这样就能得到尺寸较大的晶体。

总之,通过温度场改变驱动力场,借以控制生长系统中的形核率,这是晶体生长工艺中经常应用的方法。然而要正确地控制,还必须减少在坩埚上和悬浮粒子上的非均匀形核,使埚壁光滑无凹陷,埚壁和埚底间不出现尖锐的夹角,或是采用纯度较高的原料以及在原料配制过程中不使异相粒子混入。

5.2.1.3　晶体的平衡形状

1. Walff 定理

一般来说,晶体的界面自由能 σ 是结晶学取向 n 的函数,而且也反映了晶体的对称性。若已知界面自由能关于取向的关系 $\sigma(n)$,可求出给定体积下的晶体在热力学平衡态时应具有的形状。由热力学理论可知,在恒温恒压下,一定体积的晶体(体自由能恒定的晶体)处于平衡态时,其总界面自由能为最小,也就是说,趋于平衡态时,晶体将调整自己的形状以使本身的总界面自由能降至最小,这就是 Walff 定理。根据 Walff 定理,一定体积的晶体的平衡形状是总界面自由能为最小的形状,故有

$$\oiint \sigma(n)\,\mathrm{d}A = 最小值 \tag{5-69}$$

显然,液体的界面自由能是各向同性的,与取向无关,故 $\sigma(n)=\sigma=$ 常数。由式(5-51)可知,液体总界面能最小就是其界面面积最小,故液体的平衡形状只能是球状,而对于晶体,其所显露的面尽可能是界面能较低的晶面。

2. 晶体表面自由能的几何图像法

图 5-12 是假想的 Walff 图。从原点 O 作出所有可能存在的晶面法线,取每一法线的长度比例于该晶面的界面能大小,这一直线簇的端点综合表示了界面能对于晶面取向的关系,称为界面自由能极图,离开原点的距离与 σ 的大小成比例。在极图上每一点作垂直于该点矢径的平面,这些平面所包围的最小体积就相似于晶体的平衡形状。也就是说晶体的平衡形状在几何上相似于极图中体积最小的内接多面体。

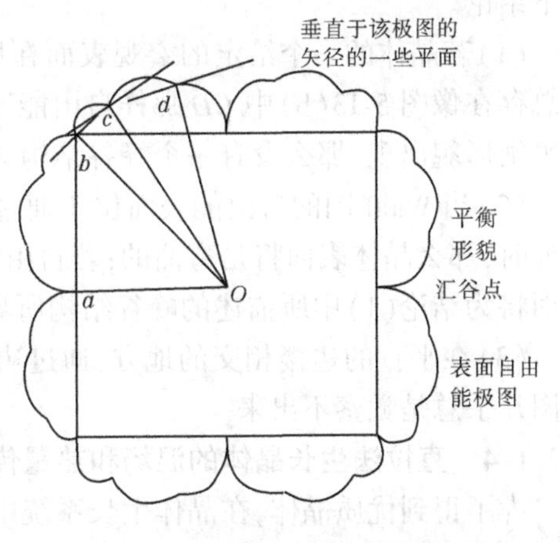

图 5-12　晶体表面自由能的极图

如果形成一个像图 5-13(a)中的那样的特定晶面,这个晶面的生长速度(与距离 1—2 成比例)比别的晶面,例如比 BC(BC 生长速度与距离 3—4 成比例)的速度快,那么生长快的晶面的面积将随时间而减小($A'B'<AB$),而生长慢的晶面的面积将随时间而增大($B'C'>BC$)。最后,生长快的晶面消失,图 5-13 为二维示意图。在真实晶体中,除晶面之间的相对生长速度外,它的几何关系亦将决定于一给定晶面是否会消失。但是,其面积随时间增大的晶面总比随时间减小的晶面长得慢。这样,倘若晶体生长在平衡态附近进行,那么图 5-12 和图 5-13(a)中离开中心点的距离与 σ 生长速度均成比例。在晶面与图 5-13 中表面自由能表面相交的地方垂直于矢径的平面而构成的体积最小的封闭图应该是晶体的平衡形貌,它将包含生长速度比其他形貌都慢的晶面,由于表面自由能表面上的汇谷点一般具有最短的矢径(联系着一个低 σ 的表面),故晶面应出现在矢径交于 Walff 图上的汇谷点或马鞍点的地方。

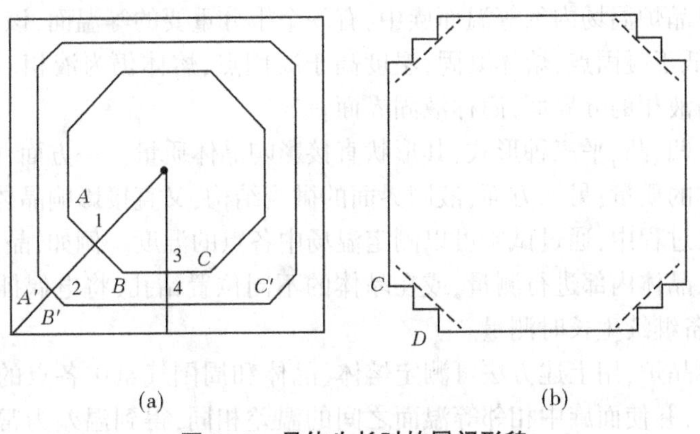

图 5-13　晶体生长时的居间形貌

小晶体的平衡形貌较易实现,因为仅在大量待结晶物质被运输很远的距离时才发生形貌的显著变化,这种运输所需要的能量大于晶体长大而得到的表面自由能减小。而大晶体则不然,即使没有一种组态接近 Walff 图所给出的最小自由能,探讨比较晶体中相邻组态的自由能的问题亦是重要的,对于一些相邻的组态,人们分析了它们的 Walff 图,有以下结论。

(1)若晶体的一个给定的宏观表面在取向上和平衡形貌的边界某一部分不一致,那么总存在像图5-13(b)中*CD*那样自由能比较平坦表面低的峰谷结构;反之,若给定表面的平衡形貌出现,那么没有一个峰谷结构会更加稳定。

(2)当Walff图的自由能表面位于通过矢径和表面的交点画出的和表面相切的球面以外时,那么晶体表面将是弯曲的;若自由能表面总处于该球面以内的任何地方,那么晶体面将为结论(1)中所描述的峰谷结构所界限。

(3)在平直的边楼相交的地方,通过边楼的变圆可以使表面自由能成为最小的,这种变图几乎总是觉察不出来。

5.2.1.4　直拉法生长晶体的温场和热量传输

为了得到优质晶体,在晶体生长系统中必须建立合理的温度场分布。在气相生长和溶液生长系统中,由于饱和蒸气压和饱和浓度与温度有关,因而生长系统中温度场分布对晶体行为有重要的影响。而在熔体生长系统中,温度分布对晶体生长行为的影响更加明显。事实上,熔体生长中应用最广的方法是直拉法生长,下面着重讨论直拉法生长晶体的温度分布和热量传输。

1. 炉膛内温场

通常,单晶炉的炉膛内存在不同介质,如熔体、晶体以及晶体周围的气氛等,不同的介质有不同的温度,即使在同一介质内,温度也不一定是均匀分布。显然,炉膛内的温度是随空间位置而变化的。在某确定的时刻,炉膛内全部空间中,每一点都是确定的温度,而不同的点上温度可能不同,这种温度的空间分布称为温场。一般说来,炉膛中的温场随时间而变化,也就是说炉内的温场是空间和时间的函数,这样的温场称为非稳温场。若炉内的温场不随时间而变化,这样的温场称为稳态温场,若将温场中温度相同的空间各点连接起来,就形成了一个空间曲面,称为等温面。

在直拉法单晶炉温场内的等温面族中,有一个十分重要的等温面,该面的温度为熔体的凝固点,温度低于凝固点,熔体凝固,温度高于凝固点,熔体仍为液相。因此,这个特定的面又叫固相与液相的分界面,简称液固界面。

液固界面有凹、凸、平三种形式,其形状直接影响晶体质量。一方面,改变液固界面形状直接影响晶体的质量;另一方面,液固界面的微观结构,又直接影响晶体的生长机制。

在晶体生长过程中,通过试验可以测定温场中各点的温度。例如,晶体中的温度通常是将热电偶埋入晶体内部进行测量,或在晶体的不同位置钻孔,将电偶插入,再将晶体与熔体接起来,以备继续生长时测量。

对具体的单晶炉,用上述方法可测定熔体、晶体和周围气氛中各点的温度,再根据测定值画等温面族,并使面族中相邻等温面之间的温差相同,得到温差为常数的等温面族。根据等温面的形状推测温场中的温度分布,同时根据等温面的分布推测温度梯度。显然,等温面越密处温度梯度越大,越稀处温度梯度越小。习惯上用与液面邻近的轴向温度和径向温度来描述温场。

若炉膛中的温场为稳态温场,则炉膛内各点的温度只是空间位置的函数,不随时间而改变,因而在稳态温场中能生长出优质晶体。应当指出,由于单晶炉内的温场存在温度梯度,存在热量流和热量损耗,导致温场稳态温场的变化。因此,要建立稳态温场,就要补偿炉内热量损耗。

2. 晶体生长中的能量平衡理论

(1)能量守恒方程。在温场中取一闭合曲面,此闭合面可以包含固相、液相或气相,也可以包含有相界面,如固液、固气或气液等。设闭合曲面中的热源在单位时间内产生的热量为 Q_1,该项热量包括电流产生的焦耳热和由于物态变化所释放的汽化热、熔化热、溶解热。若在热能传输时间净流入闭曲面中的热为 Q_2,这两项热量之和必须等于闭合曲面内的单位时间内温度升高所吸收的热量 Q_3,即

$$Q_1 + Q_2 = Q_3 \tag{5-70}$$

式(5-70)表明,闭曲面中单位时间内产生的热量与单位时间内净流入此曲面的热量之和等于闭曲面单位时间内温度升高所吸收的热量。

若闭曲面内的温场是稳态场,即温度不随时间而变化,即 $Q_3 = 0$,则有

$$Q_1 = -Q_2 \tag{5-71}$$

式中:$-Q_2$ 为单位时间内净流出闭曲面的热量,对闭合曲面而言,即热量损耗,也就是说式(5-71)是建立稳态温场的必要条件。

(2)若不考虑晶体生长的动力学效应,液固界面就是温度恒为凝固点的等温面,如图 5-14 所示。令此闭合柱面的高度无限地减少,闭合柱面的上下底就无限接近液固界面。由于液固界面的温度恒定(为凝固点),因而闭合柱面内因温度变化而放出的热量 Q_3 为零,故在此闭合柱面邻近必然满足能量守恒方程(5-71)。通常,晶体生长过程中,在闭合柱面内的热源是凝固潜热,若材料的凝固潜热为 L,单位时间内生长的晶体质量为 m,于是单位时间内闭合曲面内产生的热量 Q_1 为

$$Q_1 = Lm \tag{5-72}$$

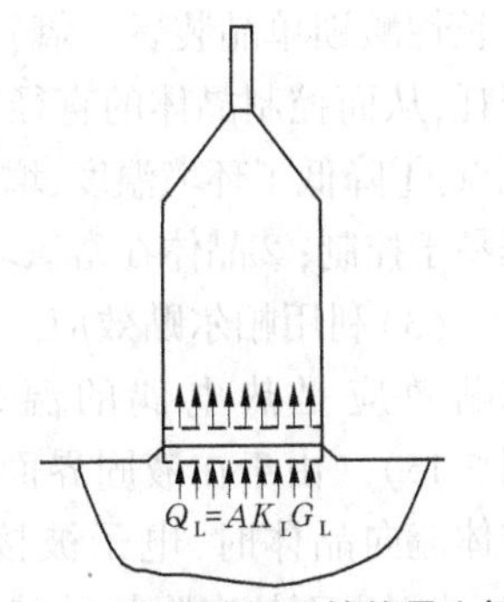

图 5-14　液固界面处的能量守恒

由于液固界面为平面,温度矢量是垂直于此平面的,故此闭合曲面的柱面上没有热流,热量只沿柱的上底和下底的法线方向流动,于是净流出此闭合柱面的热量 $-Q_2$ 为

$$-Q_2 = Q_S - Q_L \text{ 或 } -Q_2 = AK_3G_3 - AK_LG_L \tag{5-73}$$

式中:A 为晶体的截面面积;K_S、K_L 分别为固相和液相的热传导系数;G_S、G_L 分别为液固表面处固相中和液相中的温度梯度。

将式(5-72)和式(5-73)代入式(5-71)中,有

$$Lm = Q_S - Q_L \text{ 或 } Lm = AK_SG_S - AK_LG_L \tag{5-74}$$

式中:Q_S 为单位时间内通过晶体耗散于环境中的热量,这就是热损耗;Q_L 为通过熔体传至溶固界面的热量,是正比于加热功率的。

式(5-74)被称为液固界面处的能量守恒方程,适用于任意形状的液固表面。

3. 晶体直径控制

晶体生长速度等于单位时间内液固界面向熔体中推进的距离。在直拉法生长过程中,如果不考虑液面下降速率,则晶体生长速率等于提拉速率 v_0,于是单位时间内新生长

的晶体质量为

$$m = AV\rho_s \tag{5-75}$$

式中：ρ_s 为晶体的密度。

将式(5-73)代入式(5-74)中，得

$$A = (Q_S - Q_L)/LV\rho_s \tag{5-76}$$

通常，可以使用四种方式来控制晶体生长过程中的直径，即控制加热功率、调节热损耗、利用帕尔贴效应(Peltier effect)和控制提拉速率等。下面分别作简要介绍。

(1)控制加热功率。由于式(5-76)中的 Q_L 正比于加热功率，若提拉速率及热损耗 Q_S 不变，调节加热功率可以改变所生长的晶体截面面积 A，即改变晶体的直径。由式(5-76)可以看出，增加加热功率，Q_L 增加，晶体截面面积减小，相应的晶体变细；反之，减小加热功率，晶体变粗。例如，在晶体生长过程中的放肩阶段，希望晶体直径不断长大，因此要不断降低加热功率；又如在收尾阶段，希望晶体直径逐渐变细，最后与熔体断开，则往往提高加热功率。同样道理，在等径生长阶段，为了保持晶体直径不变，应不断调整加热功率，弥补 Q_S 热损耗。

(2)调节热损耗 Q_S。通过调节热损耗 Q_S 的方法也能控制晶体直径。图 5-15 给出了生长铌酸钡单晶装置。氧气通过石英喷嘴流过晶体，调节氧气流量，可以控制晶体的热量损耗，从而控制晶体的直径。使用这种方法控制氧化物晶体生长直径时，还有两个突出的优点：①降低了环境温度，增加热交换系数，从而增加了晶体直径生长的惯性，使等径生长过程易于控制；②晶体在富氧环境中生长，可以减少氧化物晶体因氧缺乏而产生的晶体缺陷。

(3)利用帕尔贴效应。利用气流控制晶体直径的帕尔贴效应是热电偶的温差电效应相反的效应(见图 5-15)。由于在液固界面处在接触电位差，当电流由熔体流向晶体时，电子被接触电位差产生的电场所加速，液固界面处有附加的热量放出(对通常的焦耳热来说是附加的)，即帕尔贴致热，同样，当电流由晶体流向熔体时，液固界面处将吸收热量，这就是帕尔贴致冷。若考虑液固界面处的帕尔贴效应，则在界面处所作的闭合圆柱内，单位时间内产生的热量 Q_1 为

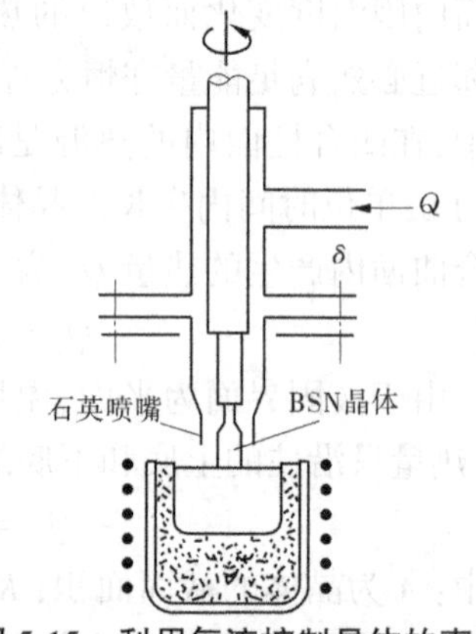

图 5-15 利用气流控制晶体的直径

$$Q_1 = Lm \pm q_i A \tag{5-77}$$

式中：q_i 为帕尔贴效应液固界面的单位面积上单位时间内所产生的热量，用式(5-77)代替式(5-72)，可以推得

$$A = (Q_S - Q_L)/(LV\rho_s \pm q_i) \tag{5-78}$$

可见，当保持加热功率、热损耗的拉速不变时，调节帕尔贴致冷($-q_i$)或帕尔贴致热($+q_i$)都能控制晶体直径。

帕尔贴致冷已用于直拉法制备锗单晶生长的放肩阶段，帕尔贴致热已用于等径生长中的“缩颈”和“收尾”阶段，在锗单晶长为 1~2 cm 时，直径偏差不超过±0.1%，并且利用该效应还能自动消除液固界面处的温度起伏。

(4)控制提拉速率。由式(5-76)可以看出，在加热功率和热损耗不变的条件下，拉速

越快则直径越小。原则上可以用调节拉速来保证晶体的等径生长,但因拉速的变化将引起溶质的瞬态分凝,从而影响晶体质量,故通常晶体生长的实践中不采用调节拉速的方法来控制晶体直径。

4. 晶体的极限生长速率

将式(5-75)代入式(5-74)中,有

$$V = (K_S G_S - K_L G_L)/\rho_s L \tag{5-79}$$

可以看出,当晶体中温度梯度 G_S 恒定时,熔体中的温度梯度 G_L 越小,晶体生长速率越大,当 $G_L = 0$ 时,晶体的生长速率达到最大值,故有

$$V_{max} = K_S G_S/\rho_s L \tag{5-80}$$

若 G_L 为负值,生长速率更大,此时熔体为过冷体,液固界面的稳定性遭到破坏,晶体生长变得无法控制。由式(5-80)还可以看到,最大生长速率取决于晶体中温度梯度的大小,因此稳定晶体中温度梯度是可以提高晶体生长速率的,但是晶体太大也将引起过高的热应力,引起位错密度增加,甚至引起晶体的开裂。

Runyan 进一步考虑了晶体侧面辐射损耗,从而估计了硅单晶的极限生长速率,其理论估计值为 2. 96 cm/min,而试验测绘单晶体的极限生长速率为 2. 53 cm/min,二者大体吻合。

此外,由式(5-80)可知,晶体的极限生长速率还与晶体热传导系数 K_S 成正比。一般而言,金属、半导体、氧化物晶体的热传导系数是按上述顺序减小的,因而其极限生长速率也应按上述顺序逐渐减小。

5. 放肩阶段

在晶体生长处于放肩阶段过程中,维持拉速不变,晶体直径一般呈非均匀增加趋势,这个过程仍然可以用能量守恒来说明,如图 5-16 所示。

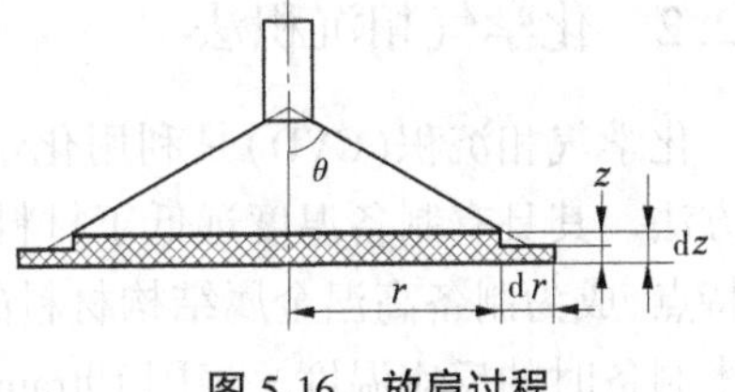

图 5-16　放肩过程

由式(5-74)已经知道,热损耗 Q_S 是单位时间内通过晶体耗散于环境中的热量,在放肩过程中,Q_S 的一部分沿着提拉轴散于水冷籽晶中,近似为常数 B_1,Q_S 的另一部分通过肩部的圆锥面耗散,与圆锥面积成比例。由初等几何可知,圆锥面积为 $\pi r \times r/\sin\theta$,其中 θ 为放肩角,则有

$$Q_S = B_1 + B_2 r^2 \tag{5-81a}$$

由于 $Q_L = AK_L G_L$,当 G_L 不变时,则有

$$Q_L = B_3 r^2 \tag{5-81b}$$

放肩过程中,在 dt 时间内凝固的晶体质量为

$$\mathrm{d}m = (\pi r^2 \mathrm{d}z + 2\pi r \mathrm{d}r \cdot z)\rho \tag{5-82}$$

式中:第一项是半径为 r,高为 dz 的体积;第二项是内径为 r,宽为 dr 的圆锥环的体积;z 为锥环的等效厚度,假设 z 与拉速 dz/dt 无关,则

$$m = \frac{\mathrm{d}m}{\mathrm{d}t} = \pi r^2 V\rho + 2\pi r \frac{\mathrm{d}r}{\mathrm{d}t} \cdot z \cdot \rho \tag{5-83}$$

将式(5-81)、式(5-82)代入式(5-74)中,整理得

$$r \cdot \frac{\mathrm{d}r}{\mathrm{d}t} = B_4 \cdot r^2 + B_5 \tag{5-84}$$

相应的解为

$$r^2 = B_6\exp(2B_4t) - B_5/B_4 \tag{5-85}$$

可以看出,在拉速和熔体中温度梯度不变的情况下,肩部面积随时间按指数规律增加。其物理原因在于,随着肩部面积增加,热量耗散容易,面热量耗散容易促进晶体直径增加。因此,在晶体直径达到预定尺寸前要考虑到肩部自发增长的倾向,提前采取措施,才能得到理想形状的晶体,否则一旦晶体直径超过了预定尺寸,熔体温度过高,在收肩过程中容易出现“葫芦”。

6. 晶体旋转对直径的影响

晶体旋转能搅拌熔体,有利于熔体中熔质混合均匀,同时增加了熔体中温场相对于晶体的对称性,即使在不对称的温场中也能生出几何形状对称的晶体,晶体旋转还改变熔体中的温场,因而可以通过晶体旋转来控制液固界面的形状。

从能量守恒分析可知,若晶体以角速度 ω 旋转,液固界面为平面,后面邻近的熔体因黏滞力作用被带动旋转,流体在离心力作用下被甩出去,则界面下部的流体将沿轴向上流向界面的填补空隙,类似于一台离心轴水机。由于直拉法生长中熔体内的温度梯度矢量是向下的,离开界面越远,温度越高,晶体旋转引起液流总是携带了较多的热量,而且晶体转速越快,流向界面的液流量越大,传递到界面处的热量越多,即 Q_c 越大,导致晶体直径越小。

从上述分析可以看出,改变晶体转速可以调节晶体的直径。

5.2.2　化学气相沉积法

化学气相沉积(CVD)是利用化学气体或蒸气在基质表面反应形成固态沉积物的一种方法。其具有制备温度远低于材料的熔点、制备纯度高、制膜厚度可控、成本相对较低的特点,成为制备高温金属结构材料的有效手段。表 5-1 列出了常见难熔金属利用 CVD 技术制备时的反应温度。美国 Ultramet 公司于 20 世纪 80 年代最早开始利用 CVD 制备高温金属,获得了一系列成果。其在 1 200 ℃下通过氢气还原 $NbCl_5$,在喷管端部沉积得到铌环后再进行焊接。其室温抗拉强度为 200 MPa,剪切强度可达 82 MPa,且仅发生塑性变形而未断裂,金属 Ir/Re 涂层已成功应用于卫星姿/轨控发动机燃烧室,生产出直径 330 mm 的特大型无缝钨坩埚用作熔融反应堆燃料容器。利用 WF_6 在 400~900 ℃温度范围内蒸发,成功制备出异型高纯体心立方结构钨制品,图 5-17 是其 X 射线衍射(XRD)及织构分析极图(其中 D 为 XRD 的衍射强度,D_{max} 为该衍射峰晶面的最大值)。可以看出在低温下钨的沉积沿(200)晶面有明显的择优取向,随温度升高沉积层组织趋于杂乱,择优取向减低。通过极图可清楚看到(110)面和(100)面有织构,但没有明显的方向性,(211)面则没有织构。这可能是由于温度升高使颗粒的平均自由程和衬底表面扩散速度升高,从而加快了成核速度。Xiao 等探究化学气相沉积法制备钨单晶过程的工艺参数时也证实了这一点。同时强调,控制反应过程气体的低过饱和度,保持反应室较低压力能促进高品质单晶层的形成。这是因为参与反应的颗粒内部成核作用控制着反应速率,有利于形成优先取向的沉积物,较低的反应压力可避免颗粒间彼此竞相生长而沉积在表面。

Wu 等提出了一种籽晶生长技术,实现了对高折射率单晶铜箔的制备可控。通过对多晶铜箔进行预氧化处理,在其晶粒内部储存应变能和表面能,随后放入 CVD 系统中加热并在还原气氛中退火使其内部应变能释放,产生不同面指数方向生长的籽晶粒,最终形成高折射率 30 cm×20 cm 大尺寸单晶铜箔。

表 5-1　难熔金属在 CVD 中的反应温度

元素(要素)	金属源前驱体	预处理温度/℃	沉积温度/℃
W	WF_6	20~45(蒸发)	400~800
	WCl_6	800(氯化)	1 200
	$W(CO)_6$	40~60(蒸发)	400~600
Mo	MoF_6	>33.6(蒸发)	700~1 000
	$Mo(CO)_6$	55(蒸发)	400
Ta	$TaCl_5$	120(氯化)	950~1 200
Nb	$NbCl_5$	500(氯化)	900~1 200
Re	ReF_6	<500(-)	500
	$ReCl_6$	800(氯化)	1 150~1 200
	$Re(CO)_{10}$	<500(-)	500~700

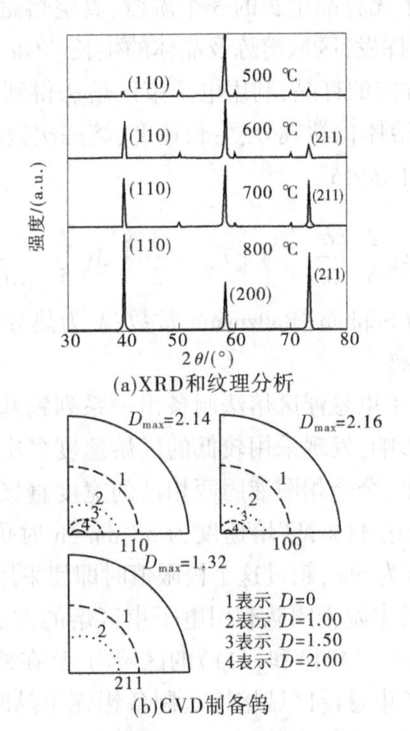

图 5-17　CVD 法制备钨 XRD 图谱及织构分析极图

目前,CVD 法制备传统半导体单晶材料的技术已经日益成熟,可实现工业化生产。但由于制备过程中普遍存在晶体生长速度慢,难以有效抑制生长过程中温度梯度、过饱和比对生长过程中可能产生的过渡相。对于高温金属单晶的制备仍以纯金属单晶为主,对于多元合金单晶的制备仍在探索阶段。

5.2.3　区熔法

无坩埚悬浮区熔技术是 Keck 和 Golay 于 1953 年生产高纯硅时提出的。该技术利用熔体自身表面张力与重力平衡,有效避免了坩埚材料的污染且不受坩埚熔点的限制,通过多次熔炼可用于高温结构材料和某些活泼金属单晶材料的制备及提纯。

5.2.3.1　电子束悬浮区熔法

电子束悬浮区域熔炼法(EBFZM)是制备耐热及活性材料的重要手段,也被认为是目前熔炼高温合金最有前途的方法之一。该法早在 20 世纪 50 年代由英国的 Calver-key、Davis 及 Lever 首先提出并应用于难熔金属的提纯和单晶生长。其制备原理是在高真空环境下,利用阴极发射出电子,通过聚焦系统聚焦成为电子束,经过外加高压电场使电子被加速与阳极或试样碰撞,将高能荷电子动能转化为热能,并控制其熔化区域使熔融金属液根据杂质元素的溶质平衡分配,最终使熔区内部杂质重新分布实现顺序凝固,完成难熔金属的提纯、单晶的生长。

欧美在相关领域研究较早,Calverley 和 Lever 最早利用电子束区熔技术制备出难熔金属钨、铼等单晶,并分析了无籽晶生长的 3 个阶段:真空熔融状态下的挥发性气体的析出,合金成分中杂质元素的挥发,区域熔炼及晶体的生长。Gle-bovsky 等在形成的柱状钨单晶上切取[111]、[001]方向的籽晶,利用电子束区熔法得到直径为 16 mm,厚度为 1.5 mm 的钨单晶管,并研究了熔体化学成分、生长速度、熔炼次数对最终形成单晶的影响,并构建了柱状单晶温度梯度计算公式:

$$\frac{\mathrm{d}T}{\mathrm{d}z}=-2\left(\frac{2}{5}\frac{\varepsilon\sigma}{\lambda d}\right)^{\frac{1}{2}}\times\left[T_{\mathrm{m}}-\frac{3}{2}+3\left(\frac{2}{5}\frac{\varepsilon\sigma^{\frac{1}{2}}}{\lambda d}\right)Z\right]^{-\frac{3}{5}} \tag{5-86}$$

式中:ε 为黑孔吸收率;σ 为 Sephan-Boltzmann 常数;λ 为热导率;d 为晶体直径;T_{m} 为熔点;Z 为距离液固界面的距离。

Liu 和 Zee 同样采用电子束悬浮区熔法制备出一系列钨基、钼基合金单晶,并研究了熔炼过程中各工艺参数的影响,发现采用较低的区熔速度多次熔炼可明显减少小角度亚晶界的产生。王红同时指出,合金相图液固两相区的宽度直接影响了单晶制备的难易程度,Mo-Nb 合金中 Nb 含量达 11%,区熔速度为 55 mm/h 时仍可得到单晶组织,但对于 Mo-Hf 来说,Hf 含量最大值为 5%,超过这个极限值时即使采用极低的区熔速度也得不到单晶组织。我国最早由闵乃本院士团队利用电子束区熔的方法制备出难熔金属钼单晶,研究发现其晶粒取向在(100)、(101)和(111)的区域内,且在缩微位置附近存在大量蒸发台阶。胡忠武等在采用电子束悬浮区域熔炼法制备钼铌单晶时发现,经过两次电子束熔炼且熔炼速度为 0.4~4.0 mm/min 时,C、N、H、O 等杂质含量比传统烧结低 1~2 个数量级,C 含量可由 1 000 μg/g 降至 14 μg/g,可有效去除杂质、减小位错密度,随 Nb 含量的升高,其单晶内部组织进一步细化,亚晶尺寸明显减小。王红采用籽晶法电子束悬浮区域定向凝固技术,以(111)取向 Mo-Nb 单晶为籽晶,采用不同区熔速率制备 Mo 单晶时,发现当区熔速率为 2.0 mm/min 时,单晶内部缺陷最少,且随区熔速率的升高,显微硬度也显著降低。You 等比电子束熔炼与传统方法制备 Inconel 740 镍基高温合金,发现电子束熔炼制得的 Inconel 740 合金在经固溶强化和时效处理后,内部 γ' 相尺寸均匀分布在基体中形成具有弱成对耦合机制,对合金有更好的析出强化效果。此外,其抗氧化能力也得到了显著提升。

电子束悬浮区域熔炼法已广泛应用于高温合金单晶的制备及提纯,但也存在对样品原料纯度要求高、单晶尺寸受原料影响较大的问题。此外,由于依靠溶质再分配的原理实现提纯和熔炼过程,在面对杂质液固分配系数接近于 1 的杂质如 C 等时,其去除效果往往不太理想,对于大尺寸单晶的制备还有待进一步研究。

5.2.3.2　光束悬浮区域熔炼法

光束悬浮区熔法(OFZ)是利用光束加热制取单晶的方法。Balbash-ov 系统介绍了一种可在 3 000 ℃高温下工作的新型光束悬浮熔炼设备 URN-2-ZM FZ,同时系统总结了大量高质量难熔氧化物及金属合金单晶的制备过程及设备工作原理。与电子束悬浮区域熔炼法类似,光束悬浮区域熔炼需先向熔炼室中充入高纯惰性气体,借助等离子弧将金属熔池熔接到籽晶上,通过球面镜将大功率卤化灯发出的光线聚焦成光束对原料棒和籽晶进行加热,同时旋转籽晶并沿轴向移动供料杆实现单晶的生长。美国 Ames 国家实验室最早使用其制备合金单晶,据报道其制造的光束悬浮炉最大功率达 6.5 kW。Belk 分析了区熔制备高温金属单晶功率(P)与其最终成形直径(d)的关系,给出以下经验公式:$P=Ad+Bd^2$ 式中,A 是关于金属绝对熔点四次方的系数,B 为热导率有关的系数。Hayashi 等以多晶态金属间化合物相 Mo_5SiB_2 为原材料,采用光束悬浮区域熔炼制备出 Mo_5SiB_2 单晶,研究了其高温蠕变行为,指出由于压缩过程中晶体转动和不同滑移系被激发,不同取向单晶的蠕变行为存在明显差异。例如,[021]和[001]取向单晶的蠕变激活能分别为 740 kJ/mol 和 400 kJ/mol ,前者抗高温蠕变能力明显高于后者,随后的蠕变试验证实了这一点。Chu 等也采用光束悬浮区域熔炼法制备出 Mo_5Si_3 单晶,并对其物理及力学性能进行研究,发现 D_{8m} 结构的 Mo_5Si_3 表现出明显的热膨胀系数各向异性,沿[100]和[001]轴向分别为 5.2×10^{-6}/℃和 11.5×10^{-6}/℃ ,大幅度削弱了其热加工性能,但通过加入适量的 B 元素可以明显改善热膨胀系数各向异性,避免热加工过程中晶界开裂,从而提高其热加工性能。杨氏模量(E)同样表现出明显的各向异性,在不同方向上分别取得最大值 $E_{max}=364$ GPa 和最小值 $E_{min}=294$ GPa。张宁等采用光学区域熔炼法,在气压 0.5 MPa、气流量 2 L/min 、转速 30 r/min 的条件下,经过一次区域熔炼制备出高质量的 REB_6(LaB_6,CeB_6)单晶。

作为近年发展起来的一种新的制备技术,光束悬浮区域熔炼法优点在于不必通过高压电源加速电子,直接利用光束聚焦效应实现加热,熔区不会因为液态金属受热过大蒸发电离使其温度梯度产生变化,制备熔区稳定性较好。但是,目前研究较多的是采用该法制备金属氧化物和半导体材料单晶,对于合金单晶的研究未大量展开。

5.2.4 等离子弧熔炼法

等离子弧熔炼法(plasma arc melting)因加热源能量密度高,对原料适应性强(棒状、板状、粉末等),成为制备大尺寸难熔金属及其合金单晶的有效方法,可制备多种形式的金属单晶板材、棒材和管材。其原理是通过阴极的等离子发生器与阳极难熔金属籽晶之间激发电弧在低电压、大电流产生的等离子电弧进行快速熔炼。与其他熔炼法不同,等离子熔炼过程中先使原料棒熔化为熔滴进入熔池,使熔池内部液态金属的化学成分均匀性得到保证,因此可制备出远大于籽晶尺寸的单晶。但由于熔炼过程中同一轴向处温度梯度高,易产生位错密度升高,小角度晶界偏离角度增加等问题。由于挥发产生大量的 H、O 与 C 发生反应,生成的气体随后被去除,制品含碳量显著降低。

Kirillova 等通过等离子弧熔炼制备出了 W-Re 单晶,对比电子束悬浮区域熔炼方法,发现前者生长的单晶杂质含量更少,尤其在含碳量方面,其制备出的 W-Re 合金单晶含碳量低至 0.2×10^{-6}~0.3×10^{-6},比电子束悬浮区域熔炼制备的 W-Re 合金单晶(含碳量~25×10^{-6})低两个数量级。

等离子弧熔炼技术最早在 20 世纪 60 年代出现,在美国、英国、日本和苏联都有应用。它最突出的特点就是熔炼质量大、速度快,且品质不亚于真空熔炼。我国最早于 1969 年由戚墅堰机车车辆工艺研究所对等离子弧炉进行研制,并制备出多种高温金属材料。1968 年苏联科学院冶金研究所的科学家最早提出采用等离子弧工艺制备难熔金属单晶,目前也只有俄罗斯科学院拥有大功率等离子弧熔炼设备,已成功制备了世界上最大尺寸的高纯 W、Mo 单晶棒材及其他特定形状的单晶铸件,现已成功应用于 TOPAZ 型、SPACE-R 型空间飞行中。Skotnicova 等通过比较等离子弧熔炼制备的纯钨和结晶取向为〈100〉的 W-2Re 和 W-1Re-1Mo(%,质量分数)单晶的力学性能,发现低含量的 Re 和 Mo 对其压缩性能影响不大,明显低于应变速率变化带来的影响。国内采用等离子弧熔炼对于高温金属特别是难熔金属的提纯和制备研究较多,对于其单晶的制备研究还在进一步探索阶段。

5.3 气相-固相平衡的晶体生长

在晶体生长的方法中,从气相中生长单晶材料是最基本的常用方法之一。由于这种方法包含大量变量,使生长过程较难控制,所以用气相法来生长大块单晶通常仅适用于那些难以从液相或熔体中生长的材料,例如Ⅱ-Ⅵ族化合物和碳化硅等。

5.3.1 气相生长的方法和原理

气相生长的方法大致可以分为以下三类。

5.3.1.1 升华法

升华法是将固体在高温区升华,蒸气在温度梯度的作用下向低温区输运结晶的一种生长晶体的方法。有些材料具有如图 5-18 所示的相图,在常压或低压下,只要温度改变就能使它们直接从固相或液相变成气相,此即升华,并能还原成固相。一些硫属化物和卤化物,例如 CdS、ZnS 和 CdI_2、HgI_2 等可以采用这种方法生长。

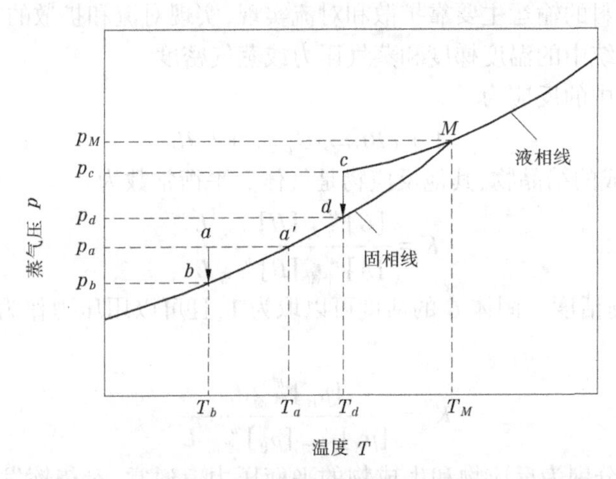

图 5-18 从液相或气相凝结成固相的蒸气压-温度关系图

5.3.1.2 蒸气输运法

蒸气输运法是在一定的环境(如真空)下,利用运载气体生长晶体的方法,通常用卤族元素来帮助源的挥发和原料的输运,可以促进晶体的生长。有人在极低的氯气压力下观察钨的运输情况,发现在两根邻近的被加热的钨丝中,钨从较冷的一根转移到较热的一根上。又如,当有 WCl_6 存在时,用电阻加热直径不均匀的钨丝时,钨丝会变得均匀,即钨从钨丝较粗的(较冷的)一端输运到较细的(较热的)一端,其反应为

$$W + 3Cl_2 = WCl_6 \tag{5-87}$$

许多硫属化物(例如氧化物、硫化物和碲化物)以及某些磷化物(例如氮化物、磷化物、砷化物和锑化物)可以用卤素输运剂从热端运输到冷端从而生长出适合单晶研究用的小晶体。在上述蒸气输运中,所用到的反应通式为

$$(MX)_{固} + I_2 \Leftrightarrow (MI)_{气} + X_{气} \tag{5-88}$$

需要指出的是,蒸气输运并不局限于二元化合物,碘输运法也能生长出 $ZnIn_2S_4$、$HgCa_2S_4$ 和 $ZnSiP_2$ 等三元化合物小晶体。

5.3.1.3 气相反应法

气相反应法是利用气体之间的直接混合反应生成晶体的方法。例如,CaAs 薄膜就是利用气相反应来生成的。目前,气相反应法已发展成为工业上生产半导体外延晶体的重要方法之一。

气相生长的原理可概括成:对于某个假设的晶体模型,气相原子或分子运动到晶体表面,在一定条件(压力、温度等)下被晶体吸收,形成稳定的二维晶核。在晶面上产生台阶,再俘获表面上进行扩散的吸收原子,台阶运动、蔓延横贯整个表面,晶体便生长一层原子高度,如此循环反复即能生长块状或薄膜状晶体。

5.3.2 气相生长中的输运过程

气相生长中的输运过程是很复杂的,涉及的因素很多,在此只能就一些重要因素加以

考虑。

气相生长中原料的输运主要靠扩散和对流实现,实现对流和扩散的方式虽然较多,但主要还是取决于系统中的温度梯度和蒸气压力或蒸气密度。

假设气相输运中的反应为

$$aA + bBL \Leftrightarrow gG_{(固)} + hHL \tag{5-89}$$

式中:G 为希望生成的结晶物,其他反应物是气体。平衡常数为

$$K = \frac{[G]^{\beta}_{平衡}[H]^{k}_{平衡}L}{[A]^{a}_{平衡}[B]^{b}_{平衡}L} \tag{5-90}$$

式中:$[\ ]_{平衡}$为平衡活度。固体 G 的活度可以取为 1,且可以用压力作为气相系统中活度的近似值,所以

$$K \approx \frac{[p_{\mathrm{H}}]^{h}_{平衡}L}{[p_{\mathrm{A}}]^{a}_{平衡}[p_{\mathrm{B}}]^{b}_{平衡}L} \tag{5-91}$$

式中:p_{A}、p_{B}、p_{H} 分别为反应物和生成物的平衡压力。通常,希望挥发物的浓度适当高些,以便使物质向生长端输运比较快,这就要求 K 值要小。然而,人们为了生长单晶,常需要在系统的一部分使 G 挥发,而在另一部分让它结晶。为此目的,常借助于温度或反应物浓度的不同而使平衡改变。为使 G 易挥发,希望 A 和 B 的平衡浓度大,这便要求 K 值要小。为了获得一个可逆的反应,要求 K 值应接近 1。这样由于自由能的变化(驱动力)

$$\Delta G^0 = -RT\ln K \tag{5-92}$$

又

$$\Delta G = \Delta G^0 + RT\ln Q \tag{5-93}$$

式中:$Q = [a]^{-1}_{实际}$, $[a]_{实际}$是 A 在过饱和状态活度下的实际活度。因为压力是活度很好的近似,所以对于气相生长,式(5-93)的反应是成立的,其中 Q 还可以由

$$Q = \frac{[G]^{g}_{实际}[H]^{h}_{实际}L}{[A]^{a}_{实际}[B]^{b}_{实际}L} \tag{5-94}$$

式中:$[\ ]_{实际}$为实际活度,式(5-94)可以近似为

$$Q = \frac{[p_{\mathrm{H}}]^{h}_{实际}L}{[p_{\mathrm{A}}]^{a}_{实际}[p_{\mathrm{B}}]^{b}_{实际}L} \tag{5-95}$$

式中:p_i 为实际压力。在反应过程中晶体生长的驱动力可表示为

$$\Delta G = -RT\ln\frac{K}{Q} \tag{5-96}$$

式中:K/Q 相当于相对饱和度或过饱和度。如果 $\Delta H>0$(吸热反应),可在系统的热区进行挥发而在冷区结晶。如果 $\Delta H<0$,反应自冷区输运至热区。ΔH 的大小决定 K 值随温度的变化,并且决定生长所需的挥发区与生长区之间的温度差。对于小的$|\Delta H|$值,采用大的温差可以得到可观的速度;但是,如果$|\Delta H|$太大,只有用很小的温差才能防止成核过剩,结果使温度控制很困难;如果 K 值相当大,生长反应基本上是不可逆的,输运过程是不可实现的。总体来说,如果满足下列条件,输运过程比较理想。

(1)反应产生的所有化合物都是挥发性的。

(2)有一个在指定温度范围内和所选择的气体种类分压内,所希望的相是唯一稳定的固体产生的化学反应。

(3)自由能的变化接近零,反应容易成为可逆,并保证在平衡时反应物和生成物有足够的量;如果反应物和生成物浓度太低,将很难造成材料从原料区到结晶区的适当的流量。在通常所用的闭管系统内尤为如此,因为该系统中输运的推动力是扩散和对流。在很多情况下,还伴随有多组分成长的问题,如组分过冷,小晶面效应和枝晶现象。

(4)ΔH不等于零。这样,在生长区平衡朝着晶体的方向移动,而在蒸发区,由于两个区域之间的温度差,平衡被倒转。因而,ΔH就决定了温度差ΔT。ΔT不可过小,否则温度控制比较困难;但也不能太大,太大了虽然有利于输运,但动力学过程将受到妨碍,影响晶体的质量。因此,需要选择一个合适的ΔT。

(5)控制成核,要求有在合理的时间内足以长成优质晶体的快速动力学条件。适当选择输运剂,输运剂与输运元素的分压应与化合物所需的理想配比的比率接近。

在气相系统中,通过可逆反应生长时输运可以分为三个阶段:

(1)在原料固体上的复相反应。

(2)气体中挥发物的输运。

(3)在晶体形成处的复相逆向反应。

气体输运过程因其内部压力不同而主要有三种可能的方式。

(1)当压力$<10^2$ Pa时,气相中原子的平均自由程接近或者大于典型设备的尺寸,那么原子或分子的碰撞可以忽略不计,输运速度主要取决于原子的速度,根据气体分子运动论,原子的速度为

$$\mu = \sqrt{\frac{3RT}{M}} \tag{5-97}$$

式中:μ为方均根速度;R为气体常数;T为热力学绝对温度;M为分子量。

如果输运过程是限制速度的,实现这种情况的理想方案是如图5-19所示的装置。由于在低气压下可假定气体遵从理想气体定律,因而输运速度$\widetilde{R}$(以每秒通过单位管横截面上的原子数计算)由下式给出

$$\widetilde{R} = \frac{p\mu}{RT} \tag{5-98}$$

式中:p为压力。

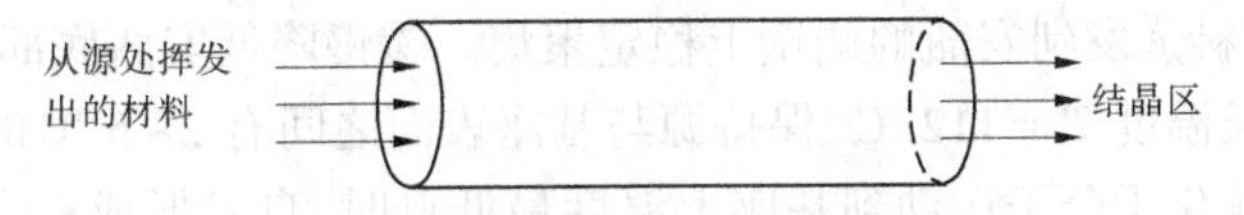

图5-19　输运限制速度的晶体生长示意

把式(5-97)代入式(5-98)可得

$$\widetilde{R} = p\sqrt{\frac{3}{RTM}} \tag{5-99}$$

根据式(5-99)可以用来产生晶体生长的准直分子束。

(2)如果在 $10^2 \sim 3\times10^5$ Pa之前的压力范围内操作,分子运动主要由扩散确定,菲克(Fick)定律可描述这种情况。若浓度梯度不变,扩散系数随总压力的增加而减小。

(3)当压力>3×10^5 Pa时,热对流对确定气体运动极其重要。正如H·谢菲尔指出的,由扩散控制的输运过程到对流控制的输运过程的转变范围常常取决于设备的结构细节。

在大多数的实际气相晶体生长中,输运过程由扩散机制决定,而输运过程又限制着生长速度。因此,若假定输运采用扩散形式,并且和真的输运速度进行比较,那么计算得到的输运速度常被用来检验一个系统的行为是否正确。

5.3.3 碘化汞单晶体的生长

碘化汞(α-HgI_2)晶体是20世纪70年代初开始发展起来的一种性能优异的室温核辐射探测器材料,它具有组元原子序数高、禁带宽度大、体电阻大、暗电流小、击穿电压高和密度大的特点,具有优良的电子输运特性,在室温下对X射线和γ射线的探测效率高于Si、Ge和CdTe,能量分辨率优于CdTe,所以是制造室温核辐射探测器的极好材料。HgI_2晶体在127 ℃时存在一个可逆的破坏性相变点,127 ℃以上为黄色正交结构(β-HgI_2)。β-HgI_2晶体不具有探测器材料的性质。

α-HgI_2晶体可以采用溶液法和气相法生长。HgI_2在常温下不溶于水,但溶于某些有机溶剂,例如二甲亚砜和四氢呋喃。因此,可以用温差法或蒸发法生长单晶,不过生长的晶体尺寸小,易含有溶剂夹杂物,电子输运特性较差,不适合用来制作探测器件。通常,采用气相法来生长α-HgI_2单晶体,可分为动态和静态升华法、强迫流动法、温度振荡法和气相定点成核法四种。气相定点成核法是近年来我国自行研制出的一种碘化汞单晶体生长方法,它具有设备简单、易于操作、便于成核和稳定生长、长出的晶体应力小、容易获得完整性好的适用于探测器制作的优质HgI_2单晶体等特点。

气相定点成核法生长装置如图5-20所示,由玻璃安瓿、加热器和温度控制器组成。加热器由罩在安瓿周围的纵向加热器和设置在安瓿底部的横向加热器组成,各自与一台数字精密温度控制器相连,可按要求调节形成一个纵向和横向的温度分布。安瓿底部中心有一个基座,支撑在一个导热良好的金属转轴上,转轴由电动机带动旋转。整个系统用钟罩罩住,构成一台立式炉。

生长晶体时,先将200~300 g纯化后的HgI_2原料装入$\phi 20\times25$cm玻璃生长安瓿中,抽空至10^{-3} Pa封结,然后置于立式生长炉中的转轴上,安瓿以3~5 r/min的速率旋转。开启加热器,将原料蒸发到安瓿的侧壁上稳定聚集。缓慢降低安瓿底部温度,使基座中心温度接近晶体生长温度T_c=112 ℃,保持源与基座表面之间有2~5 ℃的温差以利于蒸气分子的扩散。当碘化汞分子运动到基座上温度最低点时,自发形成一个c轴平行于基座表面的红色条状晶核。逐渐有规律地降低安瓿底部温度或升高源的温度,晶体便继续长大。用这种方法可以生长出几百克的HgI_2单晶体。

5.3.4 气相晶体生长的质量

对于气相生长,如果系统的温场设计比较合理,生长条件掌握比较好,仪器控制比较灵敏精确，长出的晶体质量是很好的，外形比较完美，内部缺陷也比较少，是制作器件的好材料。但是如果生长条件选择不合适，温场设计不理想等，生长出的晶体就不完美，内部缺陷如位错、枝晶、裂纹等就会增多，甚至长不成单晶而是多晶。因此，严格选择和控制生长条件是气相生长晶体的关键。

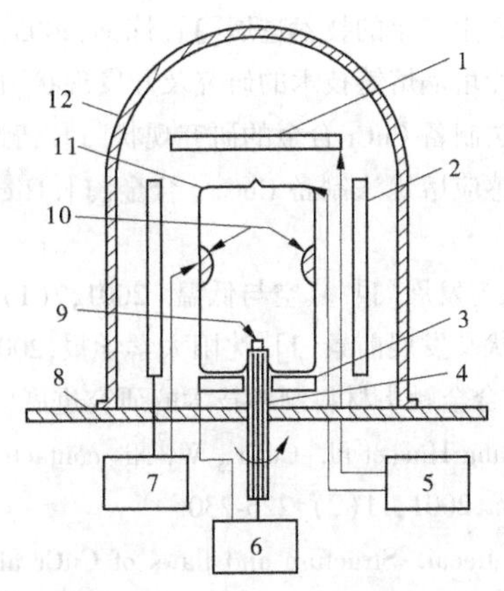

1，2，3—加热器；4—转轴；5，6，7—温度控制器；8—平台；9—晶体；10—生长源；11—生长安瓿；12—钟罩。

图 5-20　碘化汞气相定点成核法生长装置示意

思考题

1. 试说明再结晶驱动力。
2. 试推导气相和熔体生长系统的相变驱动力。
3. 简述 Walff 定理的基本内容。
4. 试说明布里奇曼-斯托克定向凝固法生长晶体的基本思想。
5. 试说明直拉法生长晶体过程中晶体直径的主要控制因素。

参考文献

[1] 王成喜,刘晓.电弧炉炼钢提高生产率的技术进展[J].炼钢,2005,21(6):48-52.

[2] 陈瑞润,郭景杰,丁宏升,等.冷坩埚熔铸技术的研究及开发现状[J].铸造,2007,56(5):443-450.

[3] 胡勇,赵才,党淑娥,等.熔炼法制备 CuCr 合金的研究现状[J].铸造设备研究,2004,6(12):1-54.

[4] 王江,张程煜,张晖,等.真空感应熔炼法制备 $CuCr_{25}$ 合金[J].High Voltage Apparatus,2001,37(4):14-17.

[5] 杨乃恒.真空冶金技术的现状与发展[J].真空与低温. 2001,7(1):1-6.

[6] 李清华,赵志力.真空冶金现状及发展前景[J].沈阳大学学报,2003,15(2):35-42.

[7] 朱建娟,天保红,刘平.Cu-Cr 合金触头材料制备技术的研究进展[J].铸造,2006,55(11).

[8] Wang Jiang,Zhang Chenyu,Zhang Hui,et al. $CuCr_{25}$ W_1 Ni_2 contactmaterial of vacuum interrupter [J]. Trans Nonferrous Met Soc China,2001,11(2):226-230.

[9] Li Jinping,Meng Songhe,Han Jiecai. Structure and flaws of CuCr alloys by explosive compaction [J]. Journal of Harbin Institute of Technology,2005,12(2):135-138.

[10] 梁永和,张明江,陈明永.真空电弧熔炼的铜铬触头材料组织性能分析[J].高压电器,2004,40(3):191-194.

[11] 李勇,郑碰菊,张建波,等.定向凝固技术的研究现状及发展趋势[J].材料导报 A,2014,28(12):108-112.

[12] 问亚岗,崔春娟,田露露,等.定向凝固技术的研究进展与应用[J].材料导报 A,2016,30(2):116-120.

[13] 刘忠元,佘力,陈荣章,等.凝固速率对定向凝固合金 DZ22 显微组织的影响[J].航空学报,1995,16(3):335.

[14] 刘忠元,李建国,傅恒志.凝固速率对定向凝固合金 DZ22 枝晶臂间距和枝晶偏析的影响[J].金属学报,1995,31(7):329.

[15] Liu L,Huang TW,Qu M,et al. High thermal gradient Directional solidification and its application in the processing of nickelbased super alloys[J]. J Mater Process Technol,2010,210(1):159.

[16] Ma XY,Li J S,Hu R,et al. Fabrication and microstructure characteristic of YBCO bulk by directional top-seeded power meltingprocess[J]. Rare Metal Mater Eng,2008,37(11):1893.

[17] Seiki S,Hayashi A,Okamoto H,et al. Critical current properties in magnetic fields of YBCO super conducting rods prepared by unidirectional solidification method[J]. Physica C,2004,412-414(2):963.

[18] Hayashi A,Kurachi K,Seiki S,et al. Fabrication of Sm-Ba-Cu-O superconducting rods for current leads by unidirectional solidification[J]. Physica C,2003,392-396(2):970.

[19] 于金江,傅恒志,胡壮麒.高温共晶自生复合材料的研究进展[J]. 材料导报,2003,17(2):52.

[20] Cui CJ,Zhang J,Wu K,et al. Microstructure and properties of Ni-Ni3Si composites by directional solidification[J]. Physica B:Condensed Matter,2012,407(17):3566.

[21] Guo XP,Gao LM,Guan P,et al. Microstructure and mechanica properties of an advanced Niobium Basedultra high temperature alloy[J]. Mater Sci Forum,2007,539-543(1):3690.

[22] 李松涛,孟凡斌,刘何燕,等.超磁致伸缩材料及其应用研究[J]. 前沿进展,2004,33(10):748.

[23] Wang LH,Jie WQ. Bridgman growth and defect characterization of large diameter mercury indium telluride

crystals fornear infrared detectors[J]. J Cryst Growth,2013,362(2):327.
[24] 王评初,孙士文,潘晓明,等.高性能铌镁酸铅-钛酸铅定向压电陶瓷的研究[J].无机材料学报,2004,19(5):1195.
[25] Shapovalov VI. Method of manufacture of porousarticles:US5181549[P]. 1993-01-26.
[26] 梁娟,杨天武,李再久,等. Ag-O系定向凝固制备藕状多孔Ag[J].贵金属,2014,35(S1):57.
[27] 陈文革,罗启文,张强,等. 定向凝固技术制备多孔铜及其力学性能[J]. 机械工程材料,2007,31(7):42.
[28] 傅恒志,魏炳波,郭景杰.凝固科学技术与材料[J]. 中国工程学,2003,5(8):1.
[29] 马幼平,许云华. 金属凝固原理及技术[M]. 北京:冶金工业出版社,2008.
[30] 陈振华. 现代粉末冶金技术[M]. 北京:化学工业出版社,2007.
[31] 赵青才. 快速凝固AZ91镁合金及SiCp/AZ91镁基复合材料的研究[D].长沙:湖南大学,2008.
[32] 刘天喜. 快速凝固AZ91镁合金制备工艺及组织性能的研究[D].长沙:湖南大学,2006.
[33] 金澜. 回转水纺丝工艺及其在铝合金线材制备中的应用[D].上海:上海交通大学,2006.
[34] 李克,闫洪,王俊,等.旋转液体纺绩法制备铝硅合金线工艺参数选择[J].机械工程材料,2006,30(4):30-33.
[35] 刘志光,柴丽华,陈玉勇. 快速凝固TiAl化合物的研究进展[J].金属学报,2008,44(5):569-573.
[36] Govind,Nair KS,Mittal MC,et al. Development of rapidly solidified(RS) magnesium-aluminium-zinc alloy. Materials Science and Engineering A,2001,(304~306):520-523.
[37] Jiang QC,Wang HY,Ma BX,et al. Fabrication of B_4C participate reinforced magnesium matrix composite by powder metallurgy. Alloys and Compounds,2005,386(1~2):177-181.
[38] Ting J,Anderson IE. A computational fluid dynamics(CFD) investigation of the wake closure phenomenon. Materials Science and Engineering A,2004,379:264-276.
[39] Ting J,Connor J,Ridder S. High speed cinematography of gas meta latomization[J]. Materials Science and Engineering A,2005,390:452-460.
[40] 翟薇,常健,耿德路,等.金属材料凝固过程研究现状与未来展望[J].中国有色金属学报,2019,29(9):1965-1970.
[41] Cahn R W. Microstructures and properties of non-ferrous alloy [M]. Beijing: Science Press,1999:460-480.
[42] Polmear I J. Magnesium alloys and applications[J]. Mater Sci Technol, 1994, 10: 1-16.
[43] Polmear I J. Light alloy: Metallurgy of light metals[M]. London: Edward Arnold,1989:340-467.
[44] 吉泽升.日本镁合金研究进展及新技术[J]. 中国有色金属学报,2004,14(12):1977-1984.
[45] Ashbrook R L. Rapid solidification technology[M]. Ohio: Metal Park, 1983: 28-134.
[46] Chisholm D S, Dow Chemical Co. Atomozing magnesium and its alloy: US,2676359[P]. 1954.
[47] Kawamara Y,Hayashi K,Inoue A. Rapidly solidified powder metallurgy $Mg_{97}Zn_1Y_2$ alloys with excellent tensile yield strength above 600 MPa[J]. Mater Trans JIM, 2001, 42(7):1172-1176.
[48] Kainer K U. Magnesium alloys and technology[M]. Weinheim: GKSS Research Center Geesthacht GmbH,2003:164-183.
[49] Michael M A,Baker H. Magnesium and magnesium alloys[M]. Ohio: Metal Park, 1999: 8-11.
[50] Okamoto H. Phase diagrams for binary alloys[M]. Ohio: ASM International Metal Park,2000:79-134.
[51] 黎文献. 镁及镁合金[M].长沙: 中南大学出版社,2005: 174-215.
[52] Hehmann F,Jones H. Rapidly solidified alloys and their mechanical and magnetic properties[M]. Pittsburgh,1986:259-275.

[53] Burke J, Weiss W. 超细晶粒金属[M]. 北京:国防工业出版社,1982:112-116.
[54] 余琨, 黎文献,王日初,等.变形镁合金研究、进展及应用[J].中国有色金属学报,2003,13(2):277-287.
[55] 余刚, 刘跃, 李瑛,等.镁合金的腐蚀与防护[J].中国有色金属学报,2002,12(6): 1087-1098.
[56] Song G, Atrens A. Corrosion mechanisms of magnesium alloys[J]. Advanced Engineering Materials, 1999,1(1):11-33.
[57] Rudd A L, Breslin C B, Mansfeld F. The corrosion protection afforded by rare earth conversion coatings applied to magnesium[J]. Corr Sci,2000,42(2):275-288.
[58] Sugamata M, Hanawa S, Kaneko J. Structures and mechanical properties of rapidly solidified Mg-Y based alloys[J]. Mater Sci Eng A,1997,226/228:861-866.
[59] Yamamoto A, Watanabe A, Sugahara K. In situ laser microscopy on corrosion in deposition coated magnesium alloy[J]. Mater Tran JIM,2001,42(7):1243-1248.
[60] Inoue A, Nakamura T, Nishiyama N. Mg-Cu-Y bulk amorphous alloys with high tensile strength produced by a high pressure diecasting method[J]. Mater Trans JIM,1992,33(10): 937-945.
[61] Amiya K, Inoue A. Thermal stability and mechanical properties of Mg-Y-Cu-M bulk amorphous alloys [J]. Mater Tran JIM,2000,41(11):1460-1462.
[62] Kojima Y. Project of platform science and technology for advanced magnesium alloys[J]. Mater Trans JIM,2001,42(7):1154-1159.
[63] Jung H C, Shin K S. Processing and characterization of magnesium alloy[J]. Mater Sci Forum,2005, 488/489:401-404.
[64] Spigarelli S, Cerri E, Evangelista E. Interpretation of constant-load and constant-stress creep behavior of a magnesium alloy produced by rapid solidification[J]. Mater Sci Eng A,1998,A254:90-98.
[65] Govind G, Suseelan N K, Mittal M C. Development of rapidly solidified(RS) magnesium aluminium zinc alloy[J]. Mater Sci Eng A, 2001, A304/306: 520-523.
[66] 程天一,章守华.快速凝固技术和新型合金[M].北京:宇航出版社,1990.
[67] 袁晓光,徐达鸣,李庆春,等. 快速凝固铝合金在汽车工业中应用现状及发展[J]. 汽车技术,1997,(6):30-31.
[68] 谢壮德,沈平,董寅生,等. 快速凝固铝硅合金材料及其在汽车中的应用[J]. 材料科学与工程,1999,17(4):102.
[69] 董寅生,沈军,杨英俊,等. 快速凝固耐热铝合金的发展及展望[J]. 粉末冶金技术,2000,18(1):38-39.
[70] 李沛勇,戴圣龙,于海军.快速凝固/粉末冶金铝合金的研究进展和应用前景[J].中国有色金属学报,2003,12:38.
[71] 戴圣龙. 快速凝固高温铝合金相变过程及其强化机制的研究[D].北京:北京航空材料研究院,1993.
[72] 袁晓光,张淑英,徐达鸣,等. 快速凝固耐磨高硅铝合金研究现状[J]. 材料导报,1996,2:10.
[73] 张大童,李元元,罗宗强. 快速凝固过共晶铝硅材料的研究进展[J]. 轻合金加工技术,2001,29(2):1-3.
[74] 曾渝,尹志民,潘青林,等.超高强铝合金的研究现状及发展趋势[J].中南工业大学学报,2002,33(6):593-594.
[75] 吴一雷,李永伟. 超高强度铝合金的发展和应用[J]. 航空材料学,1994,14(1):49-55.
[76] 张永安,韦强. 喷射成形制备高性能铝合金材料[J]. 机械工程材料,2001,25(4):22-25.

[77] 张勤,崔建忠. CREM7075 铝合金的微观组织和性能[J]. 材料导报,2002,16(1):61-65.
[78] 张瑞丰,沈宁福. 快速凝固高强高导铜合金的研究现状及展望[J]. 材料科学与工程,2000,18(4):140-143.
[79] 马如璋,蒋民华,徐祖雄, 功能材料学概论[M]. 北京:冶金工业出版社,1999.
[80] 吴人洁. 复合材料[M]. 天津:天津大学出版社,2000.
[81] 闵乃本. 晶体生长的物理基础[M]. 上海:上海科学技术出版社,1982.
[82] 曹茂盛,陈笑,杨郦,等. 材料合成与制备方法[M]. 哈尔滨:哈尔滨工程大学出版社,2019.
[83] 许春香,等. 材料制备新技术[M]. 北京:化学工业出版社,2010.
[84] 陈振华,陈鼎. 机械合金化与固液反应球磨[M]. 北京:化学工业出版社,2006.
[85] 孙振岩,刘春明. 合金中的扩散与相变[M]. 沈阳:东北大学出版社,2002.
[86] 翟启杰,关绍康,商全义. 合金热力学理论及其应用[M]. 北京:冶金工业出版社,1999.
[87] 张静,郝雷. 非晶态合金的机械合金化研究述评[J]. 广东有色金属学报,2006,16(1):36-40.
[88] 刘欣,王敬丰,覃彬,等. 非晶态镁基储氢合金的研究进展[J]. 材料导报,2006,20(10):120-127.
[89] 梁国宪,王尔德,王晓林. 高能球磨制备非晶态合金研究的进展[J]. 材料科学与工程,1994,11(2):47-52.
[90] 王艳,张忠华,滕新营,等. 机械合金化 Al-Cu-Te 准晶相形成的研究进展[J]. 稀有金属材料与工程,2006,35(2):35-38.
[91] 娄琦. 纳米晶镍铝及其复合材料的机械合金化制备研究[D]. 青岛:中国石油大学(华东),2008.
[92] 李天. 机械合金化制备 Ti-Ni 合金的研究[D]. 沈阳:东北大学,2004.
[93] 夏志平. 机械合金化制备非平衡相及其表征的研究[D]. 杭州:浙江大学,2008.
[94] 张健,周惦武,刘金水,等. 镁基储氢材料的研究进展与发展趋势[J]. 材料导报,2007,21(6):70-74.
[95] 刘新波. 镁基储氢合金的制备及其电化学性能研究[D]. 南京:南京航空航天大学,2008.
[96] 张静,郝雷. 非晶态合金的机械合金化研究述评[J]. 广东有色金属学报,2006,16(1):36-40.
[97] 朱心昆,林秋实,陈铁力,等. 机械合金化的研究及进展[J]. 粉末冶金技术,1999,17(4):291-296.
[98] 徐安莲,刘守平,周上祺,等. 机械合金化的研究进展[J]. 重庆大学学报:自然科学版,2005,28(11):84-88.
[99] 王尔德,胡连喜. 机械合金化纳米晶材料研究进展[J]. 粉末冶金技术,2002,20(3):135-139.
[100] 王尔德,刘京雷,刘祖岩. 机械合金化诱导固溶度扩展机制研究进展[J]. 粉末冶金技术,2002,20(2):109-112.
[101] 余立新,李晨辉,熊惟皓,等. 机械合金化过程理论模型研究进展[J]. 材料导报,2002,16(8):11-14.
[102] 马明亮,宋士华. 机械合金化诱发固态燃烧反应机理研究进展[J]. 九江学院学报,2007(6):37-39.
[103] 乔玉卿,赵敏寿,朱新坚,等. 机械合金化制备 Mg-Ni 合金氢化物电极材料的研究进展[J]. 无机材料学报,2005,20(1):33-41.
[104] 雷景轩,马学鸣,余海峰,等. 机械合金化制备电触头材料进展[J]. 材料科学与工程,2002,20(3):457-460.
[105] 苗鹤,陈玉安,丁培道. 机械合金化制备镁系贮氢材料的研究进展[J]. 材料导报,2004,18(9):36-38.
[106] 高海燕,曹顺华. 机械合金化制备纳米晶硬质合金粉的进展[J]. 粉末冶金技术,2003,21(6):355-358.

[107] 唐有根,徐益军,杨幼平. 贮氢合金机械合金化制备的研究进展[J]. 金属功能材料,2002(3):1-4.
[108] Benjamin JS, Volin TE. Mechanism of Mechanical alloying[J]. Metallurgical Transactions, 1974, 5(8):1929-1934.
[109] Suryanarayana C. Mechanical alloying and milling[J]. Progress in Materials Science,2001,46:1-18.
[110] Koch C C,Cavin O B,Mc Kamey C G,et al. Preparation of "amorphous" $Ni_{60}Nb_{40}$ by mechanical alloying[J]. Appl Phys Lett,1983,43:1017-1019.
[111] 郑锋,顾华志,黄璞,等. 机械合金化制备纳米晶 Fe-Si 合金的研究[J]. 粉末冶金技术,2006,24 (6):434-440.
[112] Heinicke G. Tribochemistry. Berlin,Germany:Akademie Verlag,1984.
[113] Mc Cormick P G. Mater Trans Japan Inst Metals[J],1995,43:101-41.
[114] 郑鲁. 机械合金化及其应用[J]. 金属世界,1996(4):10
[115] 卡恩,雷廷权. 金属与合金工艺[M]. 北京:科学出版社,1999.
[116] 王泽鸿,季根顺,王天祥,等. 粉末冶金行业突破性创新技术——机械合金化技术[J]. 金属世界,2012(5):26-27.
[117] 田震,李晋平,杜志刚,等. 机械合金法制备贮氢材料进展[J]. 材料导报,1997,11(6):25-27.
[118] 雷景轩,马学鸣,余海峰,等. 机械合金化制备电触头材料进展[J]. 材料科学与工程,2002,20(3):458-460.
[119] 李萌. 机械合金化 AlLiMgScTi 系轻质高熵合金组织与性能的研究[D]. 重庆:重庆大学,2020.
[120] Ge W J,Li X T,Li P,et al. Microstructures and properties of CuZrAl and CuZrAlTi medium entropy alloys prepared by mechanical alloying and spark plasma sintering[J]. Journal of Iron and Steel Research,International,2017,24(4):448-454.
[121] Fort D. Solid-state crystal growth of rare earth metals and alloys adopting the hcp crystal structure [J]. Journal of Alloys and Compounds,1991,177(1):31.
[122] 孙体忠,葛庆麟,陈源. Fe 和 Fe-Ti 稀固溶体合金的晶体生长[J]. 金属学报,1985,21(1):47.
[123] Fujii T,WatanabeR,Hiraoka Y,Okada M. A new technique for preparation of molybdenum single crystal with an optional shape [J]. Materials Letters,1984,2(3):226.
[124] Glebovsky V G,Semenov V N. The perfection of tungsten single crystals grown from the melt and solid state[J]. Vacuum,1999,53(1):71.
[125] 劳迪斯. 单晶生长[M]. 刘光照,译. 北京:科学出版社,1979.
[126] Dunn C G,Lionetti F. The effect of orientation difference on grain boundary energies[J]. Transactions ofthe American Institute of Mining,Metallurgical Engineers,1949,185(2):125.
[127] Dickson J I,Craig G B. The growth of zirconium single crystals[J]. Canadian Metallurgical Quarterly,1973,12(3):271.
[128] Beresford R,Paine D C,Briant C L. Group IVB refractory metal crystals as lattice-matched substrates forgrowth of the group Ⅲ nitrides by plasma-source molecular beam epitaxy[J]. Journal of Crystal Growth,1997,178(1):189
[129] Jones D W. Refractory Metal Crystal Growth Techniques[M]. New York: Springer Science,1974:233.
[130] Jourdan C,Rome-Talbot D,Gastaldi J. Preparation of titanium single crystals for X-ray topography[J]. Philosophical Magazine,1972,26(4):1053.
[131] Rapperport E J. Room temperature deformation processes in zirconium[J]. Acta Metallurgica,1959,7(4):254.

[132] Gilman J J. The Art and Science of Growing Crystals[M]. New York: Wiley,1963:452.
[133] Higgins G T,Soo P. The development of large zirconium crystals by the alpha-beta thermal cycling technique.
[134] Sugano M,Gilmore C M. Rapid grain growth of titanium[J]. Metallurgical and Materials Transactions A,1979,10(9):1400.
[135] Mills D. Deformation of Zirconium[D]. Toronto: University of Toronto,1966:145.
[136] Braichotte G,Couterne J C,Cizeron G. Preparation of single crystals of α zirconium and study of their crystal-line perfection[J]. Journal of Nuclear Materials,1974,54(2):175.
[137] Akhtar A. Rapid growth of α-Zr single crystals using amassive transformation [J]. Journal of Nuclear Materials,1976,60(3):344.
[138] Glebovsky V G,Semenov V N,Lomeyko V V. Influ-ence of the crystallization conditions on the structural perfection of molybdenum and tungsten single crystals[J]. Journal of Crystal Growth,1988,87(1):142.
[139] Cortenraad R,Ermolov S N,Semenov V N,et al. Growth,characterisation and surface cleaning procedures for high-purity tungsten single crystals [J]. Journal of Crystal Growth,2001,222(1):154.
[140] Ermolov S N,Cortenraad R,Semenov V N,et al. Growth and characterization of monocrystalline tungsten substrates [J]. Vacuum,1999,53(1):83.
[141] 翟晓娜. Sn_xS_y 薄膜-凝胶法制备与性能研究[D]. 大连:大连交通大学,2020.
[142] 程菲. 溶胶-凝胶法制备单晶 β-Ga_2O_3 薄膜研究[D]. 南京:南京大学,2021.
[143] 徐蕾. 钛酸钡基薄膜的制备、表征及其器件性能研究[D]. 贵阳:贵州大学,2021.
[144] 侯大寅,李良飞,魏取福. PET 基纳米 ZnO 溅射成膜及其紫外线通透性能[J]. 纺织学报,2007,28(2):48-51.
[145] 刘晓伟,郭会斌,李梁梁,等. 磁控溅射成膜温度对纯铝薄膜小丘生长以及薄膜晶体管阵列工艺良率的影响[J]. 液晶与显示,2014,29(4):548-552.
[146] 华婧辰. 基于真空蒸镀法制备 $CsPbBr_3$ 钙钛矿太阳能电池 [D]. 武汉:武汉理工大学,2020.